Arnd Zschiesche

Vertrauen – die härteste Währung der Welt

Arnd Zschiesche

VERTRAUEN – die härteste Währung der Welt

Warum Leistung und Haltung für Unternehmen essenziell sind

GABAL

Externe Links wurden bis zum Zeitpunkt der Drucklegung des Buchs geprüft.
Auf etwaige Änderungen zu einem späteren Zeitpunkt hat der Verlag keinen Einfluss.
Eine Haftung des Verlags ist daher ausgeschlossen.

Bibliografische Information der Deutschen Nationalbibliothek

Die Deutsche Nationalbibliothek verzeichnet diese Publikation
in der Deutschen Nationalbibliografie; detaillierte bibliografische
Daten sind im Internet über http://dnb.d-nb.de abrufbar.

ISBN 978-3-96739-035-3

Lektorat: Claudia Maas, Garrel
Umschlaggestaltung: Martin Zech Design, Bremen | www.martinzech.de
Autorenfoto: Privat
Satz und Layout: Das Herstellungsbüro, Hamburg |
www.buch-herstellungsbuero.de
Druck und Bindung: Salzland Druck, Staßfurt

Wir drucken in Deutschland.

www.gabal-verlag.de
www.gabal-magazin.de
www.facebook.com/Gabalbuecher
www.twitter.com/gabalbuecher
www.instagram.com/gabalbuecher

PEFC
PEFC/04-31-2251

PEFC zertifiziert
Dieses Produkt stammt aus nachhaltig bewirtschafteten Wäldern und kontrollierten Quellen.
www.pefc.de

Inhalt

Vertrauensaufbau ist die mit Abstand effizienteste Wertschöpfungsmaßnahme – regional wie global. Nur aus kontinuierlicher persönlicher Konsequenz im Handeln entsteht authentische Prägnanz in der Wahrnehmung – die Voraussetzung für jede Vertrauensbildung im öffentlichen Raum. Alle Aussagen in diesem Buch beziehen sich auf die Wirksamkeit und Gültigkeit dieser *langfristig* wirksamen Sozialmechanismen.

Wenn ein Vertrauen in mir wär
So groß und stark, so wie das Meer
Ich würde jeden Berg bezwingen

Dann wär ich frei
Wie ein Kind
Wie ein Vogel würd ich fliegen
Weit hinaus, mit dem Wind
Nach überall
Und suchte ihn, den Diamant
Ja wenn
Wenn
Wenn

Aus »Wenn«, Lied von Klaus Hoffmann

Vertrauen ist eine »Währung«, mit der wir im Alltag ununterbrochen 24/7 hantieren müssen: von privaten über berufliche Beziehungen bis zum Supermarkteinkauf oder zur Wahl des Urlaubsortes. Richtig zum Tragen in aller »Härte« kommt das Vertrauen immer dann, wenn die existenzielle Krise vor unserer eigenen Haustür steht.

- Warum waren zu Beginn der Corona-Krise im Frühjahr 2020 plötzlich seriöse Ratgeber – Institutionen wie das Robert Koch-Institut – gefragt? Auf einmal hatten »echte« Experten* das Sagen. Keine Influencerin weit und breit ... Stattdessen vertrauten alle einem Virologen (im weiteren Verlauf der Pandemie dann mehreren).

- Trotz langjähriger Lügenpresse-Diskussion eroberten im Angesicht existenzieller Krise gern geschmähte Leitmedien Terrain zurück. Die regierende, zuvor manchmal totgesagte Altpartei und ihre Kanzlerin profitierten massiv – was sagt das über die Funktionsweise von Vertrauen aus?

- Trotz eines sozial-brutalen Kollektiv-Shutdowns, Existenzängsten und vieler Toter: Warum empfinden wir im Leid auch schöne Gemeinschaftsgefühle und manchmal sogar ein diffuses »Wir schaffen das«-Grundvertrauen, wenn eine Krise uns emotional näher zusammenrücken lässt?

---

* Wenn in diesem Buch an mehreren Stellen jeweils nur die weibliche oder nur die männliche Personenbezeichnung gebraucht wird, so ist es dem Autor wichtig, dass selbstverständlich immer jedes mögliche Geschlecht inkludiert ist. Durch die Verwendung nur einer Form sind die entsprechenden Passagen im Fließtext für die Leserin wie auch den Leser deutlich angenehmer lesbar und leichter verständlich.

Mit dem Vertrauen ist es wie mit der Bekämpfung des Klimawandels: Wir alle wissen in der Theorie ziemlich genau, was richtig und gut wäre. Aber dennoch fällt es schwer, sich im Alltag überall und immer stringent zu verhalten ... Dabei gilt unverändert: Jeder gute Politiker, Berater, Trainer, Lehrer, Manager, Künstler und weitere seriöse Selbstdarsteller, sie alle betreiben in erster Linie Vertrauensmanagement. Jede starke Organisation macht das auch. Warum? Das Erfolgsgeheimnis liegt im langfristig orientierten Denken und Handeln (analog verhält es sich übrigens beim Klimaschutz). In diesem Buch lernen Sie, wie Vertrauensaufbau funktioniert und warum Vertrauen so unerlässlich wie effizient ist.

Weil viele Menschen sich wünschen, dass es mehr hyggeliges Vertrauen zueinander in unserer oft kalten Welt geben möge, ist Vertrauen zu einer wohlig-harmlosen Allzweckwaffe geworden – das zeigt sich an Postkartenzitaten, Politikerreden, Firmenansprachen und in besonders (herz)erwärmender Weise sogar an Teebeutel-Sprüchen. Auch wenn Sie keinen ayurvedischen Tee, sondern ein Buch in den Händen halten, wird das Momentum des »Tee-Sinnspruchs« genutzt, um die tiefe Wahrheit hinter den Aussagen zu unterstreichen. Dahinter steckt meist mehr als ein launiges Lippenbekenntnis. Denn immer wenn es im Leben hart auf hart kommt, zählt eine einzige Frage: Wem kann ich jetzt vertrauen?

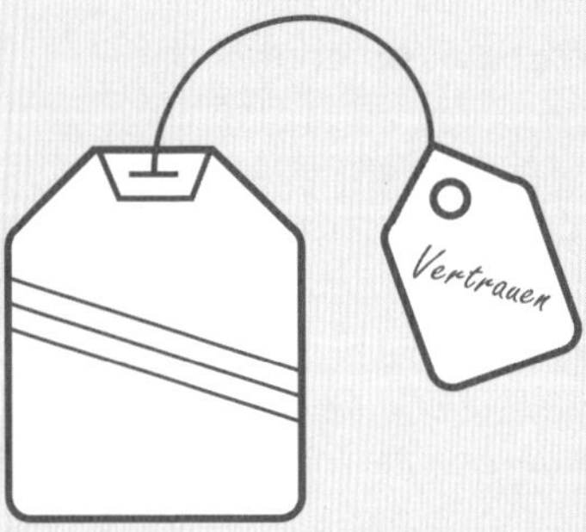

»Mache nicht nur Eindruck, sondern schaffe Vertrauen.«

Markensoziologische Weisheit

Einleitung: Vertrauen als allgemeiner Sehnsuchtsort (Sønderho)

Das kleine Dorf Sønderho liegt an der Südspitze der dänischen Nordseeinsel Fanø inmitten des einzigartigen Naturparks Wattenmeer. Die rund 340 Einwohner pflegen ihre Traditionen und ihre wunderschönen reetgedeckten Häuser inklusive blumiger Vorgärten. Sie tun dies derart beeindruckend, dass ihr Dorf bereits mehrfach zum schönsten Dorf im Staate gekürt wurde und der Tourist sich dort bei Sonnenschein als Wanderer durch ein skandinavisches Pop-up-Kinderbuch erlebt. Auf der Tour durch pittoreske Gässchen und an hyggeligen Häusern vorbei steht ab und an ein kleiner Tisch oder ein offener Schrank mit Marmeladengläsern am Wegesrand. Jedes der erkennbar individuell abgefüllten Gläschen in unterschiedlichen Größen trägt ein mit Filzstift handbeschriebenes Etikett, wie »Mirabellenmarmelade, Juli 2020«. Und am Schrank findet sich ein Zettel mit der Bitte, den auf dem Deckel notierten Betrag in die kleine Metallbox zu legen, die irgendwo zwischen den Gläsern hervorblitzt.

An diesem Punkt werden einige Leser denken: »Moment, das kenne ich, das gibt's doch in Dänemark häufiger.« Ja, das stimmt. So ein Straßenangebot ist typisch für viele Gegenden in Dänemark wie auch ganz Skandinavien: Brennholz, Spargel, Honig, Kartoffeln, Eier, Blumen, alles, was die Jahreszeiten hergeben oder der hyggelige Kaminofen benötigt. In ländlichen Gegenden Deutschlands und anderer Länder kommt diese Art von Self-Service-Straßenhandel manchmal ebenfalls vor. Hierzulande lautet der offizielle Begriff passenderweise »Kasse des Vertrauens« oder »Vertrauenskasse«.

Quelle: Privat

Achtung: Hier läuft gerade ein psychosozialer Vorgang zwischen einem Menschen und einem Holzschrank ab. Es sieht vielleicht auf den ersten Blick so aus, als ob es hier nur um Marmelade geht, doch das eigentliche Thema ist Vertrauen.

Da dieses Buch nicht als Standardwerk für reisefreudige Konfitürenfreaks, sondern als Standardwerk für Vertrauensökonomie und verantwortungsbewusste Führungskräfte konzipiert ist, stellt sich an dieser Stelle die Frage: Was ist an einem wackeligen, selbst gezimmerten Marmeladenschränkchen am Wegesrand interessant? Antwort: Ein so einfaches wie gleichzeitig diffiziles Sozialphänomen. Ein Vorgang, der die Weltkugel rundlaufen lässt oder eben nicht. Konkret: Es geht um Vertrauen. Das unvermeidliche Sozialgewürz steckt überall dort mit drin, wo Menschen miteinander in Kontakt treten – ob bei einer offiziellen Konferenz wie dem G-20-Gipfel in Tokio oder beim privaten Konfitüre-Gipfel in Sønderho. Es ist überall dort vorhanden, wo es um die Wurst, pardon, um die Entscheidung geht ... (oder halt um den Aufstrich). In dem fruchtvollen Beispiel versteckt sich das Sozialgewürz in einem hellgetünchten Schränkchen und wird relevant, wenn jemand davorsteht. Kuckuck, ruft's aus all den Verkaufsschränken am Wegesrand – und zumeist liegt kein faules Ei darin; der Erfahrung nach oft sogar ein extrem frisches.

Die stärkste und schnellste zwischenmenschliche Verbindung: Vertrauen

Vor allem aber ist Vertrauen keine soziale Einbahnstraße, sondern im Idealfall eine soziale Autobahn, weil beide Seiten effizient und entspannt profitieren: Einerseits vertraue ich beim Kauf den mir meist persönlich unbekannten Marmelademachern, dass sie in ihrer heimischen Küche kein Schindluder auskochen, stattdessen eine ordentliche Marmelade einwecken, die niemanden umbringt und mein Brot versüßt. (Achtung an alle Angsthasen: Der Verkaufstisch steht nicht zwangsläufig vorm Herstellerhaus!) Andererseits vertrauen die Abfüller darauf, dass die Menschen, die vorbeikommen und Aufstrichappetit verspüren, ordnungsgemäß je nach Glasvariante bis zu 25 dänische Kronen in die Box legen. Die marmeladenfabrizierende Familie muss dafür nicht ihren ganzen Tag am staubigen Wegesrand verbringen und warten, ob eventuell jemand vorbeikommt. Dabei ist der obstige DIY-Belag keineswegs preisgünstiger als im Supermarkt vor Ort und kein zertifizierter (Marken-)Absender besiegelt höchste Qualität oder verspricht ein vollmundiges Geschmackserlebnis. Auch werden keine Inhaltsstoffe – weder Frucht- noch Zuckeranteil – ausgewiesen, und das in der aktuellen Helikoptergesellschaft und sämtlichen EU-Regularien zum Trotz (zudem in Zeiten des Zuckerfrei-Trends).

Dafür wird die qualitativ hochwertigste Sozialzutat *en masse* eingekocht und figurschonend abgefüllt: Vertrauen. In jeder Hinsicht und in jede Richtung: zweimal gratis verschenktes Vor-Vertrauen zwischen einander prinzipiell unbekannten Personen, die sich eventuell nie im Leben begegnen werden. Dazu eine nicht statistisch überprüfte persönliche Autoren-Beobachtung als Fanø-Stammkunde: Die Touristen sind angetan, ja sogar fasziniert von den anonymen wie zugleich persönlichen Self-Service-Läden mit Social-Self-Control. Dabei geht es wohl nicht primär um die (eventuell) leckere Marmelade, sondern um die Tatsache, dass hier ein schmackhafter Deal allein auf Basis von Vertrauen stattfindet. Speziell als Tourist fühle ich mich bewusst oder unbewusst geschmeichelt: Mir als dem vor Ort Unbekannten und

Kurzzeitbesucher, also einer kulturell außenstehenden Person, einem Fremden, wird Vor-Vertrauen geschenkt. Der Gast darf an diesem einen Punkt an der Inselgemeinschaft teilhaben, selbst wenn es eventuell nur geschieht, um Geld mit ihm zu verdienen. Ein Vorgang, der automatisch eine tiefe Sehnsucht in vielen Menschen hervorruft: nach der guten heilen Welt im Damals (ob es sie damals oder jemals gab oder nicht), nach Nähe und Authentizität im Umgang miteinander. Oft verbunden mit einem Gedanken oder dem Gedenken an frühere Zeiten, als alles besser war, zumindest im romantisierenden Rückblick. Gefühlt gibt es so was – in der Produktwelt – nur noch als goldige Werther's-Echte-Lutschbonbons[1] von Opa im Schaukelstuhl. Oder im Manufactum-Katalog mit Dingen aus der Zeit, als Opa noch nicht Opa war und Mönche allerlei Tinkturen verkauften. Der dazugehörige Claim des Manufaktur-Warenhauses lautet passgenau: »Es gibt sie noch, die guten Dinge.« Und *die* haben sehr viel mit Vertrauen zu tun ...

Kollektives Vertrauen schafft Wir- und Gemeinschaftsgefühl

Das Vorhandensein so offensichtlicher wie greifbarer Vertrauensanker an Gartenzaun und Wegesrand ist eingekochtes Indiz für ein brennendes Bedürfnis: Viele Menschen tragen in sich – so scheint es – eine tiefe Sehnsucht nach Verlässlichkeit und Vertrauen. Das Schränkchen strahlt über sein frei zugängliches Angebot soziale Geborgenheit aus und damit automatisch Aufgehobensein in einer größeren Gemeinschaft. Ein Gefühl von Zusammenhalt, welches sonst sozial übergreifend in Industrienationen nur noch bei gewaltigen Naturkatastrophen oder nationalen Großereignissen existiert. So z.B. in einer Katastrophensituation, wenn sich ein ganzes Land solidarisiert – wie im Frühjahr 2020 im Angesicht des nur gemeinsam zu bekämpfenden Corona-Virus: Allabendlich um 21 Uhr applaudierten in Südeuropas Städten Menschen auf den Balkonen (Deutschland tat es ihnen später nach), um dem medizinischen Fachpersonal auf diese Weise ihren symbolischen Dank für übermenschlichen Einsatz zu zollen. In Italien verabredeten sich die

Menschen und ließen ihre Stimmen oder den Klang ihrer Instrumente durch die menschenleeren Gassen hallen. Die Bilder gingen um die Welt. Nur wenige Monate später war Corona Alltag und die Balkone blieben leer. Langfristig braucht es mehr für die »Helden des Alltags« als Applaus oder Musik, denn jede langfristige Gemeinschaftsbildung benötigt mehr Zeit und Nähe.

Ein anderes Beispiel für bewegenden Zusammenhalt in der Katastrophe ist das Elbhochwasser im August 2002, das in Deutschland, Österreich und Tschechien ganze Existenzen zerstörte. In der dramatischen Ausnahmesituation erfuhren die Menschen in den betroffenen Gebieten, die in Deutschland von Bayern über Sachsen bis Brandenburg und Schleswig-Holstein reichten, viel spontane und tatkräftige Unterstützung. Im Gedächtnis bleibt nicht nur der damalige Bundeskanzler in gelben Gummistiefeln, sondern der Einsatz zahlreicher Menschen, die Sandsäcke gegen die ansteigenden Wassermassen stapelten, die Helfer mit Essen versorgten und den Flutopfern beim Aufräumen des Chaos halfen – nicht zu vergessen die enorme finanzielle Spendenbereitschaft.

Erfreulicherweise schaffen auch erfreuliche Großereignisse Solidarität, wie z. B. 2014, als eine ganze Nation sich zur Fußball-Weltmeisterschaft hinter der eigenen Nationalmannschaft versammelte und deren Erfolge fahnenfreudig bejubelte – im tiefen Vertrauen auf »unsere« Fähigkeiten am Ball (oder zumindest im festen Glauben daran).

All das umfasst der Begriff Vertrauen: Geborgenheit in einer Gruppe, einer Gemeinschaft, die mich mitträgt und deren Unterstützung mir sicher ist. Hier kann ich fallen und man wird mich auffangen ... Daher findet sich das eingangs beschriebene Schrank-Phänomen meist in ländlichen Gegenden, wo die soziale Kontrolle prinzipiell noch stärker, die Gemeinschaft größtenteils noch intakt ist – mit allen positiven wie negativen Begleiterscheinungen. Gerade in kleineren Ländern ist oft über das dörfliche Umfeld hinaus das Zusammengehörigkeitsgefühl insgesamt stärker erkennbar, was sich nicht zuletzt an der landesweiten Existenz von Vertrauenskassen zeigt. Im fernen Inselstaat Neuseeland mit weniger als fünf Millionen Einwohnern gibt es eine lange Tradition solcher Stände, bisweilen sind es ganze Garagen oder kleine Häuschen voller Ware. Manchmal sind diese Miniläden sehr liebevoll dekoriert und besonders individuell ausgestattet. Dazu gibt es dort, am schönsten Ende der Welt im Südwestpazifik, den vielleicht apartesten Begriff für die Geldbox am Verkaufsstand: die »Honesty-Box«.

1. Szenenwechsel: Vertrauen auf der Resterampe von Wirtschaft und Gesellschaft (Frankfurt / M.)

Wir sind wieder zurück in Nordeuropa, unternehmen aber zwecks Erkenntnisgewinn eine fixe Fährfahrt von Fanø zum Festland nach Esbjerg, der siebtgrößten Stadt Dänemarks (72 000 Einwohner), und bewegen uns von dort zügig 812 km weiter südlich in die siebtgrößte Stadt Deutschlands (753 000 Einwohner): Frankfurt am Main liegt im Bundesland Hessen, in unmittelbarer Nähe zum beliebten Naturpark Taunus. Viele Frankfurter pflegen ihre Traditionen, unterstützen gemeinschaftlich »ihre« Eintracht (e. V.) oder trinken ortsüblichen Apfelwein, regional: »Äppelwoi« oder »Ebbelwoi«. Einige von ihnen sind stolz darauf, dass Goethe hier geboren wurde, andere auf die historischen Altstadtbauten rund um den Kaiserdom, die immer noch zahlreichen Messen (die erste gab es hier im 12. Jahrhundert), den globalen Drehkreuz-Flughafen (der viertgrößte Europas) oder die imposanten Wolkenkratzer im Stadtzentrum. Der Bahnhof ist der verkehrsreichste und das Autobahnkreuz darüber hinaus das meistbefahrene Deutschlands. Doch der Ort ist nicht nur ein gewaltiger Verkehrsknoten im traditionellen Wortsinn. Hier existiert überdies – gemessen am Datendurchsatz – der weltweit größte Internet-Verkehrsknoten. Zur schönsten Stadt im Staate wurde Frankfurt zwar noch nie erwählt, aber immerhin wurde der Goethe-Wanderweg zum schönsten Wanderweg Deutschlands in der Kategorie »Stadt und Kultur« gekürt (11 km, Startpunkt Goethehaus, Großer Hirschgraben 23–25).

Die zahlreich vorhandenen Hochhäuser bilden eine an US-Metropolen erinnernde Skyline, was dazu führt, dass die Main-Metropole in Reiseführern stets als »Mainhattan« bezeichnet wird, angelehnt an den bevölkerungsreichsten Bezirk von New York City (NYC), Manhattan.

Insgesamt sollen es 450 Hochhäuser sein. Ab ca. 150 Meter Höhe gehören sie in die Kategorie Wolkenkratzer. Ganze 19 der 20 höchsten Wolkenkratzer Deutschlands stehen hier in Mainhattan. Und bei dem anhaltenden Bauboom vor Ort kommen wohl noch einige hinzu. Eine der Ursachen für die stadtbildprägenden Hochhäuser ist die kulturell gewachsene Bedeutung Frankfurts als ein maßgeblicher Finanzplatz Kontinentaleuropas neben Paris und London: Bereits 1194 erhielt die Krönungsstadt deutscher Kaiser und Könige erstmals das Recht auf eigene Münzprägung, 1585 wurde die Frankfurter Börse gegründet.

Die meisten der richtig hohen Häuser stehen dementsprechend im sogenannten Bankenviertel. Der von Stararchitekt Lord Norman Foster entworfene Commerzbank Tower am Kaiserplatz bildet mit 259 Metern Höhe den absoluten Gipfel des örtlichen Bankengebirges, in der gesamten EU baute bisher niemand höher. Wer dort als Tourist im Sonnenschein durch die beeindruckenden und zudem schattenspendenden Häuserschluchten schlendert und vor den Repräsentanzen internationaler Großbanken oder der Europäischen Zentralbank (Ostend), von Versicherungen oder sonstigen finanzkräftigen Institutionen verweilt, entdeckt weder blumige Vorgärten noch selbst gebaute Marmeladenschränkchen. Ein hyggeliges Flair ist trotz vereinzelter, perfekt in Form frisierter Grünpflanzen nicht zu entdecken (eventuell oben in den Teppichetagen, vielleicht haben einige Firmen bereits *cozy* »Innovation-Labs«[2]). Behaglich oder gar heimelig muss es hier aber auch gar nicht sein, denn die Faszination und Intention des Finanzdorfes ist eine völlig andere ... Dennoch oder gerade deswegen starren ein paar der Turmbewohner etwas ermattet auf ihre zahlenschweren Bildschirme. Vielleicht träumen einige dabei gar nicht vom Urlaub im Porsche, sondern vom Urlaub in Dänemark. Der beschleunigt zwar weniger das Ego, sondern entschleunigt primär die Seele, wirkt dafür aber meist nachhaltiger als die 4,2 Sekunden bis Tempo 100 (reine Typenfrage).

Lieber Schein(e) als Sein

Gerade Banken auf der tempolastigen Überholspur, die ihre diversen High-Performance-Anlageschäfchen bevorzugt grenzübergreifend vermehren, bemühen sich gerne um repräsentative Dependancen in bester A-Lage. Ein traditioneller Grund dafür war das damit verbundene Werben um das Vertrauen der Kundschaft – neben dem Wunsch nach Selbstdarstellung, Präsenz, Reputation, Seriosität: »Bei uns ist Ihr Geld sicher.« Die Bank winkt mit dem selbsterklärenden Zaunpfahl bzw. der Carrara-Marmorsäule: Wir können mit Geld umgehen, das sollen unsere Kunden ruhig sehen und spüren. Die älteste Zentralbank der Welt, die 1668 gegründete Schwedische Reichsbank, hatte einst das Motto »Hinc robur et securitas«, zu Deutsch: »Von hier stammen Stärke und Sicherheit.« Es wurde zur massengängigen Bekräftigung der Johanniskraut-Aussage zeitweise sogar auf die 100-Kronen-Scheine gedruckt. Aber als Zentralbank ist ihre Aufgabenstellung naturgemäß deutlich sicherheitslastiger und für alle Schweden definiert.

Wer heute als Nichtbanker vor den höchsten Bankhäusern Frankfurts steht, der spürt vermutlich etwas anderes als eine Aura von persönlicher Sicherheit: Die gewaltigen Bankentürme demonstrieren zwangsläufig – und sind darin durchaus mit Burgen oder Kathedralen des Mittelalters vergleichbar – Macht und Überlegenheit gegenüber der »normalen« Welt. Es sind imposante Burgen aus Stahl, Beton und Glas, die etwas hermetisch Verriegeltes ausstrahlen, sogar ohne Wassergraben und hochgezogene Zugbrücke: Gräben und Mauern sind hier von ganz anderer menschlicher Natur und sozialer Härte ... Viele draußen vor den Glastüren würden wohl das Wort »Abgehobenheit« oder – in Bezug auf das massenwirksam überlieferte Verhalten einiger Turmarbeiter – sogar »Arroganz« oder altmodisch »Niedertracht« hinzufügen. Die preisgekrönte deutsche TV-Serie »Bad Banks« hat den Mythos von Gier, Gefühlskälte und Egomanie vor Frankfurts Global-Finance-Kulisse massentauglich mit Coolness-Faktor inszeniert und so ein überzeugendes Investment in alle negativen Vorurteile vorgenommen. Nur einer klemmt sie alle im Vorbeigehen unter seine Hosenträger: Der gut

Quelle: picture-alliance/dpa

Ihr sympathischer und vertrauensvoller Finanzexperte von nebenan: Herr G. Gekko. Mit eingebauter Vorbildfunktion für mindestens eine Generation Banker.

gegelte Finanzhai Gordon Gekko[3], dargestellt von Michael Douglas, hat im Film »Wallstreet« von 1987 mit seinem »Gier ist gut«-Credo oscarprämierte Pionierarbeit für die Anziehungs- wie Abstoßungskraft der Branche geleistet.

Die perfekt polierte Oberfläche vieler Banken zeigt Korrosionserscheinungen. Und in der Wahrnehmung vieler Menschen deutlich weniger Oscar-Glamour à la Hollywood, dafür aber mehr Oskar in der sozialen Mülltonne. Im Ergebnis sämtlicher Vorgeschehnisse, spätestens seit der Finanzkrise 2008, ist im 21. Jahrhundert »tiefes Vertrauen« sicher nicht der erste Begriff, der externen Normalmenschen im Angesicht hochstapeliger Frankfurter Finanzbollwerke einfällt. Und »Gemeinschaft«[4] vermutlich nicht das zweite Wort, das einem in den Kopf kommt, wenn allmorgendlich gepflegt-stromlinienförmige Anzugträger mit weißen

Bluetooth-Knöpfchen im Ohr aus den U-Bahnschächten stromlinienartig in Richtung ihrer jeweiligen Heimattürmchen streben. Übrigens: Headhunter empfehlen mantraartig, für den perfekten CV bzw. Lebenslauf alle zwei bis drei Jahre das Türmchen zu wechseln ...

Die soziale Abrissbirne hat kapitales Vertrauen abgeschlagen (dank Dauerbetrieb)

All diese brutal-zerstörerischen Vorgänge sind selbstverständlich weder im Falle pulsgebender Banken noch anderer kapitaler Organisationen der aufstrebenden Architektur zuzuschreiben; diese Architektur ist allerdings ein in Beton gegossener Ausdruck des prestigeorientierten Selbstverständnisses einiger Protagonisten – und soll es wohl auch sein. Die zwei 155 Meter hohen verspiegelten High-End-Zwillingstürme der Deutschen Bank im Frankfurter Westend sind so oft medial gezeigt worden, dass sie mittlerweile zu einem Sinn- und Abziehbild deutscher Wirtschaft geworden sind – im Guten wie zuletzt zunehmend im Schlechten. Ein im Zuge der Cum-Ex-Affäre als Kronzeuge auftretender ehemaliger Banker und Hauptbeschuldigter im größten bundesdeutschen Steuerermittlungsverfahren formuliert es im Interview (anonym) so: »Wir haben da oben in diesem 32. Stock aus dem Fenster auf die Taunusanlage geschaut, da erscheinen dir die Menschen unten ganz klein, und wir haben gedacht, wir sind die Schlauesten, wir sind die Genies hier oben, und ihr da unten, ihr seid alle doof.«[5]

Diese unter einigen Topbankern anscheinend verbreitete Einstellung fand ihr öffentlich-plakatives Sinnbild bereits Jahre zuvor: in einem vom damaligen Chef der Deutschen Bank, Josef Ackermann, im Gerichtssaal fingerfertig und mit breitem Grinsen in die Kamera gehaltenes Victory-Zeichen. Mittlerweile ist das Foto eine Ikone der Kapitalismuskritik (»Causa Josef Ackermann« anno 2004). Und diese Art der Provokation hat bei der Deutschen Bank offenbar System: Zur Beschreibung der 50 Millionen Mark an offenen Handwerkerrechnungen, die ein Frankfurter Pleitier der Bank hinterließ, hatte ein anderer Deutsche-Bank-Chef zehn Jahre zuvor bereits ein Wort kreiert, das Ikonen-Status erlangte: Weil es bei dieser Sache um – zumindest aus Sicht von Hilmar Kopper – sehr wenig Geld ging, sprach er von »Peanuts« und gewann mit seinem englischen Beitrag im Anschluss überlegen die Wahl zum deutschen Unwort des Jahres 1994. Eines der wenigen Unworte, die sich im alltäglichen Sprachgebrauch (und Duden) etablieren konnten. Darüber, wie die Kinder aus der weltberühmten US-Comic-Serie mit dieser Verunglimpfung und Vereinnahmung klarkommen, ist nichts bekannt.

Derart unnahbar-unsoziale Wesenszüge einiger Banker »da oben« sind inzwischen bis zu einigen Nichtbankern »da unten« durchgesickert: Nach einer Langzeitstudie des Meinungsforschungsunternehmens Gallup aus dem Jahr 2019 misstraut jede zweite Person Banken im Allgemeinen[6] – und es ist davon auszugehen, dass sich dieser Wert bereits deutlich verbessert hat seit der Finanzkrise im Jahr 2008. Interessant ist, dass das Vertrauen in die Banken laut Studie bei der Landbevölkerung deutlich höher ist als bei Stadtbewohnern; dies wird mit der stärkeren persönlichen Nähe zur Bank begründet. Auf dem Dorf wird dem Banker des Vertrauens zum persönlichen Finanzgespräch in der Kreissparkasse vielleicht noch ein selbst eingewecktes Gläschen aus dem privaten Marmeladenschränkchen mitgebracht – und der lokale Experte seinerseits kann es sich sozial nicht leisten, in seinem (Wohn-)Ort schimmlige Finanzanlagen oder Finanzierungen zu verkaufen. Die genossenschaftlich organisierten Volks- und Raiffeisenbanken mit regionaler Verankerung lancierten 2020 konsequenterweise einen Youtube-Spot, der sich direkt an die Landwirte – traditionsgemäß eine für diese Bankengruppe attraktive Klientel – wandte: »Wir sind die Banken, die Landwirte besser verstehen, weil wir seit unserer Gründung tief in der Agrarwirtschaft verwurzelt sind.«[7] Ob Stadt, Land oder Feld: Hinzu kommt, dass Volksbanken und Sparkassen prinzipiell wie strukturell dezentraler organisiert sind und daher mit ihren Entscheidungen zur Kreditvergabe in jeder Hinsicht näher an der Familie oder der (kleineren) Firma dran sind, die sich bei ihnen um einen Kredit bewirbt. Auch die für die Wirtschaft aus strategischen

(Nonsens-)Gründen weiterhin am heißesten begehrte Zielgruppe ist sich relativ einig: Jüngere Menschen zwischen 15 und 29 Jahren haben laut dieser Studie das mit Abstand geringste Vertrauen in die Finanzindustrie, ganze 38 Prozent von ihnen halten ihr persönliches Geldhaus noch für glaubwürdig.[8] Der stoische Philosoph Seneca macht die Wurzel allen Übels deutlich:

> *»Mangelndes Vertrauen ist nichts als das Ergebnis von Schwierigkeiten. Schwierigkeiten haben ihren Ursprung in mangelndem Vertrauen.«*
>
> Seneca, römischer Philosoph, ca. 70 v. Chr.

2. Absurdes Theater: Ein Wirtschaftszweig zerlegt sein eigenes Vertrauensfundament

Das erste Fazit aus »Bankfurt« und assoziierten Finanzhochburgen weltweit lautet: Ein Wirtschaftsbereich, der allein vom Vertrauen seiner Kundschaft lebt, wird von sehr vielen Menschen – darunter der eigenen Kundschaft – nicht mehr mit Vertrauen in Verbindung gebracht. Auch wenn die Bank of Scotland unverdrossen mit dem Claim »Vertrauen seit 1695« wirbt, scheint der klassische Banker als eine gesellschaftlich angesehene, seriöse Vertrauensperson im grauen Anzug mit grauer Krawatte nur noch eine naive Petzi-Figur aus dem Wirtschafts-Pleistozän zu sein. Apropos: Nachdem viele der – allerspätestens seit der Finanzkrise – öffentlich bewusst bodenständig und gezielt regional auftretenden Sparkassen bereits länger die Krawatte offiziell entsorgt haben, warfen 2019 sogar die US-Investmentbanker von Goldman Sachs den Old-Economy-Krawatten-Dresscode über Bord.[9] Selbst das uraltehrwürdige Frankfurter Privatbankhaus Metzler (seit 1674) gesteht seinen Mitarbeitern inzwischen weitgehende Binderfreiheit zu.

Neue Nahbarkeit braucht die Bank: die Einführung des bodenständigen Bankers

Natürlich geht es bei alldem um viel mehr als um halsbelastende Krawattenpflicht, auch wenn das hängende Stückchen Stoff wichtiger Bestandteil des hochstehenden Selbstverständnisses von Bankern war. Banken möchten auf diese neue, von der Weiberfastnacht inspirierte Weise demonstrieren, dass sie den Zeitgeist erfolgreich erkannt haben. Banker wollen als normale Menschen, die »rein zufällig« in einer Bank arbeiten, viel näher bei ihren Kunden sein und daher wirklich alles tun, um nicht abgehoben oder unzugänglich zu erscheinen. Eine Krawatte wäre dabei nur im Weg, genauso wie hohe Schalter oder verschlossene Türen, hinter denen sich Angestellte mit dunklen Geheimnissen verschanzen könnten. Deswegen werden Banken derzeit zu einladenden »Open Spaces« mit Wohnzimmer-Lounge-Treffpunkt-Atmosphäre transformiert, manchmal fläzt sich ein Kuscheltier auf den skandinavisch-weißen Möbeln, Bücher stehen im sozial nahbaren Original-Ikea-Regal. Die »Overall«-Botschaft: Es ist ja alles so transparent, offen und einladend bei uns. Der wichtigste Satz des dynamischen Bankberaters von heute lautet: »Vielleicht ein Cappuccino oder Latte Macchiato für Sie?«

Ein Problembewusstsein dafür, dass eine Vertrauensstörung im Verhältnis zur Kundschaft existiert, es mehr Nähe benötigt, ist prinzipiell ein guter erster Schritt. Aber kann ein derart äußerlicher Ansatz, ohne Krawatte, dafür mit Ikea-Möbeln und Cappuccino, überhaupt problemorientiert und somit vertrauensförderlich sein? Eine Binsenweisheit, die sich in der Beobachtung von Wirtschaft und Politik immer wieder bestätigt, ist, dass die schnelle Arbeit an oberflächlichen Symptomen gern der deutlich mühsameren und zeitaufwendigeren Arbeit an den systemischen Ursachen vorgezogen wird: So muss das Logo immer zuerst leiden, wenn eine Organisation sich »glaubhaft« neu erfinden oder seine (neue) Positionierung verdeutlichen will, siehe z. B. VW, Lufthansa.[10] In dieser Oberflächen-Logik werden Bankfilialen mithilfe einer hübsch getünchten Kulisse und der Positionierung als nahbare »Bank in deinem Viertel« zu einem sympathischen kleinen Nachbarschaftstreffpunkt (mit Leseecke) umgebaut. Um die Marketing-Kosmetik zu unterstützen, greift das einstige Vorzeigeland des formalen Siezens zum dänischen »Du«: »Deine Filiale in Hamburg-Winterhude« leuchtet die Hamburger Sparkasse den Passanten jeweils passend pro Stadtteil-Filiale mittels Digitaldisplay bereits vor der Tür entgegen. Dazu kleben groß auf der Scheibe »Deine Bankberater:« – alle mit Vor- und Nachnamen aufgelistet. Jedem Kunden sein gemeinschaftlich geprägtes Finanz-Sønderho ...

Bedauerlicherweise erscheint trotz neu geschaffener Nähe und Nachbarschaft (zumindest in Optik und Gestaltung) in der öffentlichen Wahrnehmung weiterhin einiges schief gebunden. Immerhin scheuert es bei mancher Bank stärker am weißen Kragen als zuvor, manche wurden sogar abgewickelt. Alles, was sonst noch »böse« ist oder war, z. B. Kredite sanierungsreifer Banken, kann durch Gründung einer Bad Bank, zu Deutsch: »Abwicklungsbank«, ausgegliedert und so anstrengende Ausfallrisiken an dumme Dritte wie den Staat abgegeben werden. Ein Konzept, das 2007 in mehreren Ländern zum Einsatz kam. Wobei für viele Normalo-Nichtbanker – gerade wenn sie eigenes Vorsorgegeld verloren haben oder sich als Steuerzahler unfreiwillig zur Unterstützung einer milliardenschweren Bankenrettung gezwungen sahen – längst nicht genug (Nach-)Druck und Kontrolle von externen Instanzen existiert. Der Skandal um den Finanzdienstleister Wirecard beweist aufs Neue, dass es bei der Kontrolle von Finanzkonzernen erhebliche Mängel gibt und die staatliche deutsche Finanzaufsicht BaFin offensichtlich nicht umfassend, aber vor allem nicht kritisch genug prüft (von involvierten privaten Beratungsunternehmen ganz zu schweigen).

Die Banken in ihrer potenten Positionierung in Politik und gehobener Gesellschaft haben ihren Kritikern im Nachgang zur Finanzkrise weiterhin massive Argumente geliefert und so für andauernde Frustration gesorgt. Der sogenannte Bail-out der Boni-Banker nach 2008 und die allgemeine Wahrnehmung, dass deren Finanzparty minimal später wieder volle Fahrt aufnahm und sich am Wesen der Branche rein gar nichts geändert hat – 2018 neu befeuert durch den Cum-Ex-Steuerskandal –, vertiefte den ohnehin negativen Beigeschmack. So verteilte die Hypo Real Estate Bank im Jahr 2009 an ihre Topbanker 25 Millionen Euro an Boni, als sie längst nur noch dank einer über 100 Milliarden schweren Bürgschaft des Staates existierte.[11] Ausgehend von derartigen Vorgängen sind Autoaufkleber, Graffitis, Demo-Plakate und Greenpeace-Banner gut zu verstehen, die eindrücklich formulieren: »Wenn die Welt eine Bank wäre, hättet ihr sie längst gerettet.« Oder das Bertolt Brecht (1898–1956) zugeschriebene und offensichtlich zeitlose Zitat: »Bankraub ist eine Initiative von Dilettanten. Wahre Profis gründen eine Bank.«

Die Banken als zentrales Beispiel für ein zunehmendes Vertrauensmissverhältnis

Dennoch wurde das Beispiel Kreditanstalt nicht allein wegen der Geschehnisse in jüngerer Zeit gewählt, sondern auch, weil nahezu ausnahmslos alle Menschen dieser Institution ihre zumeist hart erarbeiteten Ersparnisse anvertrauen müssen: Unterm Teppich verstecken ist trotz völlig ausgefranster Zinssätze keine mehrheitsfähige Option. Eine Bank ist aus dieser psychologischen Perspektive noch grundsätzlicher gelagert als der tägliche Einkauf im Supermarkt, bei dem es aber selbstverständlich ebenfalls ein starkes Vor-Vertrauen in die produzierenden Unternehmen benötigt – wie etliche Skandale in der Lebensmittelindustrie negativ belegen. Die Grundlage des Bankproduktes ist aus analytischer Perspektive ebenfalls eine Besonderheit: Denn das Geld ist ein internationales Mittlermedium, welches allein auf Basis von Vertrauen funktioniert (siehe Kapitel 4).

Aus diesen Gründen macht eine Bank, als quasi unumgängliche Institution, dieses in vielen wirtschaftlich-gesellschaftlichen Arealen entstandene Vertrauensmissverhältnis explizit und in negativer Hinsicht nahezu idealtypisch deutlich. Die Skandale der jüngeren Geschichte belegen ein völliges Unverständnis, wahlweise Desinteresse, der Banken bezüglich des entscheidenden sozialen Vorganges, der sie überhaupt erst in ihre machtvolle Position gebracht hat: das mühsam, manchmal über Jahrhunderte aufgebaute Vertrauen innerhalb ihrer eigenen Kundschaft. Die Bank ist der Träger des Vertrauens in die Organisation. Irgendwann einmal muss auch die Deutsche Bank das Thema intern noch etwas anders bewertet haben, denn ab 1995 gab es immerhin für ganze zwei Jahre einen Claim, der das Vertrauen als seriöse Geschäftsgrundlage anerkannte (siehe wie folgt).

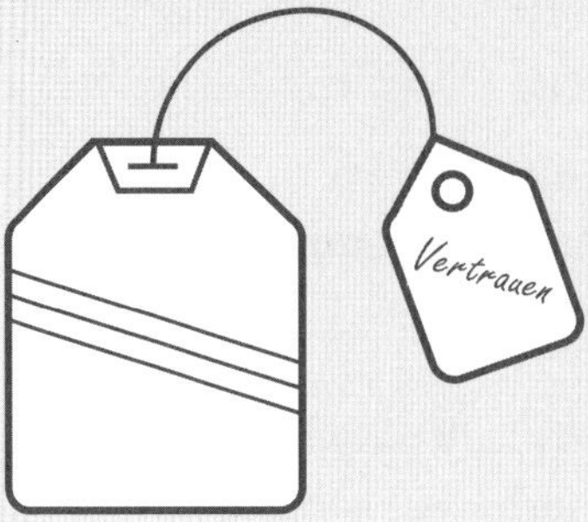

»Vertrauen ist der Anfang von allem.«

Deutsche Bank

Der Slogan oder Claim (Unterscheidung marginal, zweiter Begriff ist hipper) ist leider nur ein weiterer von x vergessenen Claims der Bank. Aber die Aussage für sich ist vollkommen richtig und existenziell wichtig: **Jedes Unternehmen, das erfolgreich geworden ist – ob kleine Kneipe oder großer Konzern –, musste es zunächst schaffen, ein Basisvertrauen in seine (neue) Leistung aufzubauen. Ohne vertrauende und zahlende Kundschaft ist ein wirtschaftlicher Aufbau oder überhaupt ein in die Zukunft gerichtetes Handeln nicht möglich.** Auch der Kneipenwirt kann erst ab dem Moment gewinnbringend wirtschaften, wo er ungefähr absehen kann, wie viele trinkende Menschen seine Schenke in der nächsten Woche an welchen Tagen frequentieren werden. Die hohe Kunst und zugleich der Mindestanspruch an jede Unternehmung ist es daher, dieses durch die Kundschaft entgegengebrachte Vertrauen immer wieder neu zu bestärken – auch noch 50 oder 100 oder 500 Jahre nach Gründung. Eine einmal festgelegte Aussage bezüglich der Leistung darf nie zur austauschbaren, inhaltsleeren Claim-Kommunikationsphrase verkommen; sie muss verstanden und gelebt werden.

Ob wissentlich oder unwissentlich: Wer soziale Systeme und Organisationen nicht konsequent ganzheitlich betrachtet und in deren Sinne vertrauensstärkend handelt, schadet ihnen im Zweifelsfalle massiv. Jede einmal aufgebaute Vertrauensstruktur muss sensibel geschützt und vertieft werden.

3. Akute Ansteckungsgefahr: Kein Vertrauensmissbrauch ohne massive Nachwirkung

Masse zieht Masse an, heißt es in der Physik, ein sozialer Kreis zieht seine Kreise, sagt der Soziologe: Die Folgen öffentlich gewordenen unredlichen Umgangs mit dem kollektiven Vertrauen ziehen meist deutlich weitreichendere Sozialkosten nach sich – Kosten, die sämtliche juristisch verordneten Strafzahlungen für das verantwortliche Unternehmen nicht annähernd abbilden können. Der Skandalstrudel zieht eben nicht nur die direkt betroffene Organisation in den öffentlichen Abgrund, sondern trifft in der Regel die ganze jeweilige Branche und ihre Reputation bis ins Mark. Das öffentliche Vertrauen wird erschüttert und die langfristigen Folgen daraus sind weder in Wählerstimmen noch in Fans, Euro oder Renminbi oder irgendeiner anderen messbaren Größe hinreichend auszudrücken. Wer ist denn nicht davon überzeugt, dass, wenn bei einem großen Fleischkonzern skandalöse tierschutzrechtliche Zustände und / oder menschenunwürdige Arbeitsbedingungen aufgedeckt wurden, es bei anderen großen Produzenten ähnlich tierisch-menschliche »Schweinereien« gibt? Wer glaubt denn nicht, dass, wenn der jahrelangen deutschen Aushängeschild-Firma Wirecard umfänglich betrügerisches Verhalten nachgewiesen wurde, es bei anderen jungen hochgejubelten (Fin-)Tech-Firmen auch jede Menge Luftbuchungen gibt?

Nur weil es fast alle machen, wird es keinesfalls besser

Das an solcher Stelle oft gehörte Gegenargument, dass es doch heutzutage kein einziges Großunternehmen mehr gibt, welches vollkommen skandalfrei »arbeitet«, scheint in Bezug auf viele einstige Vorzeigekonzerne berechtigt. Vor einer gefühlten Ewigkeit soll der erste Kompaktwagen von Mercedes-Benz, die A-Klasse, bei einem Fahrtest im Norden Europas umgekippt sein. Der Elchtest machte 1997 weltweit Schlagzeilen: Der Nimbus der Mercedes-Sicherheit, der Mythos Mercedes, ist zerstört, so der mediale Tenor. Zu Recht: 20 Jahre später ist die Tatsache, dass Mercedes 135 000 A-Klassen, 7235 C-Klassen sowie prestigeträchtige AMG-Fahrzeuge wegen gravierender technischer Mängel zurückruft,[12] eine von vielen minütlichen Kurzmeldungen auf dem n-tv-Nachrichtenbalken, über die niemand mehr spricht. Die Nachricht taugt zu keinem Aufreger mehr. Schon eine Million weltweiter Rückrufe im Oktober 2017 wegen spontan auslösender Airbags waren keine große Geschichte.[13] Das ist für das einstige Vorbildunternehmen im Bereich der Sicherheitstechnik ein Trauerspiel. Es zeigt aber zugleich, dass es sich langfristig lohnt, zuerst in Vertrauen zu investieren statt in die Verwässerung der eigenen Leistung – zumindest wenn man keine Firma bzw. kein Autobauer wie jeder andere sein möchte und sich seine volle Wertschöpfungskraft erhalten will. Bei Vorständen, deren leistungsbezogene Verträge nur über zwei Jahre laufen, ist Langfristigkeit im unternehmensbezogenen Denken und Handeln allerdings unmöglich zu etablieren oder zu erwarten.

Das prominente Beispiel, aber vor allem die Tatsache, dass sich noch viele derartige finden lassen und es inzwischen für den besseren Überblick sogar täglich aktualisierte Rückruf-Webseiten gibt (siehe Kapitel 14, *Die Nachfrage darf nie nachlassen*), macht die Sache an sich auf keinen Fall besser oder sozial verdaulicher: Nur weil wir uns alle an einen gewissen medialen Grundumsatz von Skandalen gewöhnt haben und unsere persönliche Kraft daher manchmal nur noch zum verbalen Kurzaufreger im Rahmen der »heute-show« reicht, verfängt das Prinzip Vertrauen nicht weniger oder wird gar irrelevant. Im Gegenteil.

Die besonders in den ersten Monaten der Corona-Krise in der Öffentlichkeit konstant als verlässlich-sachorientiert wahrgenommene deutsche Kanzlerin oder ihr öffentlich ähnlich professionell agierender österreichischer Amtskollege Sebastian Kurz – aber auch ein x-beliebiger seit x Jahrzehnten unaufgeregt-qualitätsorientierter Mittelständler –

erfahren genau deswegen einen umso stärkeren Vertrauenszuspruch und Zulauf (teilweise sogar von Gegnern und Konkurrenten), weil in der Wahrnehmung vieler Menschen aktuell wenig ebenbürtig-valide Gegenmodelle existieren. Für die Politik gilt: Gerade die Tatsache, dass es zunehmend mehr erratisch oder – vielleicht der neue Begriff dafür – »trumpistisch« auftretende Staatenlenker gibt, steigert bei vielen Menschen den Wunsch nach sortiert-verlässlichem »Merkelismus«. Funktioniert umgekehrt allerdings ähnlich, wenn etablierte Strukturen Widerstand hervorrufen ... (siehe US-Wahl 2016; vier Jahre später reichte es dann aber für den Erfinder des Trumpismus nicht mehr).

Andersherum gedacht wird ein handgenähter Schuh daraus: Eventuell war es noch nie so einfach, zu einem Leuchtturm des öffentlichen Vertrauens zu werden. Erfahrungsgemäß erfordert dies aber gerade in großen Organisationen besonders viel Handarbeit im Detail, weil gerade hier mit Nachdruck gelebte interne Sorgfalt von der obersten Leitungsebene erforderlich ist, um eine Verantwortungs- und Vertrauenskultur quer über alle Ebenen hinweg zu verankern, deren Leuchtkraft durch die Marke bis hin zu den Kunden strahlt. Grob, aber richtig gesagt: Wenn der CEO oder das Topmanagement es nicht als selbstverständlich ansieht, ein auf dem Fußboden liegendes Kaugummipapier sowohl in der Firmenkantine als auch im Flagship-Store höchstpersönlich aufzuheben, dann ist dieses Verantwortungsbewusstsein intern nicht ausreichend etabliert. Aber was genau soll es mit Markenbewusstsein zu tun haben, wenn Mitarbeiter aller Hierarchieebenen sich für die Sauberkeit der Firmenfußböden persönlich verantwortlich fühlen? Sehr viel. Es sind erfahrungsgemäß oft Firmen mit einer internen Sorgfaltskultur, einem übergreifend fürsorglichen Denken im Sinne der Organisation (bis ins Detail), die auch im Außen so wahrgenommen werden, nämlich als eine Einheit, der man Vertrauen schenken kann, oder knapp formuliert: Anstand erzeugt Anstand. Manchen Unternehmen wurde nicht nur kaufmännischer, sondern auch sozialer Anstand bereits von dem Unternehmensgründer in die Wiege gelegt. Dort existiert oftmals noch eine generationsübergreifende Fürsorge und Sensibilität und somit eine Vertrauenskultur – intern wie extern.

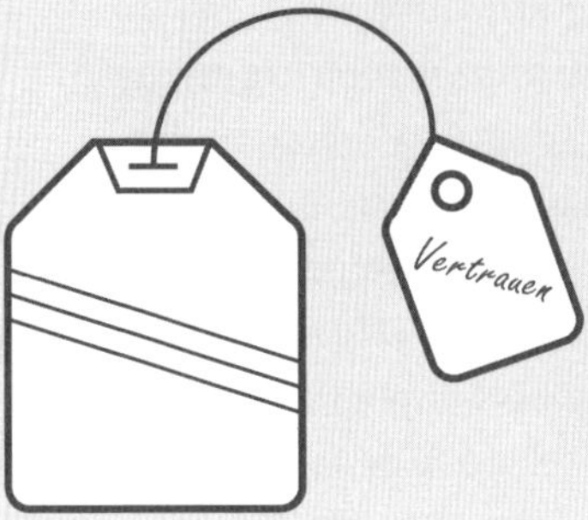

»Ich würde lieber Geld verlieren als Vertrauen.«

Robert Bosch,
deutscher Industrieller,
1861–1942

Verlierer jedes Vertrauensmissbrauchs: wir alle

Der Einsatz dieser brutalen Art von sozialer Abrissbirne ist langfristig extrem teuer, kurzfristig meist nur sehr teuer. Ganz am Ende zahlen eigentlich immer alle drauf, in vielerlei Hinsicht. Und wir tun dies eben nicht nur als privater Steuerzahler oder dampfender Wutbürger. Denn bei hoher gesellschaftlicher Relevanz des Vorfalls und entsprechender Skandalgröße verhagelt die Bilanz auch im globalen Maßstab: Gerade bei exportorientierten europäischen Ländern, wo das »Made in XYZ« ein lang erlernter, daher oft global funktionierender Kompetenzindikator – und somit Ursache für Vertrauen – ist, wirkt jeder medienprächtige Skandal einer berühmten Einzelmarke stets negativ auf die gesamte Volkswirtschaft dahinter: Wenn der VW-Konzern seine Kunden weltweit betrügt, schadet dieser Vorgang auch allen normalen deutschen Mittelständlern, jedem Hidden Champion auf der Schwäbischen Alb (oder anderswo versteckt) – soliden Firmen, die ehrlich und fokussiert ihre Filtersysteme, Küchen oder Klimaanlagen bauen, die sie oft ebenfalls weltweit exportieren. Dabei würden die meisten niemals auf die krude Idee kommen, sich ein Produkt auszudenken, das gar nicht das leisten kann, was es in der Öffentlichkeit laut verspricht, und – damit dies wirklich unbemerkt geschieht – im Hintergrund noch zusätzlich mit professionellem IT-Gehirnschmalz eine eigene Software zum Betrügen auszutüfteln. Welch eine unglaubliche Verschwendung von Know-how (während andere am »echten« digitalen Fortschritt tüfteln). Gottlob haben die meisten KMUs diese Manpower auch gar nicht, ganz zu schweigen von den finanziellen Mitteln.

Der Deutschen Bank kommt bezüglich ihres Standortes eine besonders hohe Verantwortung zu, denn sie trägt das »Deutsche« direkt im Namen, d.h., sie steht mit allem, was sie macht oder nicht macht, automatisch für ihre Herkunft ein. Sie selbst wird im Laufe ihrer eigenen Historie seit 1870 von dieser Herkunft oft auf internationaler Ebene profitiert haben, denn der deutsche Standort sorgt weltweit nach wie vor für einen hohen Vertrauensvorschuss: nicht ganz unwichtig bei einem global agierenden Finanzunternehmen, das exakt davon lebt. Der Autor ist überzeugt, dass die Bezeichnung »Deutsche Bank« einst ein starker Wettbewerbsvorteil war und es irgendwann mal wieder sein könnte – wenn der Begriff erneut und primär mit herausragenden Finanzdienstleistungen in Verbindung gebracht wird. Fatal und sozial unwiederbringlich ist, was die Deutsche Bank wie auch der Volkswagen-Konzern dem gesamten Standort Deutschland für einen langfristig verheerenden Vertrauensschaden zugefügt haben (siehe Kapitel 22).

Europa lebt von seiner Wissenstiefe – auch im Kampf um die »Beherrschung« der künstlichen Intelligenz

Eine typische Managementphrasenweisheit lautet in etwa so: »Im Zeitalter von Digitalisierung und Globalisierung spielen Herkünfte keinerlei Rolle mehr.« Das ist leider einmal mehr eine professionell und absolut richtig klingende Luft- und Lachnummer. Es ist wichtig zu verstehen, dass die »Made in XY«-Diskussion kein Anachronismus aus dem Industriezeitalter ist, sondern speziell für Europa eine wirtschaftliche Überlebensfrage in Zeiten von KI (künstlicher Intelligenz) und Digitalisierung bedeutet. Es geht um genau das,

⇨

was hinter solchen Labels steht: um die weltweit abgespeicherten Leistungen hinter den einzelnen Herkünften. Im globalen Wettbewerb mit China und anderen asiatischen Staaten sowie auch mit den USA ist ein entscheidender Standortvorteil nach wie vor, dass im Alten Europa massives Wissen und viel Erfahrung in den Unternehmen gespeichert ist – ein Vor-Vertrauen, das global anerkannt ist und sich in Weltmarktpreisen wertschöpfend niederschlägt: Einem Wein aus Frankreich wird mehr Vertrauen entgegengebracht als einem Wein aus Uruguay, einer Maschine aus Deutschland mehr als einer Maschine aus Russland usw. Dieses tiefe Wissen mag in mancher Hinsicht auch ein echtes Problem des Kontinents sein, weil es vielen Ländern Europas aufgrund ihres hart erarbeiteten Know-hows um exzellente Prozesse und des im Vergleich hohen Industriestandards schwerer fällt als anderen Ländern, auf neue Technologien und Herausforderungen zu reagieren (von hinderlichen demokratischen Prozeduren bewusst abgesehen) und Altbewährtes abzulegen. Aber diese gespeicherte kollektive Erfahrung ist das maßgebliche Pfund, mit dem Europa wuchern kann, der Vorsprung, welchen Europa in den Wettbewerb einbringt. Die Tatsache, dass China seit Jahren einiges unternimmt, um möglichst viele technisch versierte Firmen in Europa zu übernehmen, ist Beleg für deren Attraktivität und Kompetenz.

Der internationale Wettbewerb ist und bleibt ein Wettbewerb der Herkünfte, weil es hier um Vertrauen in bestimmte Kompetenzen geht: Würden Sie eine Uhr aus der Schweiz oder aus den USA bevorzugen? Wo würden Sie eher Ihr Konto eröffnen, bei einer Bank in Tadschikistan oder in Norwegen? Politisch unkorrekte Vorurteile kurz vorm Rassismus? Oder kollektiv abgespeicherte Erfahrungswerte? In jedem Falle soziale Realität.

Software und Maschinen von heute können vieles und werden immer mehr können, aber sie benötigen auch in Zukunft das ihnen von Programmierern eingespeiste Wissen, um weiter zu lernen und ihre Funktionen zu optimieren. Es geht für Europa um die Erschaffung neuer Modelle und Angebote – auf dem Fundament seiner individuellen Erfahrung bzw. der Erfahrungen und Errungenschaften der unterschiedlichen Völker und Kulturen Europas.

Einen besseren »Kausalitätsprozessor« als den Menschen wird es nach Überzeugung vieler IT-Experten selbst in ferner Zukunft nicht geben. Chris Boos, IT-Unternehmer und Mitglied im Digitalrat der Bundesregierung, bringt es auf den Punkt: »Maschinen verstehen rein gar nichts, es sind dumme Blechkästen, auch die neuesten und allercoolsten. Sie können sehr gut eingehende Daten mit einer Verständnisstruktur vergleichen, aber sie können keine Kausalitäten bilden.«[14]

Wenn KI das Ende des Industriezeitalters bedeutet, muss das traditionell industriell geprägte Alte Europa seine Chance im eigenen Know-how finden. Das bedeutet, die gewachsenen Erfahrungen seit der Industrialisierung zu nutzen und in neue Technologiebereiche zu transferieren. Nordeuropäische Länder wie Finnland, Estland und Litauen haben im Tech-Bereich vorgelegt; sie tragen allerdings auch ein kleineres industrielles Erfolgserbe als z. B. Frankreich, England und Deutschland. Damit »Made in Old Europe« in Zukunft ein Wertschöpfungsfaktor bleibt, dem die Welt Vertrauen und Respekt entgegenbringt, ist ein gezieltes Vorgehen jedoch unabdinglich.

Dafür muss zunächst das gemeinschaftliche Bewusstsein einer geteilten Geschichte, eines gemeinsamen kulturellen Hintergrundes verstärkt werden. Aufgrund der kulturellen Völkervielfalt eine Strukturebene tiefer wird diese europäische Stärke regelmäßig zur Schwäche, wie die EU nicht müde wird, es ihren Bürgern an jedem wichtigen internen Entscheidungsprozess vorzuführen. Trotz des offiziellen Namens »Europäische Gemeinschaft« ist die Sache mit der Gemeinschaftsbildung schwierig; es ringen aktuell 27 individuelle Kulturkörper mit jeweils Tausenden Jahren eigener Geschichte auf dem Buckel mit- und gegeneinander. Das kann ein 1993 gegründeter, gesellschaftlich organisierter Staatenbund nicht mal kurz wegharmonisieren. Es rächt sich die viel zu schnelle Erweiterung des Systems, weil das Wachstum, die Etablierung und Festigung gemeinschaftlicher Strukturen, Zeit braucht – und keine immer neuen Beitrittsverhandlungen. Gerade in der Krise zeigt sich der Verbund als »europäische Staaten-Gesellschaft« regelmäßig von den Partikularinteressen ihrer Mitglieder blockiert und somit handlungsunfähig. Eine

⇨

echte Form von Einheit kann überhaupt nur gefunden werden, wenn gemeinschaftliche, für alle erkennbare Oberstrukturen herausgearbeitet werden und durchsetzungsfähige Sanktionen sowie Grenzen existieren. Der offizielle EU-Wahlspruch »In Vielfalt geeint« macht Wunsch und Dilemma gleichermaßen deutlich.

Ohne Herkunft keine Hinkunft

Oftmals sind es eben Unternehmen ohne berühmten Namen oder junge Firmen, deren Markteintritt in neue Länder traditionell dadurch vereinfacht wird, dass ihre Herkunft, ihr damit verbundenes Know-how, ihr »Engineered in Germany«, »Swiss Made«, »Belgian Chocolate« oder ihr »Designed in Italy« ihnen einen initialen Vertrauensvorschuss in anderen kulturellen Umfeldern beschert. So profitieren Start-ups, die einen breiten Markteintritt auf unbekanntem Kulturterrain nicht finanzieren können, in Asien oder Nord- und Südamerika häufig von ihrer europäischen Herkunft (eventuell bereits beim Crowdfunding). Doch völlig egal, ob alt oder jung oder ganz frisch: Alle ehrlichen Vertreter einer Zunft werden durch jeden groben Vertrauensbruch anderer in Sippenhaft genommen. Jede in der Öffentlichkeit stehende und agierende Organisation hantiert mit diesem hohen Gut Vertrauen: selbstverständlich mit dem Vertrauen der eigenen Kundschaft, aber immer auch mit dem öffentlichen Vertrauen. Es zeigt sich beständig und überall, dass es am Ende des Tages doch immer nur um das Eine geht: Vertrauen ...

Ob Bank, Behörde oder Bratwurststand: Das »übergeordnete Produkt«, mit dem alle langfristig orientierten Organisationen und Unternehmen tagtäglich handeln und arbeiten, ist das öffentliche Vertrauen.

Und das fängt bereits bei dem globalen Transportmedium für diese mannigfaltigen Tauschobjekte und Handelswerte an: dem Geld in jedweder Form. Die Grundlage der Weltwirtschaft und ihrer einzelnen Nationalökonomien erweist sich bei näherem Hinschauen als ein sensibles System, welches einzig und allein auf dieser – je nach örtlicher Voraussetzung – harten oder fragilen öffentlichen Basis funktioniert. Über die Rolle und den heutigen Stellenwert des Geldes hat ein deutscher Philosoph folgendermaßen geurteilt:

> *»Die Haupttatsache der Neuzeit ist nicht,*
> *dass die Erde um die Sonne, sondern dass das Geld*
> *um die Erde läuft.«*[15]
>
> Peter Sloterdijk, * 1947

4. Von der Muschel zum Bitcoin: Das Geld als rein kulturell geprägtes Vertrauensmedium

Das Produkt Geld, mit dem Banken im Auftrag ihrer Kunden handeln, ist in Bezug auf das Thema Vertrauen selbst von herausstechender Bedeutung, weil dieses Produkt ausschließlich über Vertrauen funktioniert. War früher eine Silber- oder Goldmünze noch ihren materiellen Wert wert – zumindest wenn das Gegenüber Silber und Gold als wertvolles Material anerkannte –, so entfiel dies mit dem professionellen Ausbau der Geldwirtschaft zunehmend. Heute bestehen speziell unsere wertvollsten Geldstücke aus einem bedruckten Scheinchen Papier, auf welchem eine Zahl steht. Wenn beispielsweise »10 Euro«, »20 Euro« oder »50 Euro« auf diesem Papier steht und wir damit Blumen einkaufen gehen wollen, dann müssen wir darauf vertrauen, dass der Mensch im Blumenladen dem verknüllten Stück Papier in unserer Hand ebenfalls den dort aufgedruckten Wert zugesteht. Oder wie es der deutsche Soziologe Georg Simmel (1858–1918) in seinem Werk »Philosophie des Geldes« im Jahr 1900 zusammenfasst: »Ohne ein Vertrauen des Publikums zu der emittierenden Regierung oder, gegebenenfalls, zu denjenigen Personen, die den Realwert der Münze gegenüber ihrem Nominalwert festzustellen imstande sind, kann es auch zu einem Bargeldverkehr nicht kommen.«[16] Ohne ein gesamtgesellschaftlich etabliertes Vertrauen kann Geld demnach nicht funktionieren.

Der Geldverkehr, wie wir ihn heute kennen, hat unendlich viele Vorteile für fluide funktionierende Warenströme rund um den Globus. Ein Austauschhandel mit Naturalien wäre deutlich anstrengender zu bewerkstelligen und nahezu unmöglich fair und neutral zu verhandeln. Ein glückloses, im Nachgang beinahe komisches Beispiel globalen Naturalien-Tauschhandels aus der Vergangenheit: Der italienische Autokonzern Fiat errichtete 1966 ein Werk in der sowjetischen Stadt Toljatti und brachte zugleich das nötige Know-how ein. Damit leistete Fiat intensive Aufbauhilfe für den ersten russischen Volkswagen, der von 1970 an auf Basis des Fiat 124 als »Schiguli« weit über 17 Millionen Mal gebaut wurde und in Russland bis 2012 vom Band lief.[17] Diesen Deal bezahlte die russische Seite wegen akuter Devisenschwäche mit umfassenden Lieferungen von Karosserie-Stahlblechen an Fiat. Der daraufhin in Italien verbaute russische Recyclingstahl erwies sich bedauerlicherweise als so korrosionsanfällig, dass Autos der Turiner Marke noch Jahrzehnte später gegen ihr Image als »völlige Rostlaube« ankämpfen mussten (typischer Scherz: Wofür steht die Abkürzung FIAT? **F**ehler **i**n **a**llen **T**eilen). Geld dagegen rostet üblicherweise nicht, vielfach stinkt es noch nicht einmal. Dafür birgt es – neben den Millionen von Keimen auf der Oberfläche der klassisch-haptischen Variante – ganz andere Gefahren, wie die Auswüchse im Bankgeschäft vorführen.

Geld bedeutete schon immer Freiheit inklusive Suchtgefährdung

Die umfassenden Gefahren im Umgang mit Geld sind keine Entdeckung oder gar Erfindung der Neuzeit: Bereits in seinem Soziologie-Klassiker, der über 100 Jahre vor der Bankenkrise von 2007/2008 erschien, kritisierte Simmel, dass das Geld immer mehr zu einem Selbstzweck verkommt. Seiner Meinung nach wird ein an sich profanes ökonomisches Tauschmittel innerhalb moderner Gesellschaften zunehmend zu einem »Gott«, der alle Bereiche durchdringt und sie mehr und mehr beherrscht. Wie geht das? Geld schafft – rein strukturell betrachtet – individuelle Freiheit für den Menschen. Es ermöglicht uns, unabhängig(er) von Traditionen oder anderen externen Zwängen zu agieren, ein in dieser Hinsicht deutlich freieres Leben zu führen, als es in früheren Jahrhunderten möglich war: zu Zeiten, in denen die persönliche Herkunft deutlich determinierender für den Einzelmenschen war als heute und seinen Lebensweg und seine spätere Position im sozialen Gefüge bereits qua Geburt weitgehend festlegte. Denn außer durch Bildung lassen sich gerade mittels Geld soziale Grenzen leichter aufbrechen bzw. sie sind auf jeden Fall an der Oberfläche etwas durchlässiger geworden. Auch weil die meisten Statussymbole zumindest vom Angebot her mittlerweile selbst für das gemeine Fußvolk erwerbbar sind – obwohl sie weiterhin teuer bezahlt werden müssen. Prinzipiell kann sich jedoch heute jeder Mensch mit entsprechendem Geld einen Lamborghini, eine Riva-Jacht oder ein Hermès-Tuch kaufen, um der Welt damit eine von ihm erwünschte Zugehörigkeit plakativ bis unerträglich aufdringlich zu signalisieren.

Geld ermöglicht die Erfüllung dieser individuellen Wünsche nach Aufstieg und greller Geltung. Es produziert gleichsam ständig neue Begehrlichkeiten und Bedürfnisse, scheint eigene Ziele und Zwecke zu verfolgen und entwickelt quasi eine eigene Dynamik. Das Bankenbeispiel zeigt exemplarisch und eindrucksvoll, wie all diese Macht- und Status-Begehrlichkeiten in letzter Konsequenz dazu führen können, dass ethische Prinzipien und geltendes Recht von manchen Menschen konsequent ausgeblendet werden. In den hedonistischen 1980er-Jahren entstanden aus diesem Geld- und Prestigedenken heraus Songs wie »Material Girl« von Madonna und Preppy[18]-Sprüche wie »Was Lacostet die Welt? Geld spielt doch gar keine Rolex ...«.

Wenn Geld international arbeitet: Räumliche Distanz erzeugt persönliche Distanz

Georg Simmel, der aus Berlin wirkende Mitbegründer der Soziologie in Deutschland, erkennt in der räumlichen wie geistigen Distanz zum Besitz, zu der das Geld seiner Meinung nach führt, eine große Gefahr: Wer in Oslo, Tokio oder London lebt, aber dank seines Geldes irgendwo anders auf der Welt diverse Beteiligungen oder Güter besitzt, kann nicht in dem Maße Solidarität, Verständnis, ein umfassendes Besitzdenken im positiven Sinne entwickeln, als würde eigener Grund und Boden direkt vor der Haustür liegen: »Die Fernwirkung des Geldes gestattet dem Besitz und dem Besitzer so weit auseinanderzutreten, dass jedes seinen eigenen Gesetzen ganz anders folgen kann, als da der

Besitz noch in unmittelbarer Wechselwirkung mit der Person stand, jedes ökonomische Engagement zugleich ein persönliches war [...].«[19] Simmel dachte seinerzeit vor allem an die heißbegehrten Kolonien in Übersee, welche sich einige europäische Länder damals »zulegten«. Es ist bestechend, wie aktuell seine Aussage in Zeiten digital-globaler Finanzströme und Handelsbeziehungen immer noch ist. Ganz abgesehen von der Tatsache, dass in Bezug auf den Abbau bestimmter Rohstoffe auf der Südhalbkugel oft vom »modernem Kolonialismus« gesprochen wird. Damals wie heute sitzen die Profiteure im Sinne des Wortes fernab vom Ort des Geschehens und eventuell erleichtert diese räumliche Ferne das Gewissen (falls vorhanden).

Im Umkehrschluss zeigt sich jedoch auch hier, dass für echtes Vertrauen und langfristiges Engagement eine gewisse räumlich-persönliche oder zumindest soziale Nähe entscheidend war und dass sich dies bis heute nicht wirklich geändert hat.

Die Währung ist nur der Trägerstoff für Vertrauen: Schnecken statt Scheine

Es bleibt festzuhalten: Geld ist ein hocheffizientes Medium, welches seine Macht allein dadurch erhält, dass seine Nutzer ihm seinen jeweilig definierten Wert zugestehen, weil sie kollektiv geteiltes Vertrauen in diese definierte Währung haben. Andere Kulturen verwendeten zuvor bereits völlig andere Gegenstände als Medium. Außerhalb Europas in Teilen Asiens und Afrikas galt über mehrere Jahrtausende die Kaurischnecke, das sogenannte Kaurigeld, als die anerkannte Naturalwährung (siehe Bild unten). Doch egal ob Muscheln, Schnecken, Kakaobohnen, Federn oder Münzen und Papierscheine mit historischem Konterfei darauf: Geld ist ein rein sozial-kulturelles Phänomen. Wir glauben fest daran, weil alle in unserer Umgebung fest daran glauben und auf seinen offiziell vereinbarten Wert vertrauen. Nur dadurch funktioniert die Geldwirtschaft. Auf dem Höhepunkt der Finanzkrise im Oktober 2008 verlas die Bundeskanzlerin eine Regierungserklä-

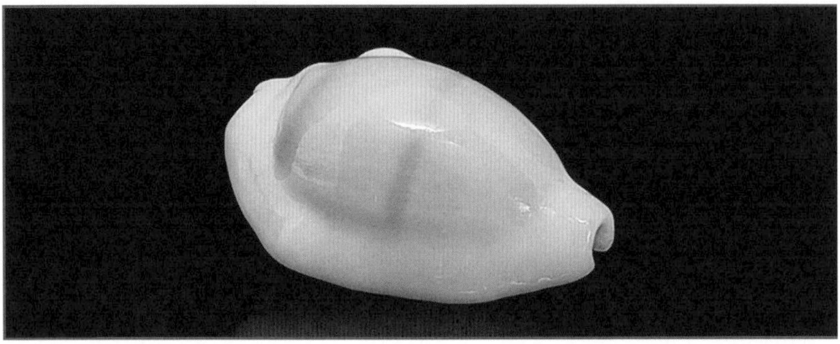

Quelle: Wikipedia[20]

Geld allein macht laut Volksweisheit nicht glücklich, aber es lässt entspannter schlafen. Auch diese Muschel, die biologisch korrekt eine Schnecke ist, machte nicht glücklich, aber sie beruhigte einst ungemein (ab einer gewissen Menge). Denn sie war eine äußerst erfolgreiche Währung, von Japan über China, Ozeanien bis Afrika – an mehr Orten, als es je eine Münze geschafft hat … Ergo: Das Medium ist egal, nur viel Vertrauen muss es auf sich vereinen. Möglichst gut zählbar und haltbar sollte es natürlich auch sein. Oder wie es Georg Simmel zusammenfasst: »Nicht was das Geld ist, sondern wozu es ist, verleiht ihm seinen Wert.«

rung, in der sie feststellte: »Wichtigstes Ziel aller Regierungsmaßnahmen ist die Wiederherstellung des Vertrauens. Vertrauen ist die wichtigste Währung des Finanzsystems.«[21]

Wenn Geld gar nicht oder wie in schweren Inflationszeiten im völligen Übermaß vorhanden ist – seine Wertstellung also äußerst schwierig zu bewerkstelligen ist –, werden Dinge, oft Naturalien, zum Ersatzobjekt der Begierde: So haben sich in Gefängnissen oder historisch im Deutschland der Nachkriegszeit Zigaretten als Parallelwährung bewährt, sogar für militante Nichtraucher. Zu Beginn der Corona-Pandemie eroberten Toilettenpapierrollen angesichts leergekaufter Regale kurzfristig eine für jene Produktkategorie selten hohe Begehrlichkeitsstufe. Soziale Medien verarbeiteten die Notsituation kreativ, zeigten mit Toilettenrollen statt Rolex geschmückte Arme, Bäckereien backten Kuchen in Rollenform.

Die Beispiele zeigen, dass das kulturelle Medium, auf welches man sich einigt, letztendlich egal ist. Entscheidend für den Durchsetzungswert jeder Art von Währung ist primär, dass sie »ausreichend« knapp ist. Daher existieren für das moderne Geld Instanzen – wie die nationalen Zentralbanken oder die Europäische Zentralbank mit Sitz in Frankfurt –, die den Mangel »von oben« sensibel steuern und justieren müssen, um immer für eine robuste Preisstabilität quer durch alle Krisen und wider alle Kritiken zu sorgen. Gewohnt pointiert fasste es der CSU-Politiker und frühere deutsche Finanzminister Franz Josef Strauß (1915–1988) zusammen: »Geld ist geil wie ein Bock und scheu wie ein Reh.«

In welcher Materialform auch immer: Geld schafft es, Leistungen, d. h. ganz konkrete Güter oder Dienstleistungen, in etwas vollkommen Abstraktes umzuwandeln. Falls demnächst in der globalen Geschäftswelt ausschließlich bargeldlos bezahlt wird (Länder wie Finnland, Schweden, China, Südkorea stehen derzeit vorn im Bargeldlos-Ranking), der Geldverkehr also komplett digitalisiert ist, wird Geld erstmals keinerlei Materialisierung mehr besitzen. Im Jahr 2019 wurden weltweit 3,5 Billionen Dollar elektronisch umgesetzt;[22] die Abschaffung zumindest von Münzen erscheint nur noch eine Frage von Zeit. Immerhin enthält die derzeit namentlich bekannteste virtuelle Währung, der Bitcoin, im Wort noch den englischen Begriff für Münze. Dies kann als eine Art letzte verbal-historische Reminiszenz auf dem Pfad zur Kryptowährung verstanden werden. Aus rein sachlicher Perspektive hätte das Geld als »Digital Money« oder »Electronic Money« den Gipfelpunkt seiner Effizienz erreicht. Aus der systemischen Gesamtwarte betrachtet, hat der israelische Historiker Yuval Noah Harari (* 1976) das Phänomen Geld prägnant zusammengefasst: »Geld ist also ein System gegenseitigen Vertrauens, aber nicht nur irgendeines: Es ist das universellste und effizienteste System des gegenseitigen Vertrauens, das je erfunden wurde. Dieses Vertrauen wurde ermöglicht durch ein komplexes und langfristig angelegtes Netzwerk politischer, gesellschaftlicher und wirtschaftlicher Beziehungen.«[23]

Das Geld selbst, als effiziente Grundlage von Handel und Weltwirtschaft, funktioniert allein auf Basis von Vertrauen – im nationalen wie im globalen Kontext. Das Medium ist dafür nahezu irrelevant, wenn es nur begehrt genug ist.

5. Vertrauen hat Herkunft und Historie: Grundsätzliche Wort-Bestandsaufnahme

Das schöne deutsche Wort »Vertrauen« ist nicht taufrisch aus der Wortpresse gefallen, an diesem inhaltlichen Punkt sind sich Wikipedia und sämtliche andere Quellen einig:

> *»Vertrauen« ist als Wort seit dem 16. Jahrhundert bekannt (althochdeutsch: fertruen, mittelhochdeutsch: vertruwen) und geht auf das gotische trauan zurück. Das Wort »trauen« gehört zu der Wortgruppe um »treu« = »stark, fest, dick«. Im Griechischen steht dafür πίστις* (pistis) *(»Glaube«), im Lateinischen* fiducia *(»Selbstvertrauen«) oder* fides *(»Treue«). So steht im antiken und mittelalterlichen Gebrauch Vertrauen im Spannungsfeld von Treue und Glauben (z. B. bei Demokrit, der fordert, nicht allen, sondern nur den Bewährten zu vertrauen). Für Thomas von Aquin ist Vertrauen durch Erfahrung bekräftigte Hoffnung auf Erfüllung von erwarteten Zuständen unter der Prämisse des Vertrauens auf Gott. Seit Beginn der Neuzeit – etwa mit Thomas Hobbes einsetzend – ist Vertrauen immer stärker ein Zutrauen in die eigenen Fähigkeiten (»Selbstvertrauen«).*[24]

Einige Quellen datieren die Wortexistenz bereits auf das 15. Jahrhundert. Eventuell ist daher das Wort nicht sexy – zumindest, was den Anspruch an Jugendlichkeit angeht. Jedenfalls nicht annähernd so sexy oder hip wie »Digitalstrategie«, »Industrie 4.0« oder »Disruption«. Noch besser sind die nur für echte Profis holperfrei auszusprechenden, englischen Must-have-Management-Buzzwords wie »Digital Transformation« und »Globalization«. Oder, momentan in Konzernen existenziell wichtig: »Big Data«, »Blockchain« und »Disruption« (letzterer Begriff jetzt in englischer Aussprache). Nicht erst seit Greta Thunberg und Fridays for Future (FFF) ist auch »Nachhaltigkeit« bzw. »Sustainability« als Schlagwort nicht mehr wegzudenken – leider zu oft nur als abstrakter »Hygiene-Faktor« zum lässigen Abhaken im Konzern-Geschäftsbericht. Selbst Recherchearbeit am Schreibtisch ist zur »Desktop-Research« geworden.

Apropos neudeutsche Begriffe und alteingesessene Konzerne: Das Wort »Vertrauen«, »established already in the 16th century« (»or 15th«, s. o.), bezahlt keine »Influencer«, um mehr »Awareness« zu erhalten (ehedem: »Aufmerksamkeit«) – und um weniger alt, pardon »outdated« zu wirken. Es weckt als Wort für sich zunächst nur wenig »Emotions«. Dafür ist es – im Gegensatz zu all den anderen genannten Begrifflichkeiten – in öffentlichen Ansprachen wie privaten Diskussionen sicherlich eines der mit Abstand am häufigsten verwendeten Wörter. Ein Wort-Evergreen, der seit Ewigkeiten zum Redeprogramm jedes gewieft staatstragenden Stimmenfängers oder firmentragenden Staubsaugerverkäufers gehört. Aber vor allem ist das Wort »Vertrauen«, im Gegensatz zu den vorweg genannten »State of the Art«-Schlagworten, eines, welches immer dann inhaltlich (!) und äußerst konkret relevant wird, wenn keine Worthülse den Beteiligten mehr (weiter)hilft. Wenn absolut alle hübschen Verbalblumen nicht fruchteten, wenn es ernst und anstrengend wird. Daher fallen große politische Entscheidungen nie bei der offiziellen Abstimmung, sondern zuvor in Hinterzimmergesprächen. Und deswegen kommen diese Fragestellungen in jeder persönlichen wie gesellschaftlichen Krise so stark und schwer zum Tragen: Wem kann ich vertrauen? Wem kann ich mich anvertrauen? Wer kann mir jetzt noch helfen?

Okay. Verstanden. Aber was genau macht den Begriff inhaltlich so besonders und relevant, dass er in der Krise plötzlich das begehrteste Gut ist? Der Begriff verlangt etwas – wenn er denn mehr als eine schöne nackte Worthülse sein soll –, das im normalen Alltag zunehmend auf der Strecke bleibt zwischen Digitalhype und brutal gesteigertem Techniktempo. Etwas, was eben nicht an der Oberfläche wirkt und sichtbar ist; erstklassige Verbalkosmetik kann es nur kurzfristig herbeipudern:

einen sehr simplen Ursache-Wirkungs-Zusammenhang, den viele Menschen in verantwortlichen Positionen augenscheinlich aus den Augen verloren oder unter Systemdruck irgendwann vergessen haben.

Jedes Vertrauen benötigt Vorlauf

Vertrauen entsteht »nur« als Wirkung aus einer Reihe von in sich konsistenten Handlungen oder Beobachtungen, die vorab stattgefunden haben. Es entsteht nicht im luftleeren Raum und kann selbst im 21. Jahrhundert noch immer nicht befohlen oder herbeigeredet werden. Daher misstrauen wir vermutlich der E-Mail von einem uns persönlich unbekannten bolivianischen Juraprofessor mit gleich zwei zusätzlichen Doktortiteln, obwohl dieser gerade in ach so großer Zwangslage ist: Er bittet uns daher dringlich, für einen reichen Klienten von ihm, streng vertraulich, den Transfer von 243 Millionen Euro nach Europa abzuwickeln. Und unser Misstrauen bleibt (hoffentlich), obwohl er uns, seiner Extremsituation geschuldet, eine Beteiligung von 12,5 Prozent an der Gesamtsumme zusichert, die direkt auf unser Konto avisiert wird. Es kommt noch besser: All das soll sofort passieren, nachdem wir vorab nur schlappe 800 Euro Bearbeitungsgebühr überwiesen haben, die er selbst aus Geheimhaltungsgründen nicht vorstrecken kann.

Gerade dann, wenn ein uns Unbekannter besonders vehement um unser Vertrauen bittet, spüren wir meist instinktiv und umgehend, dass da irgendetwas nicht stimmt – Vertrauen steht nämlich immer am Ende einer Kausalkette. Tiefes Vertrauen erwächst erst in uns, wenn ein Mensch oder ein Unternehmen über die Zeit bewiesen hat, dass die von uns mit ihm verbundenen Eigenschaften stetig und in gleichbleibender Art und Weise erbracht werden. Die folgende simple Gleichung ist daher durch nichts zu ersetzen:

Erfahrungen + Zeit ≙ Vertrauen

Vertrauen verlangt Extravagantes: Zeit

Ein gesamtstrukturelles Problem, auf welches Vertrauen nicht erst im aktuellen Jahrhundert trifft, ist die Tatsache, dass Vertrauensaufbau eine Zutat benötigt, die in einer Epoche, in der es – zumindest in der Ersten Welt der Industrienationen – nahezu alles überall und immer gibt, gern als absolute Mangelware deklariert wird: Zeit. So wie schon Rom nicht über Nacht aufgebaut wurde, so ergeht es dem Vertrauen. Mittlerweile können Häuser, Fabriken, Autos, Möbel, Impfstoffe deutlich schneller und effizienter als früher gebaut, entwickelt, geliefert und genutzt werden. Vermutlich bringt uns in absehbarer Zeit eine Amazon-Drohne unsere Bestellungen bereits im Stundentakt ans Fenster oder legt sie auf Wunsch inklusive individualisierter Grußkarte auf dem Balkon oder im Garten ab.

Nur zwei störrische Dinge, nämlich die Natur und das soziale Naturphänomen Vertrauen, haben sich in ihren Wachstumsphasen nicht den Erfordernissen der Zeit angepasst, ja sich ihnen nicht einmal in ausreichender Weise untergeordnet: Die alte Eiche wächst weiterhin nur wenige Millimeter pro Jahr (die jüngere schneller), und auch Vertrauen erweist sich immer noch als sperrig im zwischenmenschlichen Umgang. Für Pflanzen gibt es heute einige künstliche Wunder-Düngemittel, für Menschen und Marken (oder beides in einer Person) gibt es PR-Agenturen und eloquente Berater. Aber dennoch: Das zarte Sozialpflänzchen will oft nicht so schnell wachsen, wie es sich der Politiker für seine bevorstehende Wahl oder die Wirtschaftsunternehmung für ihren nächsten Produktlaunch wünscht.

> Vertrautheit erweist sich weiterhin als unumgängliche Vorbedingung für die Entstehung von Vertrauen. Es ist dem modernen Menschen bis heute nicht beizubringen, einer Sache zu vertrauen, die ihm nicht vertraut erscheint.

Nicht umsonst geistert in vielen Firmen der Spruch und die Überzeugung herum, dass das Marketing nicht für das Denken, sondern für das Handeln bezahlt wird: Speziell in dieser dynamischen Abteilung gewinnen häufig Zeit-, Absatz- und Margendruck die Oberhand; einziger Bewertungsparameter ist dann der situative Aktionismus, nicht primär das langfristige Vertrauensmanagement im Sinne des Firmen-Gesamtwohls. Im Gegensatz zu manch gutem Wein oder teurem Käse bekommen Menschen, Ideen und Unternehmungen zunehmend weniger Zeit zum Reifen und Wachsen – alles muss möglichst schnell und effizient geschehen.

Inzwischen kaufen wir uns ausgewaschene Jeans mit gut gesetzten Löchern und teure Vintage-Möbel mit möglichst kräftigen Gebrauchsspuren, weil selbst zum natürlichen Altern von Dingen keine Zeit mehr vorhanden ist. Dank solcher Used-Produkte kann das Gefühl von gelebter Geschichte und lässiger Langlebigkeit immerhin optisch in unserem durchgestylten Leben Einzug halten. Während wir unserer eigenen natürlichen Zerstörung im Fitnessstudio konsequent davonlaufen oder uns deutlich effizientere Elektroschocks in die Muskeln jagen lassen, werden unversehrte Klamotten dank künstlicher Destroyed-Verfahren für uns teuer vorzerstört (mit teils schwerwiegenden Folgen für die Menschen in den Textilfabriken und für die Umwelt). Unsere fabrikfrische Kleidung gaukelt der Welt vor, dass sie zuvor gelebt hat, während wir in dieser Hose versuchen, idealerweise bis zum 100. Lebensjahr möglichst knitterfrei und unkaputtbar auszusehen.

In der sozialen Realität existiert bedauerlicherweise (oder glücklicherweise?) keine künstlich gealterte Vertrauensbeziehung, auch wenn es manchmal sicherlich schöner und einfacher wäre, wenn man einige Stationen des Kennenlernens und somit Vertrauensaufbaus auslassen könnte (inklusive der eigenen Fehler und Fehltritte). Soziale Netzwerke, in denen manche Menschen 10 000 Freunde haben, von denen sie 9873 allerdings kaum einer Begegnung zuordnen können oder über einen Bestätigungs-Click hinaus gar nicht kennen, führen vor, wie dem Begriff nach »soziale« Netzwerke primär als höchst individuelle[25] Selbstdarstellungsplattformen genutzt werden. Oder kennen Sie Menschen, die ihr ganzes Leben lang ausschließlich mit einer Sonnenbrille vor dem Wasser sitzen? Bei denen jedes private Essen vom Food-Designer »Insta-fähig« gestaltet wurde? Es sind Netzwerke, bei denen die pure Größe der eigenen »Gemeinschaft« – gemessen an der Anzahl von Kontakten, Freunden, Followern – demonstrieren soll, wie »groß« und sozial wichtig man selbst ist. Das ist extrem zeitgemäß: Selbst die »Leistung« in Sachen Freundschaft lässt sich so quantifizieren und vergleichen ... Eine Sozialität als echte Gemeinschaft auf der Basis von langjähriger Kenntnis und gewachsenem Vertrauen ist allerdings etwas vollkommen anderes (siehe Kapitel 19).

> Die Zeit ist ein maßgeblicher und auch im 21. Jahrhundert unumgänglicher Faktor für den Aufbau von Vertrauen. Ohne den Faktor Zeit kann sich kein vertrautes Bild in uns einprägen und sich daher kein Zutrauen in einen Menschen oder eine Organisation ausbilden.

6. Vertrauen als Überlebensgarantie in beschleunigten Zeiten: Grundsätzliche Alltags-Bestandsaufnahme

Es ist eindeutig, dass ein normaler Alltag für ein soziales Lebewesen in einer komplexen Welt ohne ein gewisses Vor-Vertrauen in bestimmte Dinge – und parallel Misstrauen in andere Dinge wie unbekannte bolivianische Juraprofessoren – kaum zu meistern ist. Wir wären komplett handlungsunfähig. Wie wichtig für unsere Selbstwahrnehmung und persönliche Einordnung der Umgebung ein Grundvertrauen ist, merken wir, wenn Ereignisse wie 9/11, Fukushima, die Corona-Pandemie, ein Verbrechen oder ein unerwarteter Partner- oder Jobverlust unsere »normale« Welt und somit unsere beständige, bis dato als gesichert geltende Sichtweise komplett ins Wanken bringen, manchmal sogar zerstören. Wir realisieren in solchen Extremsituationen, wie ein als fast unumstößlich geltendes geistiges Gerüst wegbricht und uns je nach individueller Lebenserfahrung bis ins Mark erschüttern kann.

März 2020 in Deutschland: Wir nähern uns wie nahezu jeden Tag etwas gelangweilt unserem Stammsupermarkt zwecks schnellen Abhakens der Einkaufsliste, doch urplötzlich trägt das Gros der Menschen um uns herum Masken vor dem Gesicht. Es bilden sich lange Warteschlangen vor den Eingangstüren. Regale sind ausgeräumt, das Toilettenpapier ist ausverkauft, wir bekommen keine Milch und kein Mehl mehr. Es sieht tatsächlich aus wie in der Netflix-Katastrophenserie von gestern Abend – nur sitzen wir jetzt nicht mit Bierchen und Pizza auf unserm Sofa vor dem irren Szenario. Vor uns spielen sich Dinge ab, die wenige Tage zuvor in einer Stadt wie Zürich, München oder Salzburg vollkommen undenkbar, unvorstellbar, ja absurd erschienen wären. Bilder, welche die meisten Menschen hierzulande bis dato nur aus verwackelten TV-Berichten von fernen Kontinenten kannten.

In dieser Zeit veränderte sich schlagartig das gewohnte Leben in Deutschland (und weltweit). Persönliche Gewissheiten zählten plötzlich nicht mehr. Das Vertrauen in selbstverständlich erlernte Abläufe kam abhanden. Eine Situation, die speziell zu Anfang der Corona-Pandemie dazu führte, dass sich das Vertrauen sehr vieler Menschen massiv auf bewährte Dinge oder mit offizieller Kompetenz ausgestattete Instanzen wie politische und gesundheitliche Institutionen richtete – eben weil sie sich in der Vergangenheit als krisenfest und verlässlich bewiesen haben und / oder die ausgewiesenen Experten sind. Auf einmal waren Menschen in systemrelevanten Berufen gefragt: Krankenpfleger, Ärztinnen, Feuerwehrleute, Polizistinnen ... Menschen aus der IT- und Beratungsbranche, dem Marketing, Produktmanagement dagegen besaßen auf einmal viel Zeit. Eine Tatsache, die in teuren stucklastigen Stadtvierteln zu einem nie dagewesenen »Eltern-Überangebot« führte: Horden von Kindern mit superlässigen Hoodie-Papas auf Skateboards tummelten sich bereits am Vormittag auf öffentlichen Plätzen.

Der perfekt auf individuelle Effizienz getrimmte Standardtagesablauf der Menschen in den Industrienationen funktioniert allein auf der Basis von Vertrauen. Wie anders sollten wir auch den bunten und gefährlichen Dschungel der Großstadt entwirren oder gar managen? Vom Aufstehen bis zum Ins-Bett-Gehen müssen wir uns auf die unterschiedlichsten Dinge verlassen können. Andernfalls wäre jeder einzelne Gang nach draußen, jede Fahrstuhl-, Fahrrad- oder Autofahrt, jeder Supermarkteinkauf ein Himmelfahrtskommando. Zudem wäre unser Leben extrem zeitaufwendig und viel anstrengender, weil wir alles durchdenken und eventuell sogar austesten müssten. Als selbstverständlich angenommene Vertrauensvorkenntnisse bilden unser Koordinatensystem, unsere lebensrettende Alltags-Liane: Wenn Sie vor einem Zebrastreifen in Trømso oder Lüdenscheid stehen, würden Sie vermutlich in einem anderem Anspannungslevel und mit einer anderen Geschwindigkeit die Straße überqueren, als wenn sie vor einem Zebrastreifen in Paris oder Palermo stehen, oder? Denn Ihre Erwartungshaltung bezüglich des Straßenverkehrs und des Verhaltens der Autofahrer wäre eine andere. Hoffentlich. Ist diese jeweils unterschiedliche Haltung am Straßenrand nun ein Ergebnis verdichteter Erfahrungswerte? Oder handelt es sich um politisch unkorrekte, »dumme« Vorurteile gegenüber fremden Kulturen, die Sie ganz dringend ablegen sollten? Könnte theoretisch schon sein. Aber möchten Sie wirklich jetzt hier am Zebrastreifen an der zehnspurigen, gerade maximal befahrenen Allee in Paris den Gegenbeweis antreten? Falls ja, bitte sehen Sie sich unbedingt vorab den Selbstversuch und die Tipps vom ehemaligen Fernsehjournalisten Ulrich Wickert an der Pariser Place de la Concorde an: https://www.daserste.de/information/politik-weltgeschehen/weltspiegel/videos/50-jahre-weltspiegel-ulrich-wickert-am-place-de-la-concorde-100.html.

Ein weiteres, möglicherweise schmerzhaftes Beispiel, für das Sie aber nicht weit reisen müssen (bzw. eine nur theoretische Frage): Möchten Sie Ihren Finger in jede einzelne Steckdose im Raum bugsieren, um zu sehen oder vielmehr am eigenen Leib zu spüren, ob Sie tatsächlich daraufhin einen elektrischen Schlag erhalten? Wohl kaum. Sich auf etwas zu verlassen (hier: auf die Funktionsfähigkeit der Steckdosen), erspart oftmals Schmerzen oder entlastet zumindest die Psyche. Wer einmal monatelang abseits der Zivilisation durch Asien oder Südamerika gewandert ist, der weiß erst, was es danach für ein Glücksgefühl sein kann, auf dem Rollfeld des Flughafens die Maschine und an der Heckflosse das Logo der Heimat-Airline zu erblicken:[26] Die Aussicht auf kulturell vertraute Menschen und Stimmen, vertraute Abläufe und Umgebung, ja selbst auf die übliche Economy-Class-Kulinarik vom Plastiktablett und den starken schwarzen Kaffee danach kann eine umwerfend freudige Wieder-Erfahrung sein.

> Unser Vertrauen erwächst über die wiederholte persönliche Beobachtung bestimmter wiederkehrender Abläufe sowie durch die überlieferten Erkenntnisse und Erfahrungen anderer uns nahestehender Personen.

Ohne unsere Wahrnehmung und die bewusste oder unbewusste Akzeptanz vieler dieser Erfahrungen und ohne das tägliche Handeln nach diesen scheinbaren Gewissheiten ist ein Leben kaum durchführbar. Wir benötigen Ankerpunkte, Vorausurteile, um handlungsfähig zu bleiben und die soziale Komplexität des Alltags bewältigen zu können. Der Soziologe Niklas Luhmann (1927–1998), dessen Grundlagenwerk »Vertrauen. Ein Mechanismus der Reduktion sozialer Komplexität« 1968 erschien, beschreibt es einleitend so: »Vertrauen im weitesten Sinne eines Zustands zu eigenen Erwartungen ist ein elementarer Tatbestand des sozialen Lebens. Der Mensch hat zwar in vielen Situationen die Wahl, ob er in bestimmten Hinsichten Vertrauen schenken will oder nicht. Ohne jegliches Vertrauen aber könnte er morgens sein Bett nicht verlassen. Unbestimmte Angst, ein lähmendes Entsetzen befielen ihn. Nicht einmal ein bestimmtes Misstrauen könnte er formulieren und zur Grundlage defensiver Vorkehrungen machen; denn das würde voraussetzen, dass er in anderer Hinsicht vertraut. Alles wäre möglich. Solch eine unvermittelte Konfrontierung mit der Welt hält kein Mensch aus.«[27]

7. Inhalte dringend benötigt: Nur mit Substanz wird man zur (Vertrauens-)Instanz

Quelle: dpa

Aktionsbild, pardon Actionbild mit prägendem Charakter: Helmut Schmidt wird 1971 als deutscher Verteidigungsminister bei einer Übung von einem Hubschrauber abgeseilt. Welchem aktuellen Politiker trauen wir Ähnliches zu? Valider Vertrauensaufbau lebt von realen Handlungen, vom »Machen«: Starke Bilder können dabei immens helfen.

»Charakter zeigt sich in der Krise.« Dieses Zitat wird Altbundeskanzler Helmut Schmidt (1918–2015) zugeschrieben, der durch sein entschlossenes Handeln während der Hochwasserkatastrophe in Hamburg 1962 zum bewunderten Krisenmanager (»Herr der Flut«) und zu nicht weniger als einer lebenden Legende wurde. Sein beherztes und unbürokratisches Vorgehen[28] bahnte dem damaligen Innensenator der Hansestadt den Weg zu späteren höheren politischen Weihen und prägte seine »Marke«, sein öffentliches Charakterbild, in Deutschland nachhaltig bis zu seinem Lebensende.

In der Krise beweist sich laut Zitat der Charakter, aber auch, welchem Charakter wir unser Vertrauen schenken, d.h. wem wir das stärkste menschliche oder fachliche Format zum Umgang mit der Krise zutrauen. Die Corona-Pandemie führte dies im Frühjahr 2020 eindrucksvoll vor: Ab dem Moment, wo offensichtlich war, dass es jetzt auch in Europa ernst wird mit der Infektionskrankheit, dass das eigene Land, die eigene Gesundheit, das persönliche Umfeld direkt gefährdet sein könnte, als TV-Bilder aus Italien als Vorboten ein bis dato abstraktes Virus irgendwo in China für Europäer greifbar machten – ab dem Moment geschah etwas Außergewöhnliches: Zuvor regelmäßig totgesagte, aber bewährte und somit vertraute Medienformate der öffentlich-rechtlichen Sender, wie Tagesschau und Tagesthemen, sowie diverse Print-Leitmedien erlebten einen Run auf ihre »outdated« Nachrichtenprodukte, auch innerhalb der jungen Zielgruppe. Am Tag der Verkündigung der Ausgangssperre in Deutschland sahen zwölf Millionen Menschen die Tagesthemen, ein Marktanteil von 30 Prozent, in der jungen Zielgruppe lag er bei 27 Prozent.[29] Ein später eingeführter Podcast mit der Benennung »Coronavirus-Update« auf dem Radiosender NDR Info, in dem der Virologe Christian Drosten die Fragen von Hörern wissenschaftlich fundiert beantwortet, fesselte Millionen von Menschen über Monate. Der Podcast erhielt bereits Ende August 2020 über 60 Millionen Abrufe (und schon im April zwei Grimme Online Awards). Medien und Journalisten, denen man Kompetenz zutraute, Mediziner und Wissenschaftler, deren Kompetenz man Vertrauen entgegenbrachte, wurden zu bevorzugten Anlaufpunkten vieler Ratsuchender.

Wahrscheinlich haben viele Menschen zu Beginn der Corona-Krise in Deutschland zum ersten Mal vom RKI, dem Robert Koch-Institut in Berlin, und seinem Schwerpunkt Infektionskrankheiten gehört: Mit hoher Wahrscheinlichkeit haben viele während der monatelangen Quarantänephase bewusst gedacht (oder unbewusst gefühlt), dass es doch eine ganz gute Sache und durchaus beruhigend ist, wenn ein Land über solche unabhängigen wissenschaftlichen Institutionen verfügt. Eine Krise macht prinzipiell vieles deutlich; sie ist nahezu ein ideales Umfeld für die Beobachtung allgemeiner grundlegender sozialer Vertrauensmechanismen: So verzeichnete die zuvor recht ungeliebte GroKo, die große Parteien-Koalition aus CDU / CSU und SPD, immens steigende Beliebtheitswerte;[30] die konservativere CDU deutlich stärker als ihr kleiner Partner, die SPD. Gleiches für die Kanzlerin selbst sowie für ihre Minister aus den meisttangierten, meist beanspruchten Ressorts (Gesundheit, Finanzen, Wirtschaft, Außen) und für einzelne Ministerpräsidenten der Länder, vor allem in Bayern Markus Söder, der besonders kräftig und klar öffentlich auftrat.

Autoritäten üben sozialen Vertrauensmagnetismus aus

Ähnliche öffentliche Fokusbildung vollzog sich zeitweise sogar in den USA unter Donald Trumps Regentschaft: Im dramatischen Corona-Abwehrkampf standen demokratische Gouverneure wie Andrew Cuomo in New York sowie ein besonnen wirkender älterer Virologe im Weißen Haus im Rampenlicht. Trotz eines Präsidenten, der davon am liebsten keinen einzigen Strahl abgegeben hätte. Interessant war, dass sich zu Beginn der Pandemie in vielen Ländern jeweils *ein* Experte als erstes Krisengesicht herausschälte, der vom Publikum als *die* Instanz wahrgenommen und teilweise verehrt wurde – naturgemäß von seiner Position und medialen Präsenz zum Start der Krise getriggert. Aber aus der Vertrauensperspektive ist die Fokussierung dennoch typisch. Wir vertrauen nur ungern gleichzeitig mehreren Personen in einem bestimmten Bereich, sondern legen uns meist irgendwann fest, wem wir die höchste Kompetenz innerhalb einer (!) Thematik zutrauen: ob dem

Charité-Virologen Christian Drosten in Deutschland (trotz späterer Konkurrenz), dem Staats-Epidemiologen Anders Tegnell in Schweden oder Daniel Koch als Leiter des Bundesamt für Gesundheit (BAG) in der Schweiz. Für einige von ihnen, wie dem sich nicht mehr im typischen Boyband-Alter befindenden US-Chefvirologen Anthony Fauci (* 1940), existierten zeitweise eigene Merchandise-Artikel. So gab es in den USA T-Shirts mit Sprüchen wie »I ♥ Dr. Fauci« oder »In Fauci we trust« und die Original-Fauci-Vertrauenstasse mit dem Konterfei des Immunologen: mithilfe tiefer Expertise zum Superhelden in der Krise ...

Quelle: *Eigener Screenshot*[31]

Beruhigendes Deko-Kissen für das traute Quarantäne-Heim und ein selig-gesundes Wohn- und Schlafgefühl: »Wir vertrauen Fauci«.

Insgesamt erfreuten sich in der Krise weltweit viele als seriös aka vertrauensvoll wahrgenommene Wissenschaftler, Medienvertreter sowie ernsthaft zu Werke gehende Politiker hohen Zutrauens und starker Beliebtheit. Sie erreichten dies nicht, weil sie gefällig agierten oder den Menschen nach dem Mund redeten. Im Gegenteil: Sie verkündeten oft ausgesprochen unbequeme und komplexe Wahrheiten. Von Links- und Rechtspopulisten, Impfgegnern, Verschwörungstheoretikern und weiteren obligatorischen Kritikern war dagegen in der Hochphase der Krise, in der Zeit um den ersten Lockdown, nichts zu hören. Und auch danach bildeten diese Gruppen eine (medial) lärmende, aber faktisch gesehen absolute Minderheit. In der Krise zählt Substanz. Und in einer

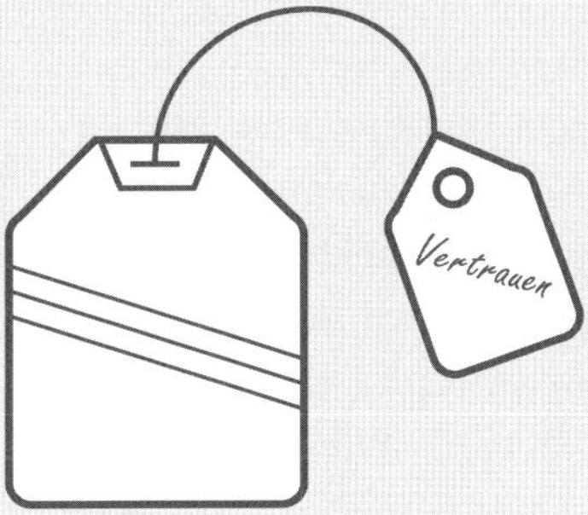

»Erst in der Krise zeigt sich der wahre Wert von Vertrauen (und Vertrautem).«

Markensoziologische Weisheit

solchen Krise haben die Menschen gerade auch als Kollektiv ein gutes Gefühl dafür, wem sie die Substanz zutrauen und bestimmte Inhalte abnehmen können.

Es handelt sich bei der Corona-Pandemie ohne Zweifel um eine absolute gesellschaftliche Ausnahmesituation, die sich hoffentlich nicht so bald wiederholt. Aber genau darum geht es im Grundsatz: Wenn es hart auf hart kommt, wem vertrauen wir? Warum vertrauen wir in einer Extremsituation genau jenem Menschen oder genau jener Organisation? In jeder Krise schlägt die Stunde der Exekutive, heißt es im Politsprech. Bei näherer analytischer Betrachtung wird auch klar, warum wir auf eine bestimmte Art und Weise sozial-reflexartig reagieren – und uns fast instinktiv einer offiziellen Exekutive oder Expertise zuwenden. Nicht umsonst weisen Vergleiche mit dem Verhalten der Menschen zu Zeiten der Pest wie auch der Spanischen Grippe erstaunliche Ähnlichkeiten zu heute auf. Es wird deutlich, dass es solche Exekutiven und den Wunsch nach Instanzen auf vielen Ebenen und in vielen persönlich geprägten Zusammenhängen gibt und immer schon gab. Bleibt zu erwähnen, dass Helmut Schmidt – als lebende Legende – in seinen späten Lebensjahrzehnten zu einer Art Vertrauensinstanz und Vertrauensmentor der Deutschen wurde. Unabhängig davon, was man persönlich von seinen qualmumwaberten Aussagen und Auftritten inhaltlich hält, kann man ihm sicher nicht nachsagen, dass er irgendjemandem nach dem Mund geredet hat.

Gehen wir bewusst auf eine deutlich profanere Ebene, um das Prinzip zu verdeutlichen: Sie haben noch nie einen Kuchen gebacken, müssen es aber heute erstmals meistern. Sie stehen mit hektischen roten Flecken im Gesicht im gut sortierten Supermarkt vor einem endlos langen Regal mit Backmischungen. Der einzige Name, der Ihnen irgendwie vertraut ins Auge springt, ist »Dr. Oetker«. Wie hoch ist die Wahrscheinlichkeit, dass Sie zu diesem Namen greifen? Ein weiteres Beispiel: Sie sind Unternehmer und haben einen wichtigen Job in Ihrer Firma zu vergeben. Ein unbekannter Bewerber besitzt sämtliche Voraussetzungen, exzellente Zeugnisse bester Provenienz, einen perfekten CV. Einen anderen Bewerber kennen Sie seit neun Jahren, haben einen hervorragenden Eindruck von ihm persönlich, seiner sorgfältigen Arbeitsweise und tiefen Sozialkompetenz. Nun bewirbt er sich bei Ihnen mit nicht ganz so exzellenten Noten und einem nicht ganz so perfekten Lebenslauf wie der andere Kandidat: Wem geben Sie den Job?

Über Vertrauen und Gottvertrauen in Zeiten der Krise

Der NDR-90,3-Kulturredakteur und studierte Theologe Daniel Kaiser, der als ehrenamtlicher Prediger seit vielen Jahren in norddeutschen Kirchen unterwegs ist, hat während der ersten Pandemie-Phase 2020 in Live-Stream-Gottesdiensten Hunderttausende erreicht. Grundlage seines nachfolgenden Appells für mehr Vertrauen ist seine Predigt am 19. April 2020 im Kleinen Michel zu Hamburg:

»Werft euer Vertrauen nicht weg!«

Das ist zweifellos einer der schönsten Imperative der Bibel.
Wenn Zweifel wachsen, wenn Glaube bröckelt, wenn das Leben komplizierter wird, dann ist da dieser Zwischenruf in die Krise hinein:
»Werft euer Vertrauen nicht weg!« (Hebräer 10,35)

Wir brauchen Vertrauen, weil wir nicht allein auf der Welt sind und weil wir mit anderen Menschen zusammenleben. Wir brauchen Verlässlichkeit im Miteinander.
Gerade jetzt in der Corona-Krise haben wir gespürt: Ohne Vertrauen geht nichts.
Vertrauen, dass wir aufeinander achtgeben.
Vertrauen, dass der andere nicht krank zum Einkaufen oder zur Arbeit geht.
Vertrauen, dass die Politiker die richtigen Entscheidungen treffen.
Vertrauen, dass wir füreinander nur das Beste wollen.
Corona-Zeit ist Vertrauenszeit!

Gerade das ist für viele ein waghalsiger Twist.
Die sonst so betont Unabhängigen spüren ihre Grenzen.
Vertrauen bedeutet nämlich auch Abhängigkeit.

Mit weit aufgerissenen Augen erzählen Reisende von Regionen, in denen Menschen ihre Haustüren nie abschließen. Das klingt in Hamburg, wo jedes Rad verschwunden ist, ehe man das Wort »Fahrradschloss« buchstabieren kann, wie ein Märchen aus Tausendundeiner Nacht. Wir sind ja in dieser Hinsicht ein eher skeptisches Völkchen. Aus nachvollziehbaren Gründen. Aber in den vergangenen Jahren hat diese Skepsis wie ein Virus um sich gegriffen. Grundlegendes Misstrauen kontaminiert unser Zusammenleben.
Bis in gebildete, bürgerliche Lager hinein skandieren Menschen »Lügenpresse« und schwören lieber auf »alternative Fakten«. Andererseits zwingen Mogelpackungen der Lebensmittelbranche zum Lesen des Kleingedruckten. Nach dem NSU-Skandal hat die sächsische Polizei bei manchem die Frage lauter werden lassen, wer da eigentlich kommt, wenn man 110 wählt. Politikverdrossenheit greift um sich. Die Kirche erodiert. Unsere Kernkrise ist eine Vertrauenskrise. Dabei ist Vertrauen das Fundament.

Das Vertrauen war uns vor Corona bereits einigermaßen verloren gegangen – nach Monaten der gesellschaftlichen Spaltung haben wir in den Corona-Wochen Vertrauen neu gelernt. Doch jetzt, wo die

⇨

Corona-Zahlen ermutigender, die Corona-Regeln komplizierter und vielleicht auch ungerechter werden, wo wir über Einzelheiten diskutieren, dürfen wir nicht den Sinn dafür verlieren, dass der oder die andere es gut mit uns meint.

Und doch beginnen manche Politiker, wenige Intellektuelle und alle Aluhutträger von Corona-Panikmache zu sprechen. Ein Facebook-Freund schrieb: »Corona-Tote erreichen die durchschnittliche Lebenserwartung. Also alles wie immer.«
Warum also die ganze Aufregung?
Diesem eiskalten Biologismus will ich nicht vertrauen.
Den Wirtschafts-Zynikern will ich nicht vertrauen.
Den Spaltern will ich nicht vertrauen.

Ich will denen vertrauen, die mich bisher auch nicht enttäuscht haben.
Ich will denen vertrauen, die es sich nicht zu einfach machen.
Ich will denen vertrauen, die die Schwachen im Blick haben.

Wem kann man noch vertrauen? Die Herausforderung ist es, die Linie zwischen Vertrauen und Naivität zu erkennen und sie weise und mit Liebe zu ziehen – im Zweifelsfall zugunsten des anderen. Und genau das ist bei uns verrutscht. Uns fehlt der Sinn dafür, dass der oder die andere es gut mit uns meint. Das Vertrauen ist ins Gerede gekommen.
»Vertrauensselig« ist eigentlich ein so schönes Wort. Schade, dass es einen bemitleidenden Klang hat, der an Blauäugigkeit erinnert.

Auch das große Wort »Gottvertrauen« bekommt sogar in der Kirche Anführungszeichen und einen naiven Klang. Es klingt ein bisschen nach Hans Albers' »Kap Hoorn liegt auf Lee, jetzt heißt es auf Gott vertrauen«[32]. Aber es ist kein passives, sondern ein aktives Vertrauen.

Die großen Kirchen schauen entsetzt und hilflos auf die aktuellen Austrittszahlen. Mit einer wachsenden Kirche rechnet dort offenbar niemand mehr. Warum eigentlich nicht? Um was geht es im christlichen Glauben eigentlich, wenn nicht um ein Urvertrauen, um ein Vertrauen auf die Möglichkeit einer Wende? Ohne Gottvertrauen ist Kirche hässlich.

Quelle (Text und Foto): Daniel Kaiser

Daniel Kaiser (* 1972) in der St. Georg Kirche zu Lübeck-Genin. In dieser Kirche predigt der Radiojournalist regelmäßig ehrenamtlich und hier begann auch im März 2020 die erfolgreiche Serie der Livestream-Gottesdienste während des ersten Lockdowns.

Pfingsten ist übrigens das archetypische Vertrauensfest. Beim ersten Pfingstfest sind die völlig verängstigten Jünger aus ihrer kleinen Bude in Jerusalem auf die Straße getreten und haben angefangen zu predigen. Einfach so – ohne Netz und doppelten Boden. Sie haben einfach vertraut. Plötzlich verstanden sich alle trotz unterschiedlicher Sprachen. Wenn man anfängt, miteinander zu reden, löst sich das Misstrauen, und das Nebeneinander wird zum Miteinander. Nur weil damals ein paar Leute völlig vertrauensselig in einer aussichtslosen Situation Türen aufgemacht und sich in die Situation geworfen haben, gibt es so etwas wie den christlichen Glauben, der davon lebt, dass man dem Gehörten vertraut.

Wir haben in den Monaten der Corona-Krise auch erlebt, was geschehen kann, wenn man ein bisschen mehr Vertrauen wagt und was das mit unserem Leben und mit unserer Gesellschaft macht. Wir haben gespürt, dass im Vertrauen letztlich wirklich ein Stück Seligkeit liegt.

8. Trust goes World Wide Web: Analoges Vertrauen digital umsetzen

Valides Vertrauen verlangt valide Inhalte. Sogar im Web. Vertrauen ist oldschool, es braucht reale soziale Nähe. Das Wort muss de facto aber vor allem möglichst kontinuierlich mit realen Taten gefüllt werden, um zu einem echten Mehrwert für ein Unternehmen, eine Institution oder für einen Menschen zu werden. Diese Taten mit definiertem Inhalt sind stets konkret und extrem analog – gerade im Digitalzeitalter. Denn speziell, wenn eine Leistung ausschließlich online kommuniziert, verkauft und abgewickelt wird, muss der Vertrauensgrund konkret über alle digitalen Kontaktpunkte (neudeutsch: »Digital Touchpoints«) mit der Kundschaft sensibel erbracht werden: analog zu jeder analogen Leistung. Eine Offline-Herausforderung, denn der digitale Marktplatz ist – zumindest wenn die vorhandenen Kanäle sämtlich »bespielt« werden sollen – viel schwerer zu kontrollieren als traditionelle, rein irdische Kontaktpunkte. Außerdem besteht die Nähe zum Kunden auf einmal 24 Stunden am Tag, statt von 9 bis 16.30 Uhr oder von 10 bis 20 Uhr. Im Reich aller Unternehmen, die auch global aktiv sind, geht die Sonne nie unter …

Digitalisierung fördert unternehmerische Ethik – durch massiv erhöhten Sozialdruck

Diese neue Art der Öffentlichkeit war oder ist für viele Organisationen eine gewaltige Umstellung, manchmal sogar ein Kulturschock: Manche Luxus- oder Premiummarke, die ihre soziale Umwelt und Kundschaft bis dato von einem etwas höheren Ross herab oder gar als zahlende Bittsteller betrachtete, muss sich in der digitalen Welt auf einmal Fragen gefallen lassen, die kein Kunde im Laden bisher jemals gestellt hatte: »Woher kommt eigentlich euer Leder?« »Von woher genau beziehen Sie Ihre Rohstoffe?« »Werden die Arbeiter in den Fabriken fair bezahlt?« Auf diese Weise sorgt Digitalisierung für mehr (kritische) Nähe und Transparenz, nicht nur im gehobenen Segment. Spätestens der tendenziell zukünftig weiter ansteigende, öffentlich-mediale Druck sollte Firmen zwangsmotivieren, in eine Vertrauensbeziehung zur eigenen Kundschaft und in die Öffentlichkeit zu investieren, welche diesen Namen ehrlich verdient. Wenn eine Firma ein Müsli produziert, es plakativ als »zuckerfrei« bewirbt und dann auf der Zutatenliste etliche Zuckeraustauschstoffe und Süßstoffe auftauchen, so ist dies nicht vertrauensförderlich.

Die Medien als »vierte Ethik-Gewalt« im Staat

Es herrscht ein kräftiger Konkurrenzkampf bei der »vierten Gewalt«, weil sinkende Auflagen und Werbegelder den klassischen Printmedien insgesamt zu schaffen machen, während sie noch Modelle suchen, um ihr digitales Heil zu finden. Gleichzeitig konkurrieren sie mit neuen rein digitalen Playern im Markt, von Blogs über Podcasts bis zu Online-Magazinen, die auf ihrer Jagd nach Clicks usw. zum Überleben ebenfalls nicht zimperlich agieren. Unter dem Deckmantel der gesellschaftlichen Ethik und journalistischen Aufklärung betreiben daher viele unter ihnen ein Geschäft, das bei näherem Hinsehen nur noch geschäftsgetrieben ist. Die »echte« Ethik muss da manchmal zurücktreten, weil die Story einfach zu gut ist – und die Zeit für Tiefenrecherche nicht mehr reicht. Manchmal wird so ein Gebaren öffentlich, z. B. wenn ein bekannter und vielbeschäftigter Virologe nach Aufforderung eines Reporters der Bild-Zeitung, doch zu irgendwelchen heftigen Vorwürfen innerhalb von 60 Minuten Stellung zu beziehen, daraufhin via Twitter mit der Veröffentlichung der E-Mail des Journalisten und seinem persönlichen Kommentar antwortet:

Christian Drosten @c_drosten · 25. Mai

Interessant: die #Bild plant eine tendenziöse Berichterstattung über unsere Vorpublikation zu Viruslasten und bemüht dabei Zitatfetzen von Wissenschaftlern ohne Zusammenhang. Ich soll innerhalb von einer Stunde Stellung nehmen. Ich habe Besseres zu tun.

PF
Drosten, Christian; Presse
Montag, 25. Mai 2020 um 15:00
Details anzeigen

Sehr geehrter Herr Dr. Drosten,

mein Name ist Filipp Piatov und ich schreibe Ihnen aus dem Politik-Ressort von BILD.

Wir berichten über die Kritik mehrerer Wissenschaftler an Ihrer Studie über die Viruskonzentration bei verschiedenen Altersgruppen. Dazu bitte ich Sie um eine kurzfristige Stellungnahme **bis heute um 16 Uhr**.

Einige Beispiele der kritischen Stimmen:

- „However, the authors' very own statistical analysis contradicts their central conclusion." (Prof. Dominik Liebl, Uni Bonn)
- „There are many good arguments against a quick reopening of schools, but the Charit´e study does not add to them." (Prof. Stoye, Cornell University)
- „The original analysis by Jones et al. (2020) suffers from small sample sizes among children and adolescents." (Prof. Leonhard Held, Uni Zürich)
- „Kinder haben in dieser Coronavirus Studie im Schnitt 67-85% weniger Viruslast als Erwachsene. Dass derart große Unterschiede von den Autoren als "nicht signifikant" eingestuft werden, liegt daran dass die verwendeten statistischen Methoden sehr schwach sind." (Prof. Christoph Rothe, Uni Mannheim)

Dazu habe ich folgende Fragen:

- Stehen Sie weiterhin zu den Methoden und der Aussagekraft der Studie?
- Haben Sie die Kritik bereits mit den anderen Autoren Ihrer Studie diskutiert?
- Seit wann ist Ihnen bekannt, dass es ernstzunehmende Kritik an Ihrer Studie gibt?

Quelle: Eigener Screenshot[33]

O-Ton Drosten: »Interessant: die #Bild plant eine tendenziöse Berichterstattung über unsere Vorpublikation zu Viruslasten und bemüht dabei Zitatfetzen von Wissenschaftlern ohne Zusammenhang. Ich soll innerhalb von einer Stunde Stellung nehmen. Ich habe Besseres zu tun.« Ein Virologe schlägt zurück, immerhin nicht mit Viren, dafür mit klaren Worten: Christian Drosten macht via Twitter öffentlich, wo der Unterschied zwischen Wissenschaft und Boulevard liegt. Eine freie Zusammenstellung von Zitaten verhilft einem Journalisten unter Sensationsdruck vielleicht zum dringend erwünschten reißerischen »Bild« – ein seriöses Bild der Situation entsteht so nicht. Wissenschaftliche Erkenntnis verträgt keinen fest vorgegebenen und streng einzuhaltenden Zeitrahmen. Generell nicht, aber vor allem nicht, wenn es für viele Menschen um Leben und Tod geht.

Egal ob seriös oder das Gegenteil: Am Ende des Tages leben alle Medien von möglichst aufsehenerregenden Investigativgeschichten, also davon, dass sie die Fehler oder das Missverhalten anderer aufdecken. Vom Grundprinzip ist dieses Aufdecken vollkommen richtig: Die Medien sollen und müssen unbedingt eine generelle Kontrollfunktion im Staat ausüben, davon profitieren wir alle: Wenn jetzt tatsächlich ein Lobbyismus-Register in Deutschland eingeführt wird, dann ist das auch auf das Aufdecken von Nebentätigkeitsverwicklungen wie beim CDU-Abgeordneten Philipp Amthor oder von »Maskendeals« mehrerer CDU/CSU-Abgeordneter zurückzuführen; wenn sich die Arbeitsbedingungen in Krankenhäusern, Pflegeheimen oder Fleischfabriken tatsächlich verbessern, dann ist es auch dem medialen Druck auf diese Branchen zu verdanken. Aber es wirkt durch das beschriebene »Sensations-Pressing« bei manchen Interviews – selbst bei den öffentlich-rechtlichen Anstalten – schon fast lächerlich, wenn die provokativ-investigativen Fragen des überengagiert-seriös auftretenden Moderatoren zu offensichtlich auf eine schlagzeilenträchtig-unüberlegte Antwort seines Gegenübers zielen. So offensichtlich, dass man sich manchmal als Zuschauer für den ach so unerbittlich-selbstgefälligen Fragesteller bzw. fragenstellenden Selbstdarsteller auf der Jagd nach der eigenen Enthüllungssensation (und dem eigenen Kompetenzbeweis) schämt. Oder wie es der Autor Roger Willemsen (1955–2016) in Bezug auf die seichte Presse formulierte: »Die Klatschreporter agieren moralisch wie die Ayatollahs des Westens.«[34] Ob flach oder tief: Zu viele Investigativreporter agieren ab einem gewissen Punkt nicht mehr wirklich ethisch, sondern moralisch; sie werden geleitet von ihrer persönlichen Überzeugung, ihrem eigenen (Darstellungs-)Willen und der von ihnen unterstellten Mehrheitsmeinung.

Natürlich ist es nicht annähernd so förderlich für Clicks, Auflagen und allgemeine Aufmerksamkeit, davon zu berichten, dass irgendetwas unproblematisch und absolut toll läuft. Außer es sind tragische Rettungsgeschichten von süßen Kleinkindern oder mega-süßen Katzenbabys, denn derlei emotionale Storys und Bilder gehen immer. Der Mega-Skandal ist prinzipiell das attraktivste Ziel und dafür gibt es sogar renommierte Journalismuspreise. Wenn auf die Schnelle kein Skandal zu finden ist, dann wird die normale Story von manchen Medienorganen etwas »aufgepustet«. Mit dem gravierenden Problem, dass digital geprägte Medien, die untereinander in ewiger Echtzeit-Konkurrenz stehen, manchmal viel zu früh als Brandbeschleuniger wirken: Kein Digital-Native-Journalist will eine Sensationsschlagzeile mit seinem Echtzeit-Medium verpassen.

Kant erzwingt auswendig gelernte Wir-Phrasen (ohne jede Kante)

Das bedeutet in der Konsequenz für Organisationen wie auch für alle öffentlich exponierten Personen, dass sie stärker und sensibler als früher den kategorischen Imperativ von Immanuel Kant (1724–1804) beachten müssen: »Handle nach der Maxime, die sich selbst zugleich zum allgemeinen Gesetze machen kann.« Oder alltagsnah massengängig formuliert: Handeln Sie so, dass es morgen ohne Probleme in der Bild-Zeitung stehen könnte. Am allerbesten gleich so, dass die Bild-Zeitung es gar nicht erst interessant findet. Deren Journalisten sind zwar nicht primär Ethiker (siehe Beispiel Drosten), aber sie wissen um die Massenwirksamkeit von Verfehlungen und halten ihre sensiblen Skandal-Antennen nach allem ausgestreckt, was man anti-ethisch auslegen könnte. Das ist zwar nicht immer schön, weil die tägliche 24/7-Dauerbeobachtung mit dem sozialen Schießgewehr in der Wirkung zu vielen roboterhaft-unerträglichen Stanzphrasen bei Managern, Politikern, Pressesprechern und Fußballspielern geführt hat, die nur ja nicht negativ anecken wollen (bzw. dürfen). Und immer schön »wir« sagen, nie nie nie »ich« – denn einfach alles ist im 21. Jahrhundert Teamwork. Öffentliches Ego-Shooting, gerade von Hauptverantwortlichen, ist unerwünscht bis sozial inakzeptabel. So können zumindest Rhetorik-Coaches Geld verdienen. Schade nur, wenn ihre Kunden alle eine ähnlich authentische, sympathisch-nahbare Sprache bei dennoch durchsetzungsstarker Gestik perfektionieren (Wichtig: immer Fußstellung beachten![35]).

Wer jedoch das System Medien mit seinen recht starren Benimmregeln und definierten Dos and Don'ts einmal begriffen hat, kann diese Ethikvorgabe positiv für sich bzw. seine Organisation nutzen. Das mediale Spiel lässt sich hervorragend für das eigene Reputations- und Vertrauensmanagement einsetzen. Auf solche Weise, mit gezieltem Einsatz ihres sozialen bzw. anthroposophischen Engagements, haben es die Drogeriemarktketten Rossmann und dm erfolgreich vermocht, dass sie von ihren Kunden heute quasi als ein »Ethik-Aldi« angesehen werden.

Ähnliches gilt für das gezielte Brechen von gesellschaftlich-journalistischen Tabus – oder wenigstens das ständige Spiel damit; hier zeigt die »Alternative für Deutschland« (AfD) kontinuierlich ihre verschrobene rechte Kante ...

> Digitalisierung erhöht den Zwang zur Transparenz. Organisationen sollten sich klarmachen, dass ein ehrlicher Vertrauensaufbau in Verbindung mit transparenter Kommunikation zu allen Interessengruppen der einzige Weg ist, sich im Medien- und Digitalgewitter langfristig erfolgreich aufzustellen (und dabei entspannt zu bleiben).

Digitalisierung als strikt analoges Problem

Viele klassisch aufgestellte Unternehmen aus dem Analogzeitalter, die in den letzten Jahren intensiv bis panisch oder agitiert über ihre zukünftige Digitalstrategie diskutierten, mussten irgendwann erkennen, dass die Digitalisierung trotz gewaltiger technischer und damit auch finanzieller Herausforderungen (neue Software-Infrastruktur/-Architektur) in allererster Linie ein äußerst analoges Problem ist: Es geht darum, das einst mühsam analog aufgebaute Vertrauen in die eigene Leistung möglichst ohne Transferverluste in die digitale Welt zu überführen. Dies muss die (neue) technische Infrastruktur leisten können, d.h. daraufhin muss die Software individuell für das Unternehmen »geformt« und wie ein Maßanzug zugeschnitten werden. Das Gute: Die digitalen Antworten müssen nicht immer sonderlich komplex sein. Manchmal ist der Transfer einfach, speziell wenn die Organisation sich nicht scheut, auch die scheinbar klitzekleinen Details des analogen Kundenerlebnisses in den Blick zu nehmen. **Bei guter Markenführung geht es häufig um Details: Wer als Verantwortlicher nicht versteht, welche vertraute Größe diese scheinbar kleinen Details für seine Kunden darstellen, darf nicht mal in die Nähe einer Marke kommen.** Das kann das Ploppen eines Bügelverschlusses aus Flensburg sein, welches seit 1888 den Original-Ton zum Original-Bier beisteuert und so für Ohr und Leber die nordische Hefe akustisch ankündigt. (Wer den »Sound des Nordens« mag, kann ihn sich auf der Firmenwebsite als mp3-Datei herunterladen: https://www.flens.de/toene/). Ohne den ploppenden Verschluss wäre ein Flens kein Flens. Und laut Hersteller spart die jüngste Überarbeitung des innovativen Uralt-Verschlusses auch noch 150 Millionen Kronkorken ein.[36]

Wenn z. B. ein Einzelhändler für die fundierte Produktberatung durch seine gut ausgebildeten Angestellten vor Ort bekannt ist, wenn Kunden gezielt sein Geschäft aufsuchen, weil sie dem dort vorhandenen Fachwissen vertrauen, so ist es seine Aufgabe in der Digitalpräsenz, genau diese Kompetenz individuell und attraktiv darzustellen. So attraktiv, dass der Digitalgast idealerweise nach wenigen Clicks nur noch pure Lust verspürt, die Beratung »live« zu erleben. Möglichst alles wird so aufgebaut, dass jeder Stammkunde bei Aufruf der Website sofort »sein« vertrautes Ladengeschäft erkennt. Das kann bei einem Buchhändler bedeuten, dass die beliebten Tipps und handschriftlichen Leseempfehlungen der Angestellten, die im Geschäft ausliegen, auch im Internet »in« den Büchern liegen. Bei einem Restaurant kann es bedeuten, dass der Chef, der Chefkoch oder beliebte Kellner-Persönlichkeiten als Personen auf der Website auftauchen und dort agieren. Bei der sehr kleinen, aber für ihre Expertise berühmten Uhrmacherwerkstatt Georg Kramer bedeutet dies, dass die Klingel, die seit 60 Jahren ertönt, wenn ein Kunde die analoge Ladentür öffnet, auch klingelt, wenn ein Kunde die Website öffnet (auf der der Laden abgebildet ist). Der Kreativität im Rahmen des Markenkorridors sind kaum Grenzen gesetzt.

> Digitalisierung als analoge Herausforderung: Das analog aufgebaute Vertrauen in eine Organisation muss ohne Substanzverlust in die digitale Welt transferiert werden – bis ins Detail: Vertrauen lebt von der Wiedererkennung im Detail.

Damals wie heute gilt unbenommen: Wer Vertrauen für seine Person oder Sache erzeugen will, der muss zuallererst Menschen von sich und seinen Qualitäten überzeugen. Möglichst einprägsam und nachhaltig. Ein eindrucksvoller Erstauftritt hilft immens beim Einstieg in jede Form der sozialen Beziehung: »You never get a second chance to make a first impression« lautet ein diesbezüglich gern genutztes Bonmot, das US-Entertainer-Legende und Lasso-Artist Will Rogers (1879 – 1935) zugeschrieben wird. Jedoch einen Menschen richtig wertschätzen zu lernen, ihn und seine Handlungen achten zu können, eine solche Entwicklung dauert normalerweise länger als eine Kurzimpression: Denn es geschieht über konkret wahrgenommene Leistungen und Handlungen im Laufe der Zeit. Hier geht es dem Vertrauen wie der Liebe, zu der das Vertrauen seit jeher einen nicht unwesentlichen Beitrag leistet – wenngleich uns Marketeers und Mathematiker anderes glauben lassen wollen. So verliebt sich laut Claim alle 11 Minuten ein Single über »Parship«, Stiftung Warentest zertifiziert die gute Passgenauigkeit bei »ElitePartner« mit Siegel und beide Anbieter unterfüttern dies mit »beziehungssicheren« Rechenmodellen. Und parallel gibt es noch die anachronistischen Modelle wie Liebe auf den ersten (analogen) Blick. Doch Hand aufs (analoge) Herz: In den meisten Fällen benötigt zumindest die nachhaltige Beziehung zweier Menschen etwas mehr persönliche »Vorarbeit« ... oder analoge Nacharbeit bei rein digitalem Kennenlernen. Egal wie: Am Ende wird es in Sachen Vertrauen immer konkret. Bis hin zum Austausch der Ringe.

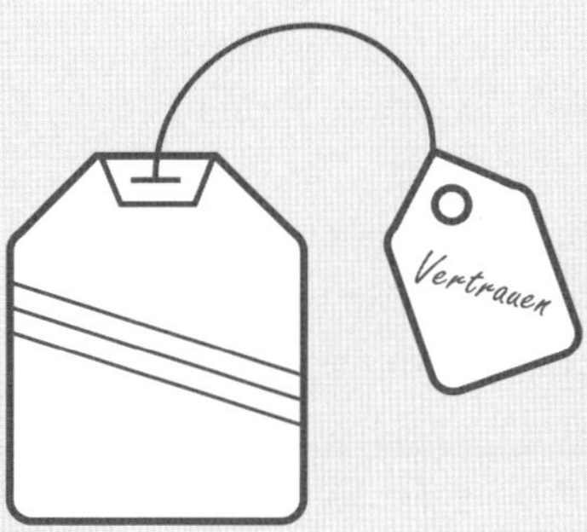

»Jemanden beeindrucken wirkt einen Moment. Vertrauen ist für immer.«

Markensoziologische Weisheit

9. Oft vergessen: Im Wort »Vertrauen« steckt das Wort »Treue«

Seit 1974 gilt: Kein Überraschungs-Ei – oder für Profis »Ü-Ei« – ohne ein Spielzeug im Inneren vom Schoko-Ei (bzw. vom gelben Plastik-Ei), denn sonst macht die kariesfördernde Grundidee mit der kalorienfreien Krimskrams-Überraschung wenig Sinn. Im Wortstamm von »Vertrauen« ist dagegen schon deutlich länger das Wort »Treue« inkludiert (siehe Wikipedia-Erklärung, Kapitel 5). Das ist kein Zufall, aber vor allem keine Überraschung – nur auf diese Weise wird deutlich: Vertrauen können wir nur jemandem, der sich selbst treu bleibt. Wer sich mir gegenüber heute freundlich verhält, mir dann zwei Tage später zugeknöpft oder sogar arrogant begegnet, dem kann ich nicht vertrauen. Wer uns mehrfach etwas zusagt, diese Zusage jedoch nie einlöst, dem können wir heute und in der Zukunft absolut kein Vertrauen entgegenbringen. Wer kann einer Organisation sein Vertrauen schenken, wenn mehrere Personen in leitenden Funktionen im Abstand weniger Stunden öffentlich in den Medien deutlich voneinander abweichende Aussagen treffen? Wechselnde Standpunkte deuten nicht auf eine hohe Treue zu sich selbst oder der jeweiligen Organisation hin. Genau dies wird von der observierenden Außenwelt postwendend mit Vertrauensentzug bestraft.

Die »Treue« selbst findet sich passenderweise vom Wortstamm her bei den festen, zuverlässigen, extrem beständigen Dingen: Das Wort geht zurück auf das indoeuropäische Wort *dreu* oder *dru*, welches »Baum«, speziell »Eiche« bedeutet; es ist auch im englischen Wort für »Baum« *tree* oder im griechischen *drys* (»Baum, Eiche«) enthalten. Die Dryaden sind in der griechischen Mythologie dementsprechend weibliche Baumgeister. Ursprünglich waren sie die Nymphen der Eichbäume; ihr Kompetenzfeld wurde dann aber im Laufe der Zeit auf alle Baumarten erweitert. Das Marketing mit seinen Line-Extendern macht nicht einmal vor Nymphen in Wäldern halt.

Um auf das Ei vom Anfang zurückzukommen und die ausufernden Line-Extender dabei aufzugreifen: Viele alte Völker sahen im Ei den Ursprung des Lebens. Schon bei den alten Ägyptern war das Ei wichtiger symbolischer Bestandteil ihres Schöpfungsmythos, ähnlich war es bei den antiken Römern und Griechen. Aber auch im alten China wurden vor 5000 Jahren bereits Eier zum Frühlingsanfang verschenkt. Bezogen auf die viel gescholtenen Organisationen, die aufgrund ihres Erfolges zu erheblicher Größe angewachsen sind, ist das oft größte Problem, dass der Ursprungsgedanke, die einzigartige Grundidee, aus der die Unternehmung und ihr Erfolg entstanden ist, häufig in Vergessenheit gerät. **Die Erfahrung aus über 90 Unternehmensanalysen in unterschiedlichsten Branchen zeigt eindeutig: Je weiter eine Organisation sich von ihrem erfolgreichen Urkonzept verabschiedet, umso schwächer wird ihre soziale Anziehungskraft und damit ihre Wirtschaftlichkeit – weil auf diese Weise das Vertrauensverhältnis zur Kundschaft erst gelockert und dann gekappt wird.**

Treue als positiv konnotierte Eigenschaft – mit Grenzen

Treue wird gemeinhin als starke persönliche Qualität angesehen, oft auch in Verbindung mit einem Bekenntnis wie bei der ehelichen Treue. Oder wie im Mittelalter bei der Lehenstreue, einer beidseitig verpflichtenden Beziehung zwischen einem Lehnsherren und seinen Vasallen, die garantierte, dass kein Vasall einem fremden Herren diente. Die Deutschen haben ein besonders inniges Verhältnis zu dem Wort: Schon in ihrer Helgoländer Urhymne von 1841 wird neben Wein, Weib und Gesang gleichrangig die deutsche Treue beschworen. In bedingungsloser Nibelungentreue sollte dennoch niemand erstarren und der Leitspruch der nationalsozialistischen Waffen-SS »Unsere Ehre heißt Treue« beweist, dass die Treue unbedingt Grenzen kennen sollte. Sonst ist man »treudoof«, und das will nun wirklich niemand sein.

Bis heute ist die Veruntreuung von Dingen eine Straftat und Untreue sogar in liberalen Gesellschaften weiterhin ein triftiger Scheidungsgrund. Obwohl die eng zwischenkörperliche Variante, zumindest laut auflagefördernder Investigativberichte bunter Boulevardblätter (inklusive völlig verwackelter Beweisbilder), bis in höchste gesellschaftliche Kreise hinein frivol stattfindet, fühlen sich Menschen generell vor allem von Individuen, Gruppen, Vereinen oder Organisationen angezogen, die sich und ihrem Weg konsequent treu bleiben. Von den Dingen, die eine eindeutig zu erkennende und uns daher irgendwann vertraute Signalstruktur nach außen besitzen. Hierbei funktioniert vom Prinzip her die blaue Nivea-Dose als Stammgast im Badezimmer genauso wie ein zuverlässiger Freund oder Ehepartner im Wohnzimmer – nur hoffentlich ist der nicht auch immer blau.

> Menschen können anderen Menschen und Organisationen nur vertrauen, wenn sie nach außen eine deutlich definierte Signalstruktur besitzen, ihre Wiedererkennbarkeit jederzeit gewährleistet ist. Ohne Treue zu sich selbst kann eine solche erkennbare Einheit in Inhalt, Werten, Optik, aber vor allem in der Gesamtstruktur nicht funktionieren.

10. Wie aus Treue zu sich selbst kollektives Vertrauen erwächst: Die öffentliche Person Angela Merkel

Im September 2013 befand sich Angela Merkel im Wahlkampf-Endspurt gegen ihren SPD-Herausforderer Peer Steinbrück, um sich zum dritten Mal nach 2005 und 2009 um das Amt der deutschen Bundeskanzlerin zu bewerben. Zum Ende des großen TV-Duells kam es zum üblichen 90-sekündigen Schlusswort beider Kandidaten. Der SPD-Politiker hielt ein engagiertes, von den meisten Zuschauern sicherlich längst vergessenes Plädoyer für seine Veränderungspläne hin zu mehr sozialer Gerechtigkeit im Land. Dann folgen die Schlussworte von Angela Merkel. Im Kollektivgedächtnis verbleiben von ihren 90 Sekunden bis heute die ihr Plädoyer einleitenden drei kurzen Worte: »Sie kennen mich.« Es sind jene mittlerweile historischen Worte, die einen maßgeblichen Anteil dessen auf den Punkt bringen, warum viele Deutsche sich insgesamt vier Mal per Mehrheit entschieden, der uneitel auftretenden Frau mit strukturschwachem Uckermark-Hintergrund ihr Vertrauen zu schenken (und ihr ermöglichten, den vierten SPD-Mann mit S in Folge[37] recht souverän abzuservieren). Die Bösesten – oder Frustriertesten – ihrer Gegner würden vermutlich monieren, dass dieser Satz neben einer Raute ihre einzige Kernbotschaft gewesen ist. Mit überlegenen 41,5 Prozent der Wählerstimmen ist jedoch ihr Erfolg, speziell im Wahljahr 2013, unmöglich wegzudiskutieren. Die soziale Durchschlagskraft der historischen Worte Merkels überzeugte sogar den politischen Gegner: So bediente sich der baden-württembergische Ministerpräsident Winfried Kretschmann (Bündnis 90/Die Grünen) für seine Wiederwahl-Kampagne 2021 des prominenten Satzes und gewann die Landtagswahl im März des Jahres überlegen mit 32,6 Prozent der Stimmen – zum dritten Mal hintereinander.

Quelle: dpa/ZEIT Online

Hohe Selbsttreue in Inhalt und Optik (für manche zu viel davon): Das bunte Blazer-Kaleidoskop des vertRauten »Gesamtkonzepts Merkel«. Von anderen Regierungsverantwortlichen bleibt vielleicht nur eine zu lang gebundene rote Krawatte.

Fundamentale Handlungsanweisung: Wie baut man einen Polit-Fels in die Brandung?

Unabhängig davon, wie man persönlich oder politisch-inhaltlich zur »großen Frau« der deutschen Politik steht: Ihre enorme Lebensleistung ist kaum zu bestreiten (auch nicht von ihren Politgegnern). Ebenfalls muss anerkannt werden, dass sich die Besitzerin der wohl nuancenreichsten Blazer-Sammlung der Welt zumindest in Bezug auf ihr öffentliches Bild in ihrer sachlich-analytischen Art treu geblieben ist. Anders ist ihr ein Jahrzehnt längst überdauernder Erfolg bei den Wählern, ihre Beliebtheit, ihre weltweite Akzeptanz und auch die ihr entgegengebrachte Bewunderung quer durch die diversen Großkrisen ihrer vier Amtszeiten kaum zu erklären. Und wenn Angela Merkel nach einem Brüsseler Verhandlungsmarathon am Abend in Berlin in ihrem Stammsupermarkt abgelichtet wird, wie sie Toilettenpapier, Nudeln und Weißwein einkauft, dann wird ihre Bodenständigkeit nochmals massenwirksam bestätigt (ob es PR-Strategie ist oder nicht). Wenn viele Menschen sie heute als eine Art »Fels im politischen Gezeitensturm« ansehen, so ist dieses Bild das gewachsene Ergebnis ihres Durchhaltevermögens, ihrer Solidität im Auftritt über die Zeit. Das Bild entstand gewiss nicht, weil sie ihr öffentliches Handeln oder ihre Frisur nach dem Politiker-Ranking der jüngsten Meinungsumfrage ausgerichtet hat. Apropos: Während der ersten Corona-Welle lagen die Forsa-Zustimmungswerte hinsichtlich dem Vertrauen der Bürger in »ihre« Kanzlerin konstant bei 70 Prozent.[38]

> Nur aus Treue zu sich selbst entsteht Prägnanz. Nur aus Prägnanz erwächst Vertrauen. Eine Organisation, die auf Langfristigkeit ausgelegt ist, sollte jede Entscheidung einem »Treuetest« bzw. Konsistenz-Check unterziehen: Passt diese Entscheidung / Handlung zu unserem öffentlich verankerten Bild?

Sicherlich profitiert Angela Merkel auch vom sogenannten Amtsinhaber- bzw. Kanzlerinnenbonus. Der Faktor Zeit spielt hierbei eine mitentscheidende Rolle. Dennoch verkörpert Merkel in ihrer konstanten Art des Auftritts eine besondere Qualität der Treue zu ihrem öffentlichen Bild – in Inhalt und Form. Und sie zeigt auf eine sehr individuelle Merkel-Weise zahlreiche Faktoren, die zum erfolgreichen Aufbau von öffentlichem Vertrauen zwingend notwendig sind. Denn es ist gerade ihre Popularität im Volk und ihr Wirken auf internationaler Bühne, die ihr beizeiten gegen massives (meist männliches) Störfeuer aus der eigenen Partei geholfen haben. Ob und wie ihr Verhalten, ihr politischer Kurs auf einer anderen Ebene dazu beigetragen hat, dass viele CDU-Stammwähler und -Mitglieder ihr konservatives Parteiprofil nicht mehr ausreichend erkennen, steht auf einem anderen Blatt. Sie als politisch-öffentliche Person der Zeitgeschichte im ständigen medialen Blitzlichtgewitter zeigt, warum es so wichtig ist, dass das Bild nach außen eine Konstanz aufweist.

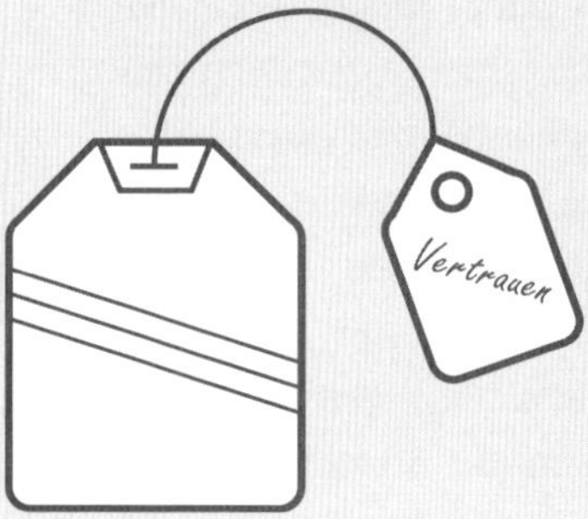

»Der Mensch wählt am liebsten, was er (er)kennt.«
Markensoziologische Weisheit

Schwierig für alle: Treue in Theorie und Praxis

Das Erfolgsprinzip Treue klingt, so dargestellt, im Ansatz recht simpel und nachvollziehbar. Das ist es in gewisser Weise auch – allerdings nur von außen und in der reinen Theorie betrachtet. Der Teufel liegt wie immer in der Realität mit ihren vielen Details und individuellen Gegebenheiten. Daher muss der Fairness halber in aller Deutlichkeit gesagt werden: Das Sich-selbst-treu-Bleiben ist in vielen Fällen ausgesprochen schwierig im komplexen persönlichen Alltag wie auch im beruflichen Tagesgeschäft durchzusetzen.

Bereits als individuelle, eigenverantwortliche, nicht öffentliche Einzelperson wissen wir, wie diffizil bis unmöglich es ist, sich selbst im Alltag zumindest einigermaßen treu zu bleiben, was für äußere wie innere Ziehkräfte an einem Menschen rütteln, wenn es darum geht, sich bei Entscheidungen vorab die Frage zu stellen, ob wir einigermaßen konsistent zu uns und unseren Ansprüchen an uns selbst sind. Ab dem Moment, wo eine Familie, ein Wohnort, Existenzen von solchen Entscheidungen abhängen, also das Wohlergehen vieler Menschen betroffen ist, kommt eine weitere schwerwiegende Dimension hinzu: die Verantwortung für andere. Genau deswegen »arbeiten« wir uns an manchen Pro-und-Contra-Überlegungen regelrecht ab, bis der

Kopf nicht mehr kann (oder implodiert). Solche Dinge, gerade wenn sie langfristig persönliche Weichen in die Zukunft stellen könnten – oder eben gerade nicht –, kosten uns etliche unruhige Tage und Nächte. Manchmal saugen sie uns emotional komplett leer. Es gibt für nahezu jeden Menschen, der kein völliger Einsiedler ist, vielfältigen Druck von allerlei Seiten, wenn der persönliche Anspruch besteht, sich selbst treu zu bleiben.

Das gilt schon für Einzelpersonen. Dementsprechend schwieriger wird es dann auf der Ebene von Organisationen: Hier kommen Hunderte oder manchmal Hunderttausende von Menschen mit all ihren unterschiedlichen psychosozialen Dispositionen, kulturellen Hintergründen, persönlichen Motivationen und individuellen Erfahrungen zusammen, die an einer einzigen Sache sowie für ein übergeordnetes Ziel arbeiten und handeln sollen. Oft denkt man in diesem Zusammenhang als Erstes an klassische Unternehmen. Aber gerade auch bei Schulen oder Krankenhäusern treffen Personen mit unterschiedlichen Ausbildungen und Überzeugungen aufeinander, die in ihren Bereichen höchste Eigenverantwortung tragen – bis hin zu Entscheidungen über Leben und Tod anderer Menschen –, während sie sich an anderer Stelle dann wieder unterordnen müssen, wo sie sich manchmal sogar überlegen oder zumindest gleichrangig fühlen. Ein klassisches Beispiel ist der Chefchirurg, der sich mit den Betriebswirtschaftlern aus der Krankenhausleitung auseinandersetzen muss, die ihm erklären wollen, wie viel er an Geräten und Mitarbeitern einsparen und wie viel Operationen mehr er ab jetzt pro Quartal durchführen muss. Sich in dieser Gemengelage als Person oder als Organisation treu zu bleiben oder gar eigene Ansprüche vollständig durchzusetzen, ist extrem schwierig.

Achtung: Treue bedeutet nicht Stillstand

»Die Zeit verwandelt uns nicht, sie entfaltet uns nur«, schrieb der berühmte Eidgenosse Max Frisch (1911–1991). Damit die Zeit uns entfaltet und nicht faltiger macht oder komplett zerknüllt, ist Bewegung – in jeder Hinsicht – existenziell. Wenn hier von Treue zu sich selbst gesprochen wird, ist ausdrücklich nicht persönlicher oder organisatorischer Stillstand über die Zeit gemeint – im Sinne von Verharren und Sich-nicht-mehr-Fortbewegen. Es geht für jeden gesunden Menschen wie für jedes vitale soziale System unbedingt darum, sich kontinuierlich weiterzuentwickeln. Die strategische Kunst und individuelle Stärke besteht darin, sich im steten Wandel treu zu bleiben. Bei dem Beispiel Angela Merkel kann vortrefflich darüber diskutiert werden: Wo ist das noch Treue und wo schon Stillstand oder eventuell reines Machtkalkül? Darum soll es aber ausdrücklich nicht gehen, sondern um die Erfolgsstruktur hinter Merkel, ihre Stärken: Sie zeigt an neuralgischen Stellen hohe Konstanz in der öffentlichen Wahrnehmung. In der Krise hat ihr nüchternes Gebaren und solides Vorgehen die stärkste Außenwirkung. Krisen gab es seit ihrem Antritt schon einige (Griechenlandkrise, Fukushima-Unglück, Euro- / Finanzkrise, Flüchtlingskrise, Terroranschläge, Corona-Pandemie) – eventuell war das für sie ein Glücksfall. Vielleicht wären die Deutschen ohne Covid-19 ihrer doch überdrüssig geworden. Deutliche Zeichen hierfür gab es in den Umfragewerten vor der Pandemie, und in ihrer Partei rumorte es ebenfalls. Und sicher profitiert Merkel von der Tatsache, dass sie immer schon da war. Aber diese Leistung »Zeit« allein hat bei ihrem Vorgänger nicht ausgereicht. Im Gegenteil: Dem aussitzenden – von seinen Gegnern spöttisch als »Buddha« betitelten – Helmut Kohl wurde das Vertrauen per Volksentscheid sehr deutlich entzogen, der Bonus als »Kanzler der Einheit« war aufgebraucht. Merkels Leistung jedoch wird – speziell ihr Handeln in den diversen Krisen ihrer Amtszeiten – nach wie vor mehrheitlich geschätzt und hat ihr unbestreitbar viel Zuspruch und Respekt eingebracht. Den Nimbus als erfolgreiche Krisenkanzlerin wird sie sich voraussichtlich auch nach Ende ihrer Amtszeit erhalten können.

Zu ihrer »Verteidigung« bzw. zur Entkräftigung der Stillstand-Kritik (s. o.), aber dennoch wissenschaftlich wertfrei: Wenn sie als Person vollkommen unbeweglich wäre, dann könnte sie sich kaum so lange im Amt halten und dieser Grundzustimmung erfreuen. Oder wie es ein berühmter Komponist und Liedermacher aus München besingt:

»Menschen müssen sich verändern, um sich selber treu zu sein. Nur das Wechseln von Gewändern kann kein wahrer Wandel sein.«

Aus: Konstantin Wecker, »Wut und Zärtlichkeit«

Wie genau die von Konstantin Wecker besungene beständige Balance aus Bewegung und Beharrung bei sozialen Systemen idealerweise funktioniert (Stichwort »Selbstähnlichkeit«), erfahren Sie im folgenden Kapitel.

11. Treue im steten Wandel: Das Betriebsgeheimnis der Natur lautet Selbstähnlichkeit

Weder eine einzelne Politikerin noch eine Institution oder Organisation darf sich und ihre Leistung(en) und ihre Handlungen einfach stur und stupide repetieren. Dies hätte über kurz oder – bei großen und komplexen Organisationen – etwas länger eine kontinuierlich zunehmende Schwächung des Systems zur Folge, die bis zur vollständigen Erstarrung führen kann (oder zur Abwahl). Das Prinzip dahinter ist vergleichbar mit einem Menschen, der auf einem Fahrrad sitzt: Wenn dieser aufhört zu treten, wird er irgendwann mitsamt seinem Fahrrad umkippen. Ein Unternehmen darf nie aufhören zu treten, sonst fällt es nach kürzerem oder etwas längerem Ausrollen um. Manche Unternehmen vergessen – auf dem absoluten Gipfel ihrer Attraktivität angelangt, vor lauter Begeisterung über sich selbst – das Treten vollständig. Dann geht es im Anschluss mit Karacho bergab.

> Eine starke Organisation, d.h. ein lebendiger Sozialorganismus, zeichnet sich dadurch aus, dass sie dem Wandel von Technik und Gesellschaft etwas Entscheidendes entgegensetzt: die Fähigkeit, dem Wandel mittels ihrer spezifischen Stärken zu begegnen und ihn im besten Falle gezielt zur Eigenstärkung zu nutzen. Die Soziologie nennt diesen systemischen Vorgang »Selbstähnlichkeit«.

Das Vorbild für Selbstähnlichkeit liegt in den naturwissenschaftlichen Gesetzen der Evolutionstheorie. Davon lassen sich entscheidende Erkenntnisse über soziale Lebewesen bzw. kulturelle Systeme und deren strukturelle Stärkung ableiten. Der Begriff wird auch in der fraktalen Geometrie verwendet, hier ist das Sierpinski-Dreieck das berühmteste

Beispiel für selbstähnliche Systeme (siehe Abschnitt *Die Treue-Erfolgsstruktur II*).

In der Natur sind ausschließlich jene Systeme durchsetzungs- und überlebensfähig, die sich mit ihren Strukturen gegen alle Unwägbarkeiten und Herausforderungen in ihrer direkten Umwelt behaupten. Selbstähnlichkeit nennt sich das entscheidende Überlebensprinzip aller organischen Systeme. Es bedeutet: **Jeder natürliche Organismus trägt in sich seinen exakt festgelegten genetischen Bauplan, der dafür sorgt, dass genau dieser Organismus immer und überall korrekt reproduziert wird.** Der Vorteil natürlicher Systeme gegenüber einem sozialen System, wie z. B. einer Firma, liegt somit darin, dass in der Natur sichergestellt ist, dass eine Rose immer eine Rose bleibt, egal wie und wo sie wächst: Eine Rose kann nicht zu einer Tulpe oder zu einem Veilchen mutieren. Das Grundprinzip Rose steht fest. Eine Rose bleibt sich immer treu – weil sie es aufgrund ihrer genetischen Vorgaben muss.

Die Treue-Erfolgsstruktur I: Variationsreichtum bei gleichbleibendem Grundkonzept

Verdeutlicht am Beispiel der Pflanzengattung Tanne: Weltweit sind etwas weniger als 50 verschiedene offizielle Tannengattungen aus der Familie der Kieferngewächse bekannt. Hinzu kommen Gruppen hybriden Ursprungs oder Varianten, die sämtlich auf der Nordhalbkugel beheimatet sind, die meisten davon in Gebirgsregionen. Darunter befinden sich einerseits weltbekannte europäische Weihnachtsklassiker wie die Nordmanntanne oder die an der US-Westküste beheimatete Edeltanne, andererseits auch die weniger bekannte Himalaja-Tanne oder die Numidische Tanne. Letztere wächst nur in einem klitzekleinen Areal im Osten Algeriens und dort ausschließlich in Höhenlagen von 1300 bis 2000 Metern. Die Himalaja-Tanne schafft es im namengebenden Gebirge sogar in steile Höhen von bis zu 4000 Metern. Alle diese immergrünen Tannenarten sehen sich an ihren Standorten mit unterschiedlichsten Anforderungen ihrer natürlichen Umgebung konfrontiert. Entscheidend aus der Perspektive der systemischen »Treue-Problematik«: Auch für den Laien, der niemals in Biologie aufgepasst hat, ist jede der Arten sofort und eindeutig der Gattung Tanne zuzuordnen, nicht nur der eine geschmückte Baum am Weihnachtsabend. Vollkommen unabhängig von der Jahreszeit, vom Ort, vom Alter, von der Höhe und Art des Wuchses lassen sich bestimmte, artenübergreifende Elemente sofort erkennen: nadelförmige Blätter, Zapfen, grüne Färbung, pyramidenförmiger Wuchs usw. Die »Marke Tanne« bleibt sich selbst immer ähnlich, egal mit welchen Umweltbedingungen sie sich jeweils vor Ort auseinandersetzen muss.

Ein Evolutionsprozess in der Natur hat keinen Endpunkt, er stellt die ständige Entfaltung aufeinander aufbauender evolutionärer Schritte dar. Jede gesunde Fortentwicklung der Tanne kann daher zwangsläufig allein auf Basis ihrer vorgegebenen Struktur erfolgen: Eine neue Entwicklungsstufe ist eine selbstähnliche Variation des Vorhandenen. Charles Darwin zeigte, dass sich biologische Arten durch Mutationen fortentwickeln – durch zufällige Veränderungen einer Struktur, die ihrerseits bereits durch Mutation entstanden ist. Weil Arten nur ein geringes Maß an Mutation verkraften, erstrecken sich natürliche Evolutionsprozesse über lange Zeiträume: Jede zu rasche Veränderung stellt eine Bedrohung des Systems dar. Deshalb ist es wichtig, sich zu vergegenwärtigen, dass der Kampf um gesunde Reproduktion ab dem Moment einsetzt, wo ein lebensfähiger Organismus vorhanden ist. Diese Erkenntnisse über gesundes bzw. organisches Wachstum in der Natur sollten sich Lenker von Sozialorganismen, wenn sie den strukturellen Wandel einer solchen (Groß-)Organisation anstreben, stets vor Augen halten – wenn sie intern wie extern einen massiven Vertrauensverlust während des Veränderungsprozesses vermeiden wollen.

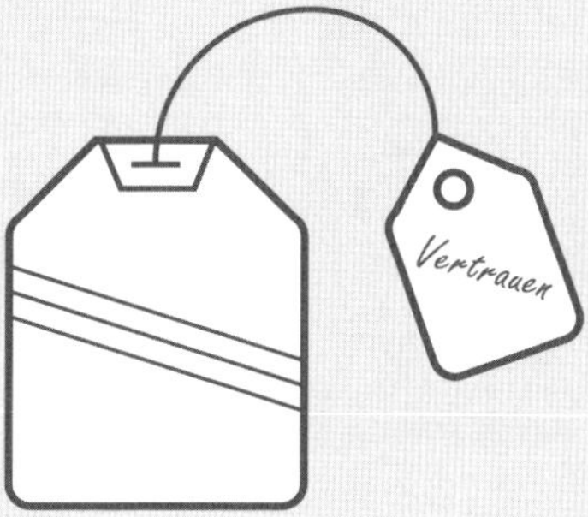

»Schau ganz tief in die Natur, und dann verstehst du alles besser.«
Albert Einstein,
deutscher Physiker, 1879–1955

Die Treue-Erfolgsstruktur II: Wiederholung und Variation erschaffen ein Muster

Das Grundprinzip für den erfolgreichen Aufbau selbstähnlicher Gestalt lautet: Wiederholung und Variation. Ein polnischer Gelehrter, Waclaw Sierpinski (1882–1969), hat dies im Jahr 1915 anschaulich gemacht. Der berühmte Mathematiker aus Lemberg konstruierte das nach ihm benannte Sierpinski-Dreieck (siehe Abbildung unten), mit dem er vorführt, wie durch Wiederholung und Variation einer einzigen, präzis definierten Regel ein Muster entsteht – der Soziologe würde sagen: eine selbstähnliche Gestalt. Die Konstruktionsanleitung ist einfach: »Man beginnt mit einem Dreieck in der Ebene und wendet darauf ein Rückkopplungsverfahren an […]. Wir verbinden die Mittelpunkte seiner drei Seiten. Zusammen mit den Eckpunkten des ursprünglichen Dreiecks bilden diese Mittelpunkte vier kongruente Dreiecke, von denen wir das im Zentrum liegende entfernen.«[39] Diese Regel wird nun auf die drei entstandenen Dreiecke erneut angewendet, anschließend wiederum auf die dabei entstandenen Dreiecke usw. Durch diesen Vorgang, der theoretisch unendlich oft wiederholt werden kann, entsteht die spezifische Gestalt des Sierpinski-Dreiecks.

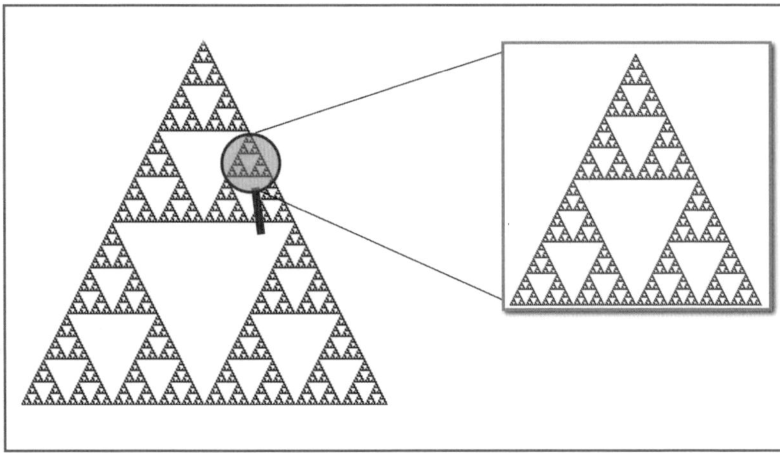

Quelle: Büro für Markenentwicklung

Das Sierpinski-Dreieck verdeutlicht das Prinzip Selbstähnlichkeit als mathematische Struktur. Es lässt sich in drei gleiche Teile zerlegen, welche wieder untereinander dem Ganzen ähnlich sind. Es kann in neun oder 27 Teile aufgeteilt werden, von denen wieder jedes einzelne dem Ganzen gleicht.

Selbstähnlichkeit bedeutet demnach, dass ein Ausschnitt dem Ganzen in seiner Gestalt ähnlich ist. Physik-Nobelpreisträger Gerd Binnig (*1947) beschreibt das Prinzip Selbstähnlichkeit anschaulich am Beispiel einer Küstenlinie: »Ob man die Küstenlinie aus einem Flugzeug betrachtet oder aus immer näheren Abständen, die zu beobachtenden Zacken ähneln sich, ganz gleich, welchen Maßstab man nimmt, jedesmal stark. Man nennt das Selbstähnlichkeit, weil jeder Teil einer Küstenlinie seinen feineren Unterabschnitten ähnlich ist. Das Kleine ist im Großen enthalten und ist dem Großen ähnlich.«[40] Das Prinzip findet sich auch in der Architektur wieder, wenn sich z.B. in einem gotischen Bauwerk wie dem Mailänder Dom bestimmte bauliche Elemente im Großen wie im Kleinen kontinuierlich wiederfinden. Binnig fasst das Expansionsgeheimnis starker Organismen zusammen: »Die Reproduktion seines Musters befähigt ein lebendes System sich auszudehnen, sein Umfeld zu besetzen und im Wettbewerb zu überleben.«[41]

Die wissenschaftliche Markenführung erkennt und nutzt das »Betriebsgeheimnis der Natur« für die Durchsetzung und das erfolgreiche

Wachstum des Kulturkörpers Marke bzw. anderer Sozialorganismen. Jede Organisation muss sich kontinuierlich weiterentwickeln und den gesellschaftlichen wie technischen Wandel der Zeit genau beobachten, um bei Bedarf Anpassungen vornehmen zu können – oder an neuralgischer Stelle eine Grenze einzuziehen. Sie muss für das gesunde Wachstum ihre Spezifik beibehalten und durchsetzen. Alle Anlagen zur zukünftigen Entwicklung sind dabei im System bzw. in seiner Genetik bereits angelegt: Entscheidend ist, wie erfolgreich und kreativ der Organismus diese vorhandene innere Substanz nutzt – im Rahmen seiner Selbstähnlichkeit.

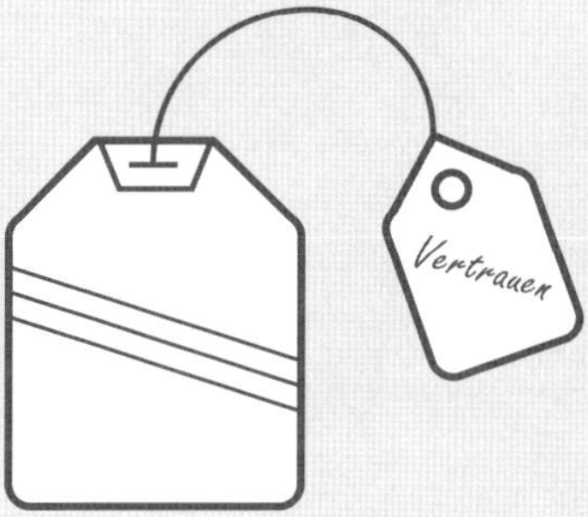

»Bleib, wie du bist,
aber mach was daraus.«
Markensoziologische Weisheit

Die Spielzeugfirmen Lego und Playmobil führen diese systemische Stärke idealtypisch vor, indem sie alle Phänomene und Entwicklungen ihrer Zeit in etwas verwandeln, was immer typisch Playmobil oder typisch Lego ist: Egal ob es die ganze Welt ist, wie man sie bezeichnenderweise im »Legoland« in Dänemark in ihrer gesamten baulichen Vielfalt aus 65 Millionen Steinen erleben kann – welches mittlerweile als Freizeitpark-Exportschlager 7-mal weltweit existiert. Lego nimmt nahezu alles in sein Lego-Universum auf und macht es zu einem selbstähnlichen Werk aus den typischen Plastiksteinen. Ob Kopenhagen oder Dubai, die New Yorker Freiheitsstatue, Harry Potter oder Star Wars, eine Feuerwehrwache oder das eigene Lego-Universum mit Ninjago-

Figuren und mittlerweile mehreren Lego-Kinofilmen. Alle diese Dinge werden allein dadurch für Außenstehende faszinierend, dass sie durch den Legostein gebildet bzw. gebaut werden. Es sind eben keine 1:1-Kopien der Realität. Das wäre nicht weiter spannend oder attraktiv. Die Leistung von Lego besteht darin, die ganze Welt selbstähnlich ins Lego-Universum zu integrieren: Alles bei Lego wird zu Lego. Im Urlegoland in der 6600-Einwohner-Stadt Billund auf der Halbinsel Jütland, dem Standort des 1932 gegründeten weltweit größten Spielzeugherstellers, werden selbst die Pommes zum Lego-Burger im Lego-Diner in Lego-Bausteinform serviert. Das ist Selbstähnlichkeit bis ins Detail.[42]

Quelle: Privat

Vertrauensarbeit ist immer Detailarbeit: Wenn selbst die Pommes zu Lego-Steinchen werden, dann ist Selbstähnlichkeit nicht nur sicht- und spürbar, sondern sogar genießbar. Aber eigentlich sind sie für Ketchup viel zu schade: Da bauen Kinder doch lieber, anstatt Frittiertes zu essen ... (obwohl – das wäre ein zu naiver elterlicher Wunschtraum).

Abweichungen und Innovationen nur innerhalb der eigenen Signalstruktur zulassen

Das Prinzip Selbstähnlichkeit macht deutlich, warum bereits kleine irritierende Abweichungen von dem geschichtlich aufgebauten Vorstellungsmuster seitens der Stammkundschaft unausweichlich und sensibel wahrgenommen werden: Jedes Abweichen vom gewohnten und erlernten Bild verwirrt die Kundschaft und deren Vertrauen, gerade wenn es sich um eine geliebte Marke handelt. Prüfen Sie sich selbst, wenn Sie z. B. einen Lieblingsort oder ein Lieblingshotel haben – gerade wenn Sie zum x-ten Mal dort sind: Sie beobachten sicherlich jedes Detail und checken, ob alles noch genauso gehandhabt wird wie beim letzten Aufenthalt: »Oh, gibt es etwa kein Glas Sekt mehr zum Empfang?« »Die Rezeption wurde umgestaltet, wie finde ich das?« »Wie, wir sollen jetzt auch für unseren Parkplatz bezahlen?« Und: »Wo ist denn die Frau Immerfreundlich, die uns sonst jedes Mal beim Frühstück so herzlich begrüßt hat?«

Im Extremfall, wie beim Abgasbetrug von VW oder dem Finanzskandal einer zuvor als seriös geltenden deutschen Bank, erschüttert eine Abweichung die gesamte, mühsam über gute Leistungen aufgebaute Vertrauensstruktur dieser Unternehmung. Alles, was die Kundschaft verwirren und in ihrem Urteil verunsichern könnte, muss daher vom Unternehmen penibel vermieden werden. Ein großes Glück für die Unternehmen ist, dass die Treuesten innerhalb ihrer treuen Kundschaft durchaus kreativ darin sind, sich einzureden, dass die Leistung immer noch so besonders ist wie früher – auch wenn dies beim besten Wunsch und Willen absolut nicht mehr der Fall ist. Eine zutiefst menschliche Eigenschaft, welche Simmel nahezu poetisch aber vor allem treffend beschreibt (langjährige Fans ehemaliger Erfolgsclubs, die jetzt in unteren Ligen herumdümpeln, kennen dieses Gefühl):

»Man könnte die Treue als das Beharrungsvermögen der Seele bezeichnen, welches sie in einer einmal eingeschlagenen Bahn festhält, nachdem der Anstoß, der sie überhaupt in diese Bahn geführt, vorbeigegangen ist.«[43]

Georg Simmel, deutscher Soziologe, 1858 – 1918

Erst die Grenze macht die Anziehungskraft

Die wirtschaftliche Funktion dieser Geltungstreue und damit einer jederzeit klar erkennbaren Signalstruktur eines Gestaltsystems liegt systemisch auf der Hand: Es ist erst die Normativität, die nach außen und innen Unterscheidungs- und Anziehungskraft erzeugt und somit für soziale Energie sorgt: Wenn ich mich mit meinem iPhone-Handy nicht mehr ausreichend vom Samsung-Galaxy-Nutzer unterscheiden bzw. abheben kann, dann lässt die Attraktivität nach. Wenn der Club mit der härtesten Türpolitik auf einmal nahezu alle reinlässt, dann ist das zunächst ein schöner, vorbildlich sozialer Akt. Aber die Kernkundschaft wird sich dennoch bzw. gerade deshalb einen neuen Tanztempel suchen.

Die Umsetzung dieses Prinzips ist bei Einzel- oder Sozialkörpern, die aus Tausenden oder sogar Millionen von Einzelmenschen geprägt sein können, »naturgemäß« schwieriger. Die Soziologie spricht daher von »Überorganismen« oder »Hyperorganismen«, weil diese lebenden Organismen sich aus vielen individuellen Einzelpersonen zusammensetzen.

Die Welt: Ein buntes Sammelsurium einzigartiger Sozialkörper

Das Faszinierende an solchen Sozial- und somit auch Kulturkörpern ist aus Sicht der Soziologie weniger die Individualität der einzelnen sozialen Gestalten (Wiener Philharmoniker, Bild-Zeitung, FDP, London, Union Berlin, Italien, AIDA usw.), sondern die Tatsache, dass sie trotz dieser schwierigen Voraussetzungen allesamt in der Lage sind, nach außen wahrnehmbare Einheiten und Gestalten zu bilden. Den ganzen Tag hantieren wir wie selbstverständlich mit solchen Sozialkörpern, ohne nur eine Sekunde darüber nachzudenken. Wir lesen Zeitungsüberschriften wie »USA drohen mit Verschärfung der Sanktionen«, »England brüskiert Europa« oder »Lufthansa im 4. Quartal im Aufwind« und nehmen all diese Einzel-Sozialkörper als gegeben, normal und real wahr. Die USA werden von fast 330 Millionen Individuen gebildet, wie können *die* jetzt als eine Einzelperson jemand anderen bedrohen (trotz Trump-Ablösung)? Und wie kann England jemanden brüskieren? Ohne Vorbildung beim Leser ist der Satz meist völlig sinnlos: Wer ist diese »Lufthansa« und warum und wie befindet sie sich in irgendeinem Quartal im Aufwind? Geht das überhaupt, wenn man kein Drachen ist?

12. Kundentreue entsteht immer intern – externes Vertrauen ist »nur« Wirkung

Innerhalb der meisten Firmen ergibt sich aus zuvor geschilderter sozialer Gemengelage eine extrem hohe soziale Komplexität. Es können dafür aber auch schon zwei bis fünf Mitarbeiter ausreichen – je nach Größe, Einfluss und individueller Komplexbelastung der beteiligten Egos. Generell gilt: Je nach Umfang und Reichweite der Unternehmung und Anzahl von Hierarchieebenen können etliche interne wie externe Dimensionen und Faktoren zusammenkommen, die bei jeder strategischen Entscheidung sämtlich in irgendeiner Form bedacht werden müssen. Je älter das Unternehmen, umso mehr historisch gewachsene Vor-Befindlichkeiten nehmen zusätzlich Einfluss auf den Prozess. Das kann bei kleinen Unternehmen bisweilen sogar produktiv sein, weil der Handlungskorridor automatisch einen internen Erfahrungsrahmen erhält, der im Ergebnis Wiedererkennung und eine gewisse Werkstreue nach außen vorab sicherstellt. Bei Großunternehmen dagegen ist der Verlauf oft kontraproduktiv, weil die ursprüngliche Idee bis zur finalen Entscheidungsfindung intern so abgeschliffen wird, dass das externe Ergebnis für Außenstehende nicht mehr eindeutig zuzuordnen und oft komplett austauschbar ist.

Wie die Mafo die Einzigartigkeit und das klare Bild von Organisationen zerlegt

Warum wird eindeutige und stringente Außenkommunikation so regelmäßig zum Auslaufmodell? Warum passiert das so oft bei den extrem professionell aufgestellten Unternehmen mit eigener Branding-, Kommunikations- und Marketing-Unit? Jede einzelne strategische Entscheidung durchläuft in komplex ausdifferenzierten Großorganisationen – typischerweise Konzerne, aber auch viele Mittelständler schaffen dies – etliche Entscheidungsgremien. Jedes Gremium, jeder einzelne Teilnehmer an diesen zumeist zahlreichen Meetings, Thinktanks, intensiven Besprechungen oder kreativen Design-Thinking-Workshops bringt eigene Partikularinteressen ein. Flankierend kommt bei Big Playern wie Procter & Gamble, Nestlé oder Unilever hinzu, dass nahezu jeder Entwicklungsschritt intensiv per Marktforschung (Mafo) abgetestet wird. Dies geschieht u. a., weil jeder Einzelne in der großen Hierarchiepyramide sich und seine Entscheidung nach oben wie unten mit Vollkasko absichern möchte: Falls das Ganze krachend scheitert, will niemand im Nachhinein die Schuld am Desaster bekommen. Schuld hat dann immer die – im professionellsten Managementdeutsch – Mafo, denn sie hat eindeutig in allen Pretests mit im Durchschnitt aller Testungen klaren 71,46 Prozent vorausgesehen, dass der Launch des neuen Müsli-Schokoriegels mit Schwarzwälder-Schinkengeschmack gelingt. Fakt ist: Mit jeder Mafo kommen naturgemäß äußere Einflüsse ins System, die dort manchmal zu internen Fehldirektiven werden und daher schwerwiegende Folgen für das Gesamtsystem haben können. Unternehmerisches Denken und langfristig orientiertes Handeln funktioniert jedenfalls völlig anders – sensibles Agieren im Sinne der Steigerung und Verdichtung von Vertrauen innerhalb der Kundschaft ebenfalls.

Auf diese Weise lassen sich viele, von außen völlig absurd anmutende Entscheidungen, Innovationen, Produkte, Dienstleistungen oder Aktionen großer Firmen oder anderer Organisationen erklären. Was muss im Unternehmen zuvor passiert sein, wenn eine Firma, die Volkswagen heißt und traditionell zuverlässige Wagen für das Volk im besten Sinne baut(e) und dafür weltweit berühmt und hochgeachtet war, urplötzlich eine Luxus-Karosse mit der VW-Plakette auf der Haube präsentiert? Wie weit kann sich ein Unternehmen von seiner Kernleistung verabschieden? Noch dazu, wenn diese Kernleistung im eigenen Namen und Logo quasi eingemeißelt, als ehernes Erfolgsrezept vorgeschrieben steht? Selbst wenn der VW Phaeton, also besagte Luxus-Karosse aus der »Gläsernen Manufaktur« in Dresden, das beste Auto gewesen

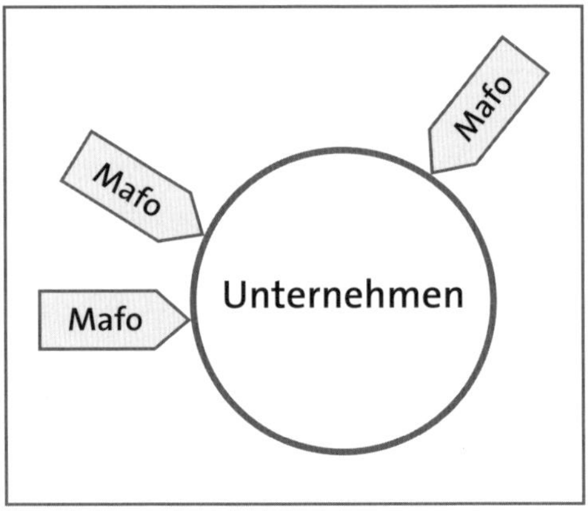

Marktforschung als Oberflächenforschung: Wenn Marktforschung auf ein Unternehmen bzw. auf die soziale Realität trifft – teilweise hoch spannende Fragestellungen und Perspektiven, die leider meist nur die Oberfläche eines viel tiefer liegenden sozialen Sachverhaltes spiegeln. Die Mafo beschreibt naturgemäß einen Sachverhalt von außen. Jede Organisation der Welt lässt sich jedoch nur von innen heraus erklären, niemals von außen. Leider hat sich das Von-außen-Betrachten und -Beschreiben von sozialen Sachverhalten als Methode stark durchgesetzt, gerne mit vielen Zahlen garniert (siehe Kapitel 24).

wäre, welches Volkswagen jemals gebaut hat, so war es unabhängig davon ein (erster) massiver Vertrauensbruch an der eigenen Kundschaft, die für bis zu 125 600 Euro (im Jahr 2002) den finalen Beweis zum Ansehen (nicht zum Kaufen!) hatte, dass »ihre Marke« Volkswagen keine Volks-Wagen mehr baut. Das war – nach dem dagegen völlig harmlosen Versuch der 1980er-Jahre, mit dem VW Santana in Europa eine höher positionierte Autoreihe über der VW Passat-Mittelklasse anzubieten –, ein zweites Scheitern: an der eigenen Marke und ihrer treuen Kundschaft. Selbst ein Dieselskandal und Affen im Abgas konnte diese VW-Gefolgschaft nicht endgültig von ihrem Glauben befreien. Das Vertrauen wurde zwar massiv global erschüttert, aber immer noch existieren Reste vom positiven Vorurteil und somit Menschen, die VW kaufen und fahren; die soziale Bindungskraft lässt allerdings nach.

Die Mafo-Hörigkeit vieler Organisationen hat aber noch ganz andere Auswirkungen: Wenn alle Teilnehmer mithilfe ihrer ausgefuchsten Mafo den identischen Markt beobachten, befragen und auswerten, dann impliziert dies in der Mehrheit identische Ergebnisse und Interpretationen (oft teilen die Firmen auch das Marktforschungsinstitut). Die Radiobranche, die minutiös misst, welche Songs aktuell die höchste Resonanz beim Publikum erzeugen, ist ein akustisches Beispiel dafür, was passiert, wenn die entscheidenden Marktteilnehmer sämtlich eine einzige Entscheidungsbasis besitzen. Die Folgen davon gibt's direkt auf die Ohren: Wer die großen regionalen Mainstream-Sender hört, der kann im Auto quer durch Deutschland von Flensburg bis ins tiefste Allgäu fahren und dabei in seinem Autoradio durchgängig die identische Musik hören, obwohl er die Sender mehrfach wechseln muss. Sie dudeln alle einen einzigen perfekt abgetesteten Ohr-Sud. Immerhin: Durch die Staumeldungen zwischen den Songs erfährt der Hörer zeitnah, in welchem Sendegebiet er just mit seiner Musik im Stau steht. Die teure durchgängige Mafo-Optimierungsmaßnahme sorgt somit für den radikalen Abbau von Eigensubstanz und Spezifik und optimiert die Radiosender in die völlige musikalische Beliebigkeit. Fun Fact: Alle Selbstzerstörungstendenzen laufen unter dem Stichwort »Kundenorientierung« ...

> Kundenorientierung bedeutet nicht, dass der Kunde über die Orientierung des Unternehmens entscheidet.

Austauschbares kann keine individuelle Anziehungskraft entfalten

Das Radio braucht den Autofahrer und der Autofahrer braucht sein Auto. Die dazugehörige, von vielen weiterhin bewunderte und exponierte Branche, welche sich bemüht, alle mobilen Wünsche des Menschen zu erfüllen, eignet sich hervorragend, um negative Auswirkungen der Vertrauensabbau-Spirale exemplarisch darzustellen: nämlich wie Austauschbarkeit und Angleichung zum Verlust von Identität führen und in der Folge zum Verlust von sozialer Anbindung. Der Mensch

– im Bereich der Wirtschaft: der Kunde – erkennt »seine« bevorzugte, manchmal sogar geliebte Leistung nicht mehr in den Produkten und Dienstleistungen des Unternehmens. Die Unterscheidung fällt zunehmend schwer, weit über das Design hinaus: Ist das jetzt noch ein echter Volkswagen / Mercedes / Opel …? Das zeigt verheerende Wirkung bei den einzelnen Kundschaften: Ihr Vertrauen und ihre Vertrautheit mit dieser einst spezifisch-erkennbaren Leistung und damit ihre soziale Bindung an das jeweilige Produkt lässt zwangsläufig nach. Früher war die Entscheidung zwischen einzelnen Automarken eine Form von persönlichem Glaubensbekenntnis, heute hat dieses Credo an Wirkung verloren. Ein Gesamtphänomen: Einst klar strukturierte Kundschaften beginnen sich zu zersetzen, zunehmend porös, d. h. wechselwilliger zu werden. Ein wirtschaftliches Desaster, denn die Kundschaft will gerade nicht »Umparken im Kopf«*, sie will »ihre« Marke als ihre besondere Marke behalten. Und am Ende fährt der Popel weiter Opel – und das ist auch gut so: Denn eine schlechte Kampagne ist nur eine kurze Nasenspülung in einer Historie, die seit 1862 über Leistung ihre Wirkung entfaltet hat.

Im Privatleben funktioniert es genauso: Wenn eine Person, welche wir für ihre besonderen Eigenschaften besonders wertschätzen oder sogar lieben, diese Eigenschaften zunehmend vermissen lässt, dann wird unsere persönliche Anbindung an jene Person irgendwann schwächer. Die Vertrautheit mit ihr lässt nach, eventuell kommt es zur Trennung. Kurzum: Ein privates Desaster nimmt seinen mehr oder weniger natürlichen Lauf. Viele Ehen sollen so funktionieren oder eben gerade nicht funktionieren. Die simple Grundstruktur – besser: das Unverständnis einer normalen menschlichen Grundstruktur – sehen wir vielerorts im Wirtschaftsbereich, und zwar vor allem dort, wo eine Professionalisierung im Sinne von unbedingtem Massenwachstum bei intensiver Konkurrenzbeobachtung stattfindet. Hier sind wir zwangsläufig erneut beim KPI-gesteuerten Unternehmen. Der sogenannte **K**ey **P**erformance

* Name einer gefeierten Opel-Kampagne ohne Bezug zu Opel.

Indicator soll den Fortschrittsgrad bei der Erreichung bestimmter Ziele oder Erfolgsfaktoren messen und für das Management als Kennzahl abbilden. Dem festen Glauben an KPIs liegt der bei einigen Leistungsträgern zementierte Irrglaube zugrunde, dass sich eine Unternehmung allein anhand von ökonomischen Kennziffern führen lassen könnte (siehe Kapitel 24 und 25).

Der Sozioökonom Timm Homann (* 1968) beschreibt die tagesgeschäftliche Zahlen-Überlegenheit praxisnah: »Kennzahlen scheinen zwar aus analytisch-nüchternen Beweggründen zu entstehen, doch jeder kennt die professionelle Atmosphäre, die einen Tagungsraum erfüllt, wenn in unnachahmlicher Selbstverständlichkeit mit Zahlen und deren Kombinationen jongliert wird. Führungskräfte, deren Argumentation auf dieser Jonglierkunst beruht, setzen sich immer durch. Manager, die über die vermeintlich softeren Parameter der ›lächelnden Gesichter‹, des ›kontinuierlichen Qualitätsniveaus‹ und der ›stilistischen Warenpräsentation‹ argumentieren, also die Unternehmensstilistik in ihrer Komplexität in den Vordergrund stellen, gelten oftmals als unvorbereitet und unterliegen im Entscheidungsfindungsprozess [...].«[44]

Optimieren bedeutet nicht Maximieren

Wenn Manager, Marketeers oder Berater von »Optimierung« sprechen, dann meinen sie damit in der Realität meist »Maximierung« im Sinne einer schnellen Ausweitung der Struktur eines Unternehmens sowie des möglichst vollständigen Abschöpfens von Zielpotenzialen. Achtung: Falls es dem Unternehmen schlecht geht, meinen sie mit Optimierung das Streichen von allem, was Kosten verursacht.

Hier ist der positive Fall gemeint: jenes Momentum, wenn die Leistung eines Unternehmens dank extremer Nachfrage innerhalb kürzester Zeit »durch die Decke geht«, die Produktion kaum nachkommt und es prinzipiell möglich wäre, innerhalb weniger Monate auf allen fünf Kontinenten Dependancen für den Abverkauf der Leistung zu eröffnen.

Noch toller, aber vor allem sinnvoller, weil deutlich nachhaltiger, ist es, wenn die Verantwortlichen sich die Zeit nehmen, (persönlich) dafür zu sorgen, dass jeder Auftrittsort, jedes Produkt, jede Dienstleistung, haargenau den von ihnen zuvor definierten Ansprüchen entspricht. Nicht primär, was die Durchsetzung der Corporate Identity betrifft, nein, inhaltlich-qualitativ. Das ist genau das, was ein kompromissloser Perfektionist wie Steve Jobs (1955–2011) bis ins kleinste unsichtbare Detail in allen Dingen, die ein angebissener Apfel zieren sollte, getan hat – und was viele andere gute, allerdings erstaunlich oft ebenfalls cholerische Unternehmer täglich aus tiefer innerer Überzeugung tun. Auch wenn jedes (scheinbare) Bremsen von Erfolgsmaximierung und somit sofortiger Abschöpfung für Unstimmigkeiten und heftige Druck- und manchmal Drohkulissen sorgt: Weil jeder Zwischenhändler und viele andere, intern wie extern, ihr eigenes gutes (schnelles) Geschäft mit der gerade heißbegehrten Ware machen wollen.

Typische Argumente sind immer: »Wenn wir nicht jetzt und nicht sofort in den holländischen Markt gehen, dann wird es jemand anderes tun.« »Wenn wir jetzt nicht umgehend ...« usw. Kurs gegen diese oft plausibel und zwingend klingenden Argumente zu halten, ist extrem schwierig, aber äußerst lohnenswert. Das Prinzip Selbstähnlichkeit zeigt, wie hier vorzugehen ist, um die eigene Erfolgsstruktur erfolgreich und sicher zu implementieren – trotz Größenwachstums. Konzentrisches Wachstum im Rahmen der Selbstähnlichkeit bietet langfristig die gesündeste Gewinnkurve für Unternehmungen, auch wenn die Kurve dafür am Anfang nicht ganz so steil verläuft. Grenze ist ein Garant für langfristige Anziehungskraft, dies inkludiert die Durchsetzung eigener Stilistik: »Genau so will ich es. Punkt.«

Damit ist auch gemeint: Das, was als »richtig« und durchgesetzt gilt im Bereich Unternehmensführung, sollte niemals als richtig oder gesetzt gesehen und 1:1 übernommen werden. Im Gegenteil: Die erfolgreichsten Innovatoren haben sich nie um solche ehernen »Gesetze« oder typische Branchenweisheiten geschert (viele kannten die Branche gar nicht, die Besten erschufen neue Kategorien). Oft genug haben sie selbst den Gegenbeweis geliefert, dass genau diese Nichtakzeptanz der Branchen-Gesetze ihr Schlüssel zum Erfolg war, sie wurden zum gefeierten »Rulebreaker«.

> Optimierung statt Maximierung: Starke Unternehmen kennzeichnet, dass es bei ihnen nicht um die Ausdehnung ihrer Erfolgsstruktur um jeden Preis geht, sondern im Gegenteil um Verdichtung, also um Optimierung ihrer individuellen Erfolgsstruktur. Gesundes Wachstum wird durch Wahrung der eigenen Signalstruktur – d. h. Erfolgsstruktur – sichergestellt. Nur so bleibt das Vertrauen der Kundschaft in die Struktur trotz Größenwachstums erhalten. Nur so vermehrt sich eine Kundschaft selbsttätig, weil sie ihr Vertrauen weitergibt.[45]

durch Verdichtung innerhalb der eigenen Kundschaft kann Wachstum bzw. Neukundschaft entstehen: Die Kundschaft ist der maßgebliche Multiplikator und Vererbungsmechanismus jedes Unternehmens,[46] jede Strategie muss allein auf sie abzielen.

Die Treue zu sich selbst, d. h. zur eigenen Gestalt und damit zur eigenen Kundschaft, ist im Bereich von Wirtschaftsunternehmen nie Selbstzweck, sondern Selbsterhaltungszweck. Aus dieser Differenz ist das System überhaupt entstanden.

Quelle: FCA Germany AG

Fiat feiert sich, indem die Marke ihre Gestalttreue plakativ in Szene setzt: Der neue und alte Fiat 500 quasi flirtend nebeneinander. Auch wenn hier mit Retro-Elementen gespielt wird und Journalisten gern über Retro-Trends schreiben: Oft geht es eigentlich im Kern um Gestalttreue und Selbstähnlichkeit.

Nur deswegen bleiben wir noch ein paar Zeilen im Motor-Business – obwohl viele dieser Entwicklungen branchenübergreifend stattfinden.

Verweilen wir in Niedersachsen, wo 1938 eine eigene Stadt zum Bau von Adolf Hitlers Volksauto aus dem Boden gestampft wurde. Heute ist dieses Areal in Wolfsburg die größte Fabrik der Welt, mit 6,5 Millionen Quadratmetern Werksgelände: Startend mit dem weltweiten Erfolg des zumindest in der kollektiven Erinnerung ewig laufenden VW Käfers entstand ein einmaliges Unternehmen mit eindeutig verankerter Kernleistung. Die Marke hat es seither dank massiver Ausweitung seiner Produktpalette mit Amarok, Sharan, Touran, Touareg, Tiguan, T-Cross, T-Rock, Up!, Arteon und Co. geschafft – wie nahezu alle Hersteller –, zu einer weiteren, weitgehend gesichtslosen Marke zu werden, die alles für alle produziert (der Phaeton war 2002 einer zu viel). Ob jedoch ein »normaler« Volkswagen-Stammkunde, der sich früher regelmäßig ohne großes Nachdenken den jeweils neuen VW Golf kaufen bzw. ihn sich finanziell leisten konnte, dies bei den aktuellen Golf-Modellen noch könnte, ist trotz mittlerweile üppig vorhandenen Rabattangeboten fraglich. Wahrscheinlich müsste er zu einem mit damals vergleichbaren Preis im Konzern bei Škoda oder Seat einkaufen – den mittlerweile eigentlichen »Volkswagen« im weitverzweigten VW-Auto-Supermarkt: »Ein Stück Bugatti oder Bentley für Sie?« Oder er müsste aus Enttäuschung direkt bei Fiat, Kia, Nissan, Hyundai, Dacia, Renault nach einem Angebot suchen. Treue entsteht als Zusammenspiel aus sehr vielen für die Leistung maßgeblichen Facetten; sie beinhaltet selbstverständlich auch den Verkaufspreis der Leistung.

Angleichung über alles

Das Problem der Angleichung gilt für alle Massenhersteller der Autobranche – und auch das sind mittlerweile nahezu alle: Selbst eingefleischte Autofans können nicht mehr die zahllosen Modelle und Modellvarianten auseinanderhalten. Einerseits weil sich die zahllosen Modellvarianten der meisten Marken vom Design her so stark angenähert haben und andererseits – aber untrennbar damit verbunden – weil jede Marke jede Markt-Angebotsmöglichkeit mit ihren eigenen zahllosen Modellvarianten füllt. Ein Beispiel: Erst boten alle Unternehmen nach und nach die zuvor ausschließlich in den USA beliebten SUVs (Sports Utility Vehicles, völlig unnötige Stadt-Riesenautos mit peinlicher Umweltbilanz) auch in Europa und anderswo an – mittlerweile bringen die meisten Hersteller diese SUVs in verschiedenen Größen auf den Automarkt. Aus dem einstigen Premiumfahrzeug SUV ist eine Auto-Welle geworden, die von Bentley Bentayga bis Dacia Duster reicht. Unter der Modellbezeichnung »Cross-Over« als gekreuztes krudes Mittelding zwischen zwei, drei oder noch mehr Fahrzeugarten werden weitere immer kleinere Modell-Zwischenräume erfunden oder gefüllt. Das einzig wahrnehmbare externe Ergebnis aus Kundensicht: weitgehende Austauschbarkeit.

Alles für fast alle – ein Mercedes-Kunde von 1980 oder 1990 oder 2000 würde »seine« Marke 2020 nicht wiedererkennen: smarte Kleinstwagen, Klein-Mittelwagen, Mittelwagen, kleine Limousinen, große Limousinen, Sportlimousinen, eine Luxuslimousine, dazu SUVs, Geländewagen ... Nahezu buchstäblich ein Portfolio, das inzwischen von der A- bis zur Z-Klasse reicht und dem Nichtautoexperten kaum Zuordnung erlaubt. Und dies ist eben kein Zufall und kein Einzelfall, sondern es ist tatsächlich »Strategie«. Gab es früher klare soziale Zuordnungen von Marken und ihren Modellen, z. B. 3er, 5er, 7er BMW, so ist heute alles nur noch ein klumpiger Modellwust. Deswegen freuen sich viele Menschen über einen neuen Fiat 500 oder neuen Mini oder – im Gegenteil – über ältere Fahrzeuge, Youngtimer oder Oldtimer, weil hier oftmals noch eine »echte«, sich wirkungsvoll differenzierende Gestalt erkennbar ist. Die Neuwagen-Kundschaft behilft sich derweil damit, dass sie sich fokussiert und einzelne Modelle als »Marke in der Marke« für sich persönlich herausnimmt. So ist die E-Klasse für viele Mercedes-E-Klasse-Stammkunden mittlerweile »ihre« Marke von Mercedes, der wahre »Benz« oder »Merc«, wie er sein sollte. Markenbindung war ursprünglich etwas deutlich anderes. Auch viele schnieke Fiat 500 parkieren vor Gründerzeitvillen, deren Besitzer sonst preislich anders geartete Premiumautokaliber bevorzugen. Jedenfalls ist mit einem Blick auf die vollgeparkte Auffahrt offensichtlich, dass hier kein ausschließlicher Fiat-Fan wohnt.

Organisationen führen ihren eigenen Existenzgrund ad absurdum

Der Mensch sucht sich überall das für ihn persönlich Nichtaustauschbare, das Besondere aus dem vielfältig-gleichförmig gewordenen Marktangebot heraus. Der traurige Treppenwitz angesichts der heftigen Angleichungstendenzen wird beim Blick in den Rückspiegel deutlich: Marken sind überhaupt nur entstanden und erfolgreich geworden, weil sie der Welt etwas Besonderes, Neues oder sogar Einmaliges angeboten haben. Ihre oberste Aufgabe und ihr einziger Existenzgrund war und ist es, Differenz zu anderen Unternehmen zu schaffen. Ihren individuellen Sicht- und Standpunkt der Welt zu verkörpern. Ob Massen- oder Exklusivprodukt: Die Aufgabe jedes guten Unternehmers, jedes exzellenten Verkäufers ist es, »seiner« Kundschaft etwas Unvergleichbares anzubieten. Wenn es bei einem Autokauf wirklich nur darum gehen würde, zuverlässig von A nach B zu gelangen, dann bräuchte es nicht Hunderte Autohersteller weltweit ... An der Ignorierung dieses urmenschlichen Grundbedürfnisses nach Abgrenzung und Individualität ist schon der Sozialismus gescheitert.

> Das Gewöhnliche und Allgemeine entwickelt keine eigene soziale Zugkraft. Eine Kundschaft oder Anhängerschaft, d. h. ein Vertrauensverhältnis, entsteht überhaupt nur durch den inneren Wunsch nach Ungleichheit, nach einer Form der Besonderheit oder Abgrenzung.

Entscheidend für jede Organisation ist es, ihre eigene Andersartigkeit, ihre Individualität und ihre Stärken detailliert herauszuarbeiten und für den Kunden fühlbar zu machen. Ob Sie den Rekordmeister hassen oder lieben oder Fußball insgesamt vollkommen uninteressant finden: Besuchen Sie das Museum des FC Bayern München direkt im Stadion in der bayerischen Landeshauptstadt, um die soziale Kraft von Individualität, Abgrenzung, Historie, Herkunft, kurz: das »*Mia* san mia« in

Reinkultur zu erleben. Und um zu erkennen, warum starke Marken und Menschen mit ihren Botschaften zwangsläufig polarisieren müssen. Die vielleicht stärkste deutsche Mensch-Marke, Johann Wolfgang von Goethe, erklärt den Wunsch des Menschen nach Differenzierung: »Jeder ist immer nur ein Individuum und kann sich auch eigentlich nur für das Individuelle interessieren. Das Allgemeine findet sich von selbst, drängt sich auf, erhält sich und vermehrt sich. Wir benutzen es, aber wir lieben es nicht.«[47]

Der triste Treppenwitz zu Ende erzählt: Mit der Zunahme und Etablierung ihres eigenen wirtschaftlichen Erfolges beginnen viele Unternehmen, sich irgendwann selbst zu demontieren, weil sie immer mehr und immer Neues anbieten wollen und darüber die Genetik ihres Erfolges, ihre eigene Einmaligkeit und Erkennbarkeit – und damit ihre ihnen vertrauende Kundschaft – vernachlässigen. Die Deutsche Bank interessierte sich in ihrem Drang nach Größe jahrelang nicht mehr für ihre einstige Kernkundschaft (ihre Unternehmenskunden), sondern setzte lieber alles daran, mit den größten US-Bankinstituten in Sachen Investmentbanking mitzuhalten. Unabhängig davon, was eine Organisation verkauft: Eine Zunahme an Austauschbarkeit, an Fremdähnlichkeit, führt immer zu einer Abnahme der sozialen Bindungskraft. So zersetzen sich Systeme selbst.

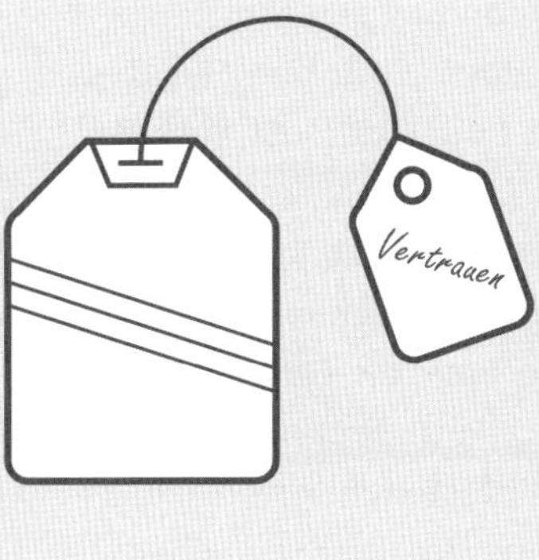

»Der Mensch kann nur das Besondere lieben.«

Markensoziologische Weisheit

Gezielte Verwechslung: Riesenlogo statt Riesenleistung

Eine abschließende Beobachtung: Die Logos auf den Fahrzeugen wurden bei sehr vielen Marken in den letzten Jahren immer größer. Wenn es früher, im Vergleich zu heute, kleine filigrane Zeichen waren, haben die meisten Marken ihre Wappen erheblich »aufgepumpt«, teilweise verschwindet das Auto hinter seinem eigenen Erkennungszeichen. Der einzig erkennbare strukturelle Grund für diese Anabolika-Logo-Zuwächse muss in der zunehmenden Design-Gleichartigkeit bzw. Gleichförmigkeit sämtlicher Fahrzeugkarosserien hinter den Markenzeichen liegen: Wenn die Autos sich zu ähnlich sehen, muss das Riesenlogo unmissverständlich deutlich machen, wer hier wer ist. Zur Sicherheit schreiben einige den Namen noch einmal komplett in Riesenlettern quer über die gesamte Kofferraumklappe des Fahrzeugs.

Eigentlich sollte es genau umgekehrt funktionieren: Man sieht von Weitem ein Produkt und seine spezifische Signalstruktur und ordnet es sofort einem Unternehmen zu: »Das ist von XY.« Wenn man dann ganz nah an das Objekt (möglicherweise der Begierde) herangeht, wird das Markenzeichen als Bestätigung ablesbar, als herausragendes Pars pro Toto. Der Mensch vertraut der Leistung, die er hinter diesem Logo abgespeichert hat, nicht dem Logo. Auch dies ist ein Phänomen, das sich z. B. im Modebereich und im Profisport findet. Wenn Profi-Tennisspieler früher ein dezentes grünes Krokodil auf ihrem weißen Polohemd trugen, dann kann ihnen heute das Riesenreptil auf der Baumwoll-Brust fast den Kopf abbeißen. Und auf dem Rücken und an den Ärmeln steht zur Sicherheit der Markenname ausgeschrieben – für den Fall, dass der begeisterte Zuschauer sich nicht so gut in der Tierwelt auskennt und/oder Verwechslungsgefahr mit einer Raubkatze besteht. Oder dass es eine Kameraeinstellung gibt, die den tierischen Sportkameraden nicht ausreichend erkennen lässt. Auch lustig: Wenn Fußball- und inzwischen auch Handballtrainer nach dem Spiel als wandelnde Litfaßsäule zum Interview erscheinen. Beim marketingoptimierten Fußball steht hinter ihnen dann zusätzlich eine fest stehende Plexiglas-Sponsorenwand, mit ebenfalls etlichen bunten Sponsorenschildern …

Quelle: Privat

Wer nichts Eigenes mehr an Leistung zu bieten hat, dem bleibt (s)ein aufgepumptes Logo … Hier macht sich der Löwe von Peugeot extra groß und steht somit stellvertretend für sehr viele Markensymbole, die von den Firmen aufgepumpt werden wie Bodybuilder-Muskeln im Fitnessstudio – das Ganze aus purer Angst, ihre Kunden könnten das Fahrzeug nicht mehr ihrer Marke zuordnen, und weil das Unternehmen selbst an der Eigenständigkeit und Erkennbarkeit seiner Produkte zweifelt. Machen Sie den Symbol-Vergleich, egal ob bei Mazda, Volvo, VW, Toyota, Renault, Audi et al.: Schauen Sie sich bei älteren Fahrzeugen, die um die Abwrackprämie herumgekommen sind, bitte einmal das Logo an, und dann vergleichen Sie mit jüngeren Fahrzeugen. Die Symbole fast aller Fahrzeugmarken sind in den letzten Jahren gewachsen. Das von BMW weniger, dafür wurde die BMW-Niere, das andere Marken-Erkennungszeichen, riesengroß.

Gibt es wirklich Menschen, die ernsthaft glauben, dass irgendeine dieser 50 Marken, die dort gleichzeitig im Bild zu sehen sind, irgendeinen positiven Effekt erzielen? Erneut Zeit für Werber- bzw. Küchenpsychologie: »Sie verstehen das nicht. Es geht ja primär um die Präsenz, die Wahrnehmung, die Teilnahme am neudeutsch ›Relevant Set‹, den Durchdringungseffekt …« usw.

Wenn nur noch das Logo am Produkt eine Differenzierung zum Wettbewerb erlaubt, ist das ein Armutszeugnis für jeden Hersteller. Genauso verhält es sich in Bezug auf das Vertrauen der Kundschaft: Deren Vertrauen bezieht sich immer auf die Leistung *hinter* dem Logo. Das Logo selbst ist »nur« besiegelter Beweis am Produkt, der kollektive Speicherplatz für diese spezifische Leistung. Dieses Prinzip wird ad absurdum geführt. Die Gleichung, die hinter jedem Vertrauensaufbau steckt, existiert und funktioniert davon unbeeindruckt. Erkennbarkeit meint viel mehr als ein Logo. Erkennbarkeit beschreibt einen spezifischen Gesamtzusammenhang, der stets als eine inhaltliche Einheit auftritt – eben nicht starr, sondern als ein (!) erkennbares lebendes System, das Zeit benötigt, um (wieder)erkennbar zu sein:

Erkennbarkeit + Zeit ≙ Vertrauen

14. Vertrauensabbau mit Megafon-Ansage: Wachstum über alles – bis hin zur eigenen Unkenntlichkeit

Deutsche Bank, VW oder Mercedes sind plakative, so betrachtet »einfache« Beispiele. Aber jene Vorgänge schildern bedauerlicherweise ein branchenübergreifend zu beobachtendes Phänomen mit erheblichem Zersetzungspotenzial für erlernte Vertrauensstrukturen: die bewusste Verabschiedung von der eigenen verankerten Kernkompetenz, um neue Zielgruppen und Märkte zu erschließen. Wachstum ist das mehrheitlich durchgesetzte Wirtschaftscredo unserer Zeit. Dies war so lange kein Problem, bis die Märkte ab den 1980er-Jahren zunehmend ge- und dann bald übersättigt waren. Jetzt schlug die große Stunde des Marketings: Jene Damen und Herren waren gefragt, welche die scheinbar passenden Ideen hatten, um dieses wachsende Problem der Marktsättigung jedes Geschäftsjahr aufs Neue durch Wachstum zu bekämpfen bzw. zu lösen. Zunächst mit immer neuen Produkten und Innovationen. Aber irgendwann, als auf der eigenen Branchenebene alles an Line-Extendern und Neuheiten ausgereizt war und der Wachstumsdruck dennoch nicht nachließ, bedurfte es neuer Strategien. In der Folge musste in bereits bestehende Geschäftsfelder als Neuling eingedrungen oder es mussten neue Geschäftsfelder erfunden werden. Der Kreativität des Potenzial-Abschöpfens sind weder Cross-Selling-Grenzen noch Co-Branding-Richtungen gesetzt ... Das führt z. B. dazu, dass ein Drogeriemarkt mit einer Baumarktkette kooperiert, um in dieser bis dato strikt kosmetikfreien Bau-Zone eine eigens für den rauen Ort kreierte herbe Kosmetikserie für den typischen Baumarkt-Mann anzubieten.[48] Alle Anbieter unternahmen und unternehmen bis heute immer mehr, um ihre gewohnten jährlichen Wachstumsraten zu halten oder auszubauen – auf den genau dadurch immer enger werdenden Märkten.

Die Nachfrage darf nie nachlassen: Neuheiten sind daher keine Neuheiten

Nicht nur Konsumphilosophen haben begriffen, dass moderne Wachstumswirtschaft nur funktioniert, wenn wir eine Sekunde nach dem Kauf bereits das Gefühl haben, ein veraltetes Produkt in den Händen zu halten. Der Vorgang nennt sich »Beschleunigung des Produktzyklus«, übersetzt bedeutet es: permanente Produktentwertung durch (scheinbare) Innovation.

Daher liegt eine Aufgabe des professionellen Konzernmarketings darin, sicherzustellen, dass ein neues Produkt direkt nach dem Tag seiner multimedial gehypten Präsentation das alte Produkt ist: Es muss schnell überholt sein, auch wenn die Zusatz-Zusatz-Zusatz-Innovation vielleicht nur minimal ist und keinen Menschen mehr tangiert – weil der Kunde sie nicht wirklich braucht oder den (Zusatz-)Nutzen nicht mehr versteht. Das iPhone macht es vor: Mittlerweile kommen nur noch eingefleischte Fans hinterher, ob das jetzt das iPhone 227 oder schon 228 ist, welches Retina-Display aktuell die perfekte Auflösung hat oder wie taktil die neue Oberfläche vom iPhone 229 voraussichtlich sein wird und ob der Iris-Scan endlich funktioniert.

Kurz gesagt: Abwertung ab dem Zeitpunkt der Präsentation ist Ziel jeder Innovation, damit Raum für neue (Pseudo-)Innovation entsteht. Mit dem daraus resultierenden internen Zeit- und Innovationsdruck muss es zu mehr Qualitätsmängeln und Rückrufaktionen kommen, die inzwischen ohnehin schon als normal erlernt sind. Zahlreiche Websites helfen mittlerweile beim Versuch, den Rückruf-Überblick zu behalten (z.B.: www.produktrueckrufe.de). Die Anzahl der Rückrufaktionen steigt seit Jahren deutlich an; im Bereich Lebensmittel hat sich ihre Zahl in wenigen Jahren mehr als verdoppelt.[49] Strengere Vorschriften, aber auch die sozialen Medien verstärken den externen Druck auf die Hersteller und zwingen zu mehr Ehrlichkeit. Hinzu kommt, dass vielerorts das Vorurteil, dass mittlerweile die Kaufleute statt der Ingenieure die Maschinen entwerfen oder statt der Ärzte die Klinik leiten, gar kein

Vorurteil ist – mit entsprechenden Folgen bzw. Vorgaben (Schneller, höher, weiter). Apropos Folgen: Die Allianz Versicherung untersuchte in einer Studie 367 Produktrückruf-/Schadenfälle in 28 Ländern und zwölf Branchen und stellte dabei fest, dass jede größere Rückrufaktion erhebliche Folgen nach sich zieht, nämlich im Durchschnitt 10,5 Millionen Euro Schaden; einzelne Fälle verursachen durch Dominoeffekte sogar Milliardenschäden.[50] Ganz zu schweigen vom Vertrauensverlust.

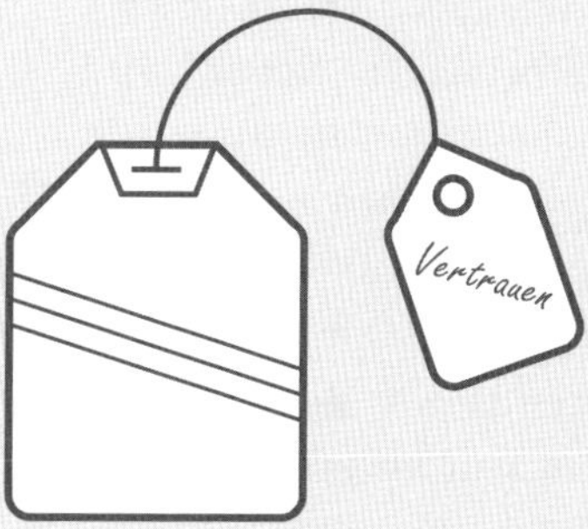

»Der größte Feind der Qualität ist die Eile.«

Henry Ford,
amerikanischer Automobilhersteller,
1863–1947

Line-Extender bis die Leine reißt

Alles egal: Wirtschaftliches Wachstum soll und muss unter allen Umständen sichergestellt werden – leider zu oft auf Kosten eigener unternehmerischer Vertrauenssubstanz. Gerade bei der massiven Ausweitung durch Line-Extender leidet meist die Produktqualität im angestammten Bereich, weil alle Entwickler sich intensiv mit einem für die Firma neuen Angebot auseinandersetzen müssen. Das seit Jahrzehnten erfolgreiche Spitzenprodukt, intern gern zum Bread-and-Butter-Produkt degradiert, welches all die Neu-Sperenzien und aufwendigen Produkt-Testballone finanziert, muss doppelt büßen: Es finanziert 1. seinen Nachfolger und wird 2. zum Dank für seine konstante und unproblematische Leistung selbst vernachlässigt, weil das ganze Unternehmen nur noch das neue Produkt am Wickel hat. Denn mit dem liegt keinerlei praktische Erfahrung vor und daher gibt es naturgemäß Probleme ...

Was bezweckt eine solch ausweitende Vorgehensweise faktisch in Bezug auf Vertrauen? Es ist der Versuch, das Vertrauen von Kundschaft und erweiterter Öffentlichkeit von einem lang erlernten Produkt per Hauruckverfahren auf ein anderes zu übertragen. Es ist ein Versuch, die eigene, selbst hart erarbeitete Vertrauensstruktur aufzubrechen – von innen. Ob die Kundschaft überhaupt Bettwäsche, Parfum, Kekse oder Sonnenbrillen von ihrer bevorzugten Polohemden-Marke haben will, spielt (vorher) keine Rolle. Irgendein gemeinsamer Nenner wird schnell fertiggebaut und anschließend mit hoher Ernsthaftigkeit in der souveränen Stimme und in küchenpsychologischen Begründungen kommuniziert: »Der Marken- und Imagetransfer auf unsere erste Sonnenbrillenkollektion wird über die Premium-Qualität und Positionierung unserer Polohemden eindeutig sichergestellt. Menschen, die Premium-Polohemden tragen, tragen zudem laut all unserer Mafo-Ergebnisse überdurchschnittlich gerne auch Premium-Sonnenbrillen. Hiermit ist ein starker Marken-Fit eindeutig gegeben und sichergestellt. Noch jemand irgendwelche Fragen?« (Falls ja: siehe Kapitel 22)

Dass die eigene Premium-Kundschaft vielleicht Tommy Hilfiger oder Fred Perry oder Polo Ralph Lauren als Polohemden-Marke toll findet, ihre Premium-Sonnenbrille allerdings ausschließlich von Ray Ban oder Oakley oder Silhouette kaufen möchte, weil sie diese Marke jeweils für tolle Sonnenbrillen abgespeichert hat, diese Denke findet nicht statt. Eine solche Herangehensweise erscheint einschränkend bzw. sie würde die Verantwortlichen dazu zwingen, weiterhin über die eigenen Polohemden, die eigene Kollektion und deren Verbesserung nachzudenken ... Menschlich ist das zuvor beschriebene strategische Wunschdenken völlig verständlich: **Von innen zu denken ist immer anstrengender als von außen zu denken, weil es eine Begrenzung bedeutet.**

Die interne Logik vieler Organisationen sieht einen Zwangsmechanismus vor, der automatisch dafür sorgt, dass jedes erfolgreiche Produkt ad hoc mit Diversifizierung bestraft wird: Je erfolgreicher, umso vehementer der Wunsch nach Ausnutzung des ganzen vermeintlichen Umsatzpotenzials. **Statt die eigene Kernleistung zu perfektionieren mit dem Ziel, eine Ausnahmestellung auszubauen oder zu erreichen und die Positionierung einmalig zu schärfen, geht das Unternehmen in Segmente, in denen es keinerlei Erfahrung besitzt.** Dafür trifft es auf Gegner, die diesen Markt seit Jahrzehnten erfolgreich »beackern«, über Erfahrung verfügen und sämtliche Kniffe und Stolperfallen kennen (und wahrscheinlich schon gemeistert haben).

Lizenzvergaben als Kompetenzabgaben

Um es deutlich zu sagen: Ein expansives Vorgehen kann große Erfolge mit sich bringen. Allerdings gelingt dies langfristig nur, wenn jedes neue Produkt, jedes neue Angebot die verankerte Kernleistung gezielt stärkt und damit die gewachsene Vertrauensstruktur der Kundschaft sinnvoll vertieft. Wachstum ist dann eine »natürliche« Konsequenz. Leider läuft es in der Realität oft anders ab: Viele starke Marken nutzen ihre Stärke, um Geld durch Lizenzvergaben in anderen Bereichen oder Branchen zu generieren – auf den ersten (oberflächlichen) Blick ein probates Mittel, um Zuwächse sicherzustellen. Als reine Bekleidungsanbieter gestartete Marken wie Boss, Esprit, Superdry, Marc O'Polo, s.Oliver und viele andere verkaufen in Lizenz mittlerweile Uhren, Schmuck, Sonnenbrillen, Parfum, Home-Accessoires (Marketingdeutsch für »Heimtextilien«), Schuhe usw. unter ihrem Namen. Über solche Lizenzvergaben wird viel zusätzliches Geld verdient.

Aber welche Folgen hat das in Hinblick auf das Vertrauen in diese Unternehmen, ihre ganzheitliche Wahrnehmung? Ist die Marke Boss wirklich dadurch stärker geworden, dass sie mittlerweile nicht mehr nur für hochwertige Herrenbekleidung (»Der Business-Anzug«) steht, sondern Damenbekleidung, Uhren usw. anbietet? Wird die exklusive Automarke Maserati aus Modena durch klobige Quarzuhren für 200 Euro im Kaufhaus gestärkt?

Neben einer zunehmenden Verwässerung des positiven Vorurteils, gibt ein Unternehmen ganz faktisch bei jeder Lizenzvergabe seine Zuständigkeit, seine Kompetenz und die Kontrolle großenteils ab. Wenn dem Lizenznehmer Fehler passieren, z. B. die Qualität nicht gehalten wird, ist immer der eigene Name betroffen – der unternehmerische Super-GAU. Wenn eine klitzekleine Partner-Fluggesellschaft der Lufthansa mit ihrem Flieger abstürzt, wer steht dann sofort und am stärksten am medialen Pranger?

Bei jeder Bewertung einer solchen strategischen Entscheidung (z. B. pro / contra Lizenzvergabe) muss daher vorab die Frage geklärt werden: Ist die Kernstruktur unserer Marke, ihre Kernbotschaft, durch diese(n) Line-Extender oder sogar die Omnipräsenz quer über zahlreiche Märkte langfristig stärker geworden? Bei einer Entscheidung pro Lizenzvergabe muss den Verantwortlichen klar sein: Überall zeigen sich die Folgen dieses unternehmerischen Handelns: Original lizenzierte Mercedes- und Ferrari-Polohemden hängen dann beim Textildiscounter TK Maxx für sehr wenige Euro auf dem Grabbelständer, die geländegängigen Jeep-Unterhosen liegen auf dem Grabbeltisch daneben. Wird irgendein Markenstern dadurch heller und somit auch wirtschaftlich stärker strahlen? Klarer strahlen auf keinen Fall. Zumeist zeigen die Verkaufs- und Umsatzzahlen weiterhin sehr deutlich an, wo genau das Kernvertrauen der Kundschaft liegt. Und dieser Ort ist meist sehr nah bei der Urgründungsidee gelegen ... Übrigens hängen bei TK Maxx regelmäßig und reichlich auch Produkte von Polo Ralph Lauren, Lacoste, Emporio Armani, Calvin Klein, Karl Lagerfeld, Dsquared2 und vielen weiteren berühmten Labels, die sich an anderen Verkaufsorten als exklusive Premium- oder Luxusmarken gerieren. Moderne Markenführung ist leider oft ein einziges Marken-Jammertal, indem alle Talbewohner alles machen, weil alle anderen Talbewohner auch alles machen. Nur ein langfristig-ganzheitlich orientiertes Denken, welches sich an der eigenen Identität als Richtschnur orientiert, findet nicht statt.

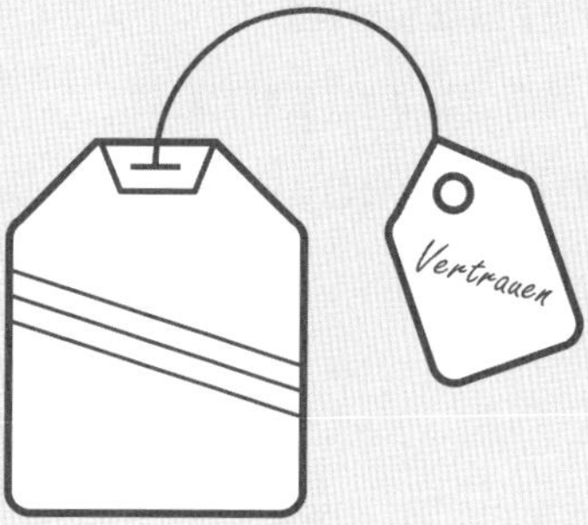

»Wer seiner eigenen Sache untreu wird, kann nicht erwarten, dass ihn andere achten.«

Albert Einstein,
deutscher Physiker, 1879–1955

15. Je komplexer die Organisation, umso anspruchsvoller das Vertrauensmanagement: Die Nähe zur eigenen Leistung ist (und bleibt) essenziell

Die Markensoziologie erkennt hinter dem vertrauenszersetzenden Tohuwabohu, welches viele Organisationen nach außen senden, eine wirtschaftlich tragische, aber klare Tendenz. Grob zusammengefasst lautet die Erkenntnis: Je »konzerniger« ein Unternehmen, umso schlechter seine Markenführung. Bedeutet: Je mehr Hierarchiestufen eine Entscheidung durchlaufen muss, umso schwieriger wird es, konsequent stringente, vertrauensstärkende Entscheidungen zu treffen, »den Laden zusammenzuhalten«. Je komplexer ein Unternehmen aufgestellt ist, umso weiter ist oftmals die Entfernung zu der Ebene, auf welcher die eigentliche Leistung erbracht wird.

Wenn ein leitender Manager der Deutschen Post »Sektion Brief« bei einem Telefonat auf die spontane Frage nach dem aktuellen Standardporto für einen Inlandsbrief Deutschland ins Stottern kommt, ist dies kein positiver Indikator für die Nähe des Unternehmens zu seiner Kundschaft, aber vor allem kein Vertrauensverstärker. Jeder, der täglich im Straßenverkehr völlig verdreckte, oft uralte Lieferwagen mit einem zerknickten Aufkleber auf der Rückscheibe erblickt, auf dem »Servicepartner der Deutschen Post« steht (siehe Kapitel 22, *Beratungsunternehmen als Unternehmenszerstörer*), weiß intuitiv, dass bei der Post keine seriöse Markenführung bzw. Vertrauensarbeit stattfindet. PS: Bis heute gab es keine Antwort zum Standardporto.

Abkopplung der Kommunikation von der eigenen Wertschöpfungskette

Diese Distanz zur eigenen Leistung existiert nicht nur auf intellektuell-strategischer Ebene (schlimm genug), sondern leider teilweise sogar im wahrsten Sinne des Wortes. Zum Beispiel wenn das Unternehmen selbst seit 50 Jahren in einem ländlich geprägten Umfeld tagtäglich seine Leistungen erbringt, aber die Branding-Unit oder gleich das »Innovation Lab« in Berlin, Amsterdam, L. A. oder einer anderen hippen Metropole sitzt und sich dort vom vibrierenden Puls des Ortes kreativ (gegen Gehalt) berieseln lässt. Die resultierenden Ergebnisse sind tatsächlich in manchen Fällen kreativ, innovativ und pulsieren kräftig – nur haben sie in den allermeisten Fällen rein gar nichts mit der diesen Kreativgeist bezahlenden Unternehmung zu tun. In der wissenschaftlichen Markenführung nennt man dies »die Abkopplung der Kommunikation von der eigenen Wertschöpfungskette«: Branding, Marketing, Digital-Marketing und die Social-Media- / PR-Abteilung bilden eine eigene Kommunikationsinsel, deren Arbeit quasi nichts mehr mit der Realität im Unternehmen zu tun hat. Dazu müssen diese Abteilungen nicht räumlich ausgegliedert im urbanen Zeitgeist-Soziallabor in L. A. sitzen, das kann durchaus auch vor Ort in Hintertupfingen passieren. Eine solch verquere (Unternehmens-)Lage macht es vollkommen unmöglich, sich selbst treu zu bleiben.

Ähnliche Situationen offenbaren sich bei Parteien, wenn die sogenannte Basis – die Mitglieder in den Ortsvereinen von Gelsenkirchen bis Halle (Saale) – von vollkommen anderen Problemen, Motivationen und Zielen angetrieben und bewegt wird als ihre »höhergestellten« Parteifreunde im Parlament, in den Ministerien und Thinktanks der Hauptstadt. Die Urwahl der SPD um die Besetzung des Parteivorsitzes im Jahr 2019, bei der sich relativ unbekanntes Parteipersonal von der Bundesländerebene als Doppelspitze gegen Berliner Parteiprominenz durchsetzte, offenbarte solche innerparteilichen Spaltungen und manifestierte einen Protest gegen »die da oben«. Auch hier zählt das Konkrete: Wenn Altaußenminister und Altbundeskanzler der (Ex-)Arbeiterpartei SPD in den Aufsichtsrat der Deutschen Bank und andere gut dotierte Upperclass-Gremien wechseln, dann kann die aktuelle Berliner Politriege noch so viel von »Basisnähe« sprechen und verschwitzt ihre Hemdsärmel aufkrempeln – die Glaubwürdigkeit und somit die Vertrauensstruktur der SPD ist durch solche Handlungen erheblich beschädigt.

Organisationen entfernen sich von der Realwelt

Auch ein öffentlich weithin als rassistisch wahrgenommener Instagram-Spot von 2020, den VW für den Golf 8 ins Netz stellte, ist Beleg für diesen Verlust von Nähe zur eigenen Leistung – und somit auch für den Kontrollverlust über die eigene Kommunikation: Ein kleiner Mann dunkler Hautfarbe neben einem gelben Golf 8 wird von einer riesigen weißen Hand hin- und hergeschoben und schließlich per Fingerschnips unsanft in eine Bar mit Namen »Petit Colon« (»Kleiner Siedler / Kolonist«) hineinbefördert. Neben der leicht nachzuvollziehenden rassistischen Verortung, die schnell zum viralen Shitstorm gegen VW führte, muss analytisch hinzugefügt werden, dass in dem Spot das nagelneue Auto – also die konkrete VW-Leistung, die es mittels der Werbung dringend zu verkaufen gilt – keinerlei tragende Rolle spielte. Nicht erkennbar war ein Vertrauensaufbau in die nicht unerhebliche Leistung von VW; der Golf ist ein so marktprägendes Fahrzeug, dass eine ganze Fahrzeugklasse nach ihm benannt wurde. Er ist das berühmteste Produkt und mit über 35 Millionen produzierten Autos seit 1974 der weltweite Absatzbringer (in der Krise nicht ganz unwichtig). Zum Mitschreiben: Das VW-Kernprodukt in neuester Generation fand nicht ansatzweise in seiner eigenen Werbemaßnahme statt. Immerhin ist der Vertrauensaufbau in eine Leistung (zwecks Verkaufe) der ursächlich einzige Grund für den Einsatz von seriöser Werbung und überhaupt von seriöser Gesamtkommunikation. Mit ziemlicher Sicherheit interessiert sich jemand, der tatsächlich über den Kauf eines neuen Golfs nachdenkt, dafür, was das Auto ihm oder seiner Familie für technisch-praktische Vorzüge zu bieten hat … Ein Armutszeugnis, wenn nur der VW-Autoverkäufer vor Ort sich all diesen »profanen« Themen und Fragen der Kunden stellen muss, die offizielle Konzernkommunikation sich aber mit den kaufentscheidenden Themen nicht mehr befasst.

Immer (noch) brandaktuell in Sachen Vertrauen & Kommunikation: Das Produkt, nicht die Werbung muss überzeugen

Die größte Gefahr für die Kommunikation eines Unternehmens ist, wenn sie den eigenen erzählerischen Wert ihrer Leistung nicht erkennt (oder nicht mehr erkennen will). Dabei gilt die älteste Werberegel unverändert: »The product is the hero.« Wenn eine Leistung erfolgreich verkauft wird, sollte es dem Unternehmen wert sein, über diese Leistung zu berichten. **Wenn es Menschen wert ist, ihr hart erarbeitetes Geld für ein bestimmtes Produkt auszugeben, dann sollte es den Verantwortlichen wert sein, über dieses Produkt zu informieren. Wird diese einfache Regel beherzigt, sind die meisten Wertvernichtungsquellen ausgeschaltet.** Bitte lassen Sie sich von keinem sogenannten Profi etwas anderes einflüstern: Es ist keinesfalls Aufgabe von Werbung, Menschen zu unterhalten. Überlassen Sie die Unterhaltungsbranche den Profi-Entertainern. Übrigens verkaufen die auf der Bühne auch nur ihre eigene Person bzw. die mit ihrem Namen verbundene Eigenleistung. Gerade einige Comedians haben in den letzten Jahren hervorragende Vertrauensarbeit in eigener Sache bzw. Marke geleistet, sind teilweise stadionfüllende Marken geworden. Die »Kundschaft« weiß: Wenn Mario Barth auftritt, ist anderes zu erwarten als bei Dieter Nuhr oder in der Schweiz bei Michael Elsener. Das eidgenössische Publikum wartet nämlich auf »seinen« Roger Federer (siehe weiter unten, *Warum das Publikum einem Kabarettisten vertraut*). Genau diese Erwartungshaltung sollte jede Unternehmung penibel und sensibel beachten und ihrer Kundschaft dementsprechend klare Signale senden. Wenn die Kommunikation dabei noch unterhaltsam oder witzig ist – perfekt. Ein Unternehmen sollte nur niemals seine eigene Leistung ins Lächerliche ziehen.

Wie soll Vertrauen erwachsen, wenn die Kommunikationsabteilung lauter Dinge laut (und teuer) verkündet, die nichts mit dem Unternehmen selbst zu tun haben? Würden Sie sich ernsthaft um eine Stelle bewerben und im Anschreiben und Lebenslauf gezielt alle Dinge weglassen, die Sie für diese Stelle qualifizieren? Genau das passiert in vielen Werbemaßnahmen: Es werden Geschichten ohne Anbindung an das beworbene Produkt oder die Dienstleistung erzählt ohne jegliche Auslobung eigener Taten, Leistungen und Errungenschaften – völliger wirtschaftlicher Nonsens und zudem rücksichtslos und beleidigend gegenüber der eigenen Leistung und damit auch gegenüber der eigenen Kundschaft, die ja Bestätigung erwartet für ihre Treue zur Marke. Wenn irgendjemand Ihnen als Verantwortlicher (oder aber auch als Privatperson) erzählen sollte, dass es bei Kommunikation um Awareness, Emotions, Likes oder Sympathiewerte geht: Werfen Sie ihn bitte hinaus. Es wird sich wirtschaftlich für Sie auszahlen.

Die Kundschaft setzt ihr mächtigstes Rettungsinstrument ein: Abstimmung mit dem Portemonnaie

Falls es etwas Positives bei all den tristen Szenarien von brutalem Vertrauensabbau mit Lautsprecheransage zu vermelden gibt, ist es Folgendes: Manche Kundschaft zwingt ein Unternehmen – bevor es zu spät ist –, auf den Pfad der Treue zurückzukehren, und zwar auf sehr simple Art und Weise: nämlich wenn sie »ihre« Marke nicht mehr wiedererkennt und in der Folge die Produkte nicht mehr in den Einkaufskorb legt und so das Kundschaftsschwert den Barcode trifft. Untreue in diesem Bereich ist wirtschaftlicher Wahnsinn mit eingebauter Lose-lose-Funktion. Für alle Beteiligten birgt die Situation nur erheblichen Ärger, großen Aufwand und viele Nachteile: Die Kundschaft »muss« sich ab dem Moment, wo das Vertrauen zu schwinden beginnt, nach Alternativen umsehen, und das Unternehmen muss nach alternativer Neukundschaft suchen, um sinkende Umsätze abzufedern – dies ist die deutlich schwierigere und teurere Aufgabe. All das, während parallel die Verwässerung des Markenbildes weiter voranschreitet. Denn nur weil die störrische Kundschaft (noch) ein sehr klares Vorstellungsbild von »ihrer« Marke in sich trägt und darauf mit ihren Portemonnaies pocht, scheitert das Marketing trotz immensen Überzeugungsaufwands und Multimedia-Kampagnen immer wieder mit all seinen tollen neuen Produktideen und Line-Extendern, welche die Kundschaft bitte sämtlich unbedingt als passend zum Marken-Fit anerkennen und direkt (mit)kaufen soll.

Strategische Verwechslung von Ursache und Wirkung

Wahlweise absurd, böse oder witzig wird die Sache, wenn die andere Seite sich zum Thema Kunden- oder Wählertreue erklärt: Aufseiten der Organisationen schleudern CEOs, Politiker, Manager, PR-Profis, Kampagnenmanager und andere leitend Verantwortliche mit professionelllässiger Inbrunst und in einer Regelmäßigkeit, nach der die (teure) Uhr gestellt werden könnte, Sätze in die Welt hinaus, die vom Tenor ungefähr so klingen:

> *»Man muss sich einfach damit abfinden: Der Kunde von heute kennt keine Markentreue mehr. Das ist ein absolutes Auslaufmodell. Marken werden mittlerweile je nach Lust und Laune gewechselt wie Hemden.«*

Die mindestens ebenso beliebte Polit-Variante dieser Aussage:

> *»Der Wähler von heute ist untreu. Diese lebenslange Anbindung an eine einzige Partei – das gibt's schon lange nicht mehr. Mal links, mal rechts, mal Protest oder rein regional. Der Wähler entscheidet nur noch situativ, oft auch erst in der Wahlkabine.«*

Hierbei handelt es sich um eine typisch zeitgeistige Verwechslung von Ursache und Wirkung. Beide Aussagen besitzen ihre faktische Entsprechung in vielen Bereichen, sind somit als Momentaufnahme nachvollziehbar und wahr. Jedoch liegt der Grund dafür eben nicht darin, dass die undankbare Menschheit insgesamt »untreuer« geworden ist und einfach keine Lust mehr darauf hat, ihr ganzes Leben lang nur eine Marke oder eine einzige Partei zu wählen. Es funktioniert ursächlich genau umgekehrt: Erst wenn für Außenstehende nicht mehr klar erkennbar ist, wofür dieses Unternehmen oder jene Partei wirklich steht, was ihre spezielle Leistung und definierte Kernaussage ist, erst dann lassen die Bindungs- und Anziehungskräfte der betroffenen Organisation nach. Ein markensoziologischer Kernsatz lautet dementsprechend: **»Kundentreue entsteht immer im Unternehmen«, wahlweise auch: »Wählertreue entsteht immer in der Partei«**.

Der Abbau von Vertrauen ist stets eine »innere Angelegenheit«

Trauriges Fazit: Kleine wie große Unternehmen, Organisationen und gesellschaftliche Ikonen werden ausschließlich und immer von innen zerstört. Keine Kundschaft der Welt beschließt von heute auf morgen, niemals mehr Dienstleistung XY oder Produkt Z in Anspruch zu nehmen und nie mehr bei YZ im Restaurant zu speisen. In solchen Fällen muss vorher irgendetwas vorgefallen sein. Ob freie Wirtschaft oder sonstige Institution: Keine Unternehmung ist in eine prekäre Situation geraten, weil ihre Kundschaft oder Wählerschaft oder irgend jemand anders sich urplötzlich von ihr abgewendet hat. Es sind dem stets interne Fehler oder Versäumnisse vorangegangen, die zu dieser Abwendung geführt haben. Ergo: **Der Vertrauensabbau startet immer von innen**.

Daher ist es wichtig, sich Folgendes als Verantwortlicher in einem Unternehmen vor Augen zu halten und es jeden einzelnen Tag neu in die Organisation hineinzutreiben:

- Flache Entscheidungshierarchien beibehalten
- Nah bei den spezifischen Eigenleistungen bleiben
- Sicherstellen, dass der Fokus stets auf der Kernkundschaft liegt

Zusammengefasst: Sie müssen strukturell ein Anti-Konzern sein! Entscheidend an jedem möglichen Ort für Kundenkontakt (oder im Managementdeutsch: »Customer Touchpoint«) ist:

- An jedem Auftrittsort die eigene Spezifik durchsetzen – auch nach innen (siehe Kapitel 11)

»Nach innen« beinhaltet auch eigene Lieferanten und Dienstleister. Dort, wo es nicht möglich ist, die eigene Struktur eindeutig erkennbar zu machen, gilt: Grenze ziehen und Abstand von dem Auftritt nehmen – am besten mit klar formulierter öffentlicher Begründung. Grenze zieht an, ist ein sozialer Attraktivitätsfaktor, gerade in scheinbar grenzenlosen Zeiten. Wer eine Grenze zieht, zeigt, dass er eine Haltung besitzt:

- Die Grenze als Stärke der Organisation erkennen, nicht als Schwäche (siehe Kapitel 21)

Tipp zum Selbstversuch: Haben Sie just eine Pressemitteilung (PM), eine Anzeige, ein Plakat, einen TV-Spot oder eine Form der extern gerichteten kommunikativen Äußerung Ihrer Organisation fertiggestellt? Dann decken Sie nun Ihren Namen und/oder Ihr Markenzeichen ab (auch im Fließtext) und stellen Sie sich die Frage: Könnte diese PM oder Anzeige ausschließlich von uns sein? Oder könnte jeder aus unserer Branche oder aus einer x-beliebigen Branche diese Anzeige gestaltet haben? Bei Wahlplakaten großer Parteien sind die Ergebnisse besonders deprimierend ...

Rein individuelle Humorfrage: Warum das Publikum einem Kabarettisten vertraut

Michael Elsener, einer der bekanntesten Schweizer Kabarettisten mit eigener TV-Sendung, tourt seit über zehn Jahren erfolgreich mit seinen Liveshows durch die Schweiz, Deutschland und New York City. Hier schreibt er darüber, warum »sein« Publikum ihm vertraut – vermutlich. Denn das eigentliche Geheimnis seines Erfolges bleibt sogar ihm selbst verschlossen. Aber er spürt, was Resonanz entwickelt und was nicht. Er weiß, welche Knöpfe er drücken muss, um das Vertrauen seines Publikums zu bestätigen, und dass er vor allem er selbst bleiben muss – das ist schon sehr viel. Warum bestimmte Menschen an einer Person oder Sache Gefallen finden, das kann gerade bei Kunst und Künstlern nicht endgültig gesagt werden: »Es gefällt mir einfach« oder »Ich finde es lustig« sind nach wie vor keine messbaren Parameter. Aber es hat sehr viel mit Treue zu sich selbst zu tun und einem gesunden Urvertrauen in sich selbst.

Dürfen wir dir dabei zuschauen, wie du Spaß hast?

Vor jeder Vorstellung stehe ich im Halbdunkel hinter dem Vorhang, lausche dem Geräusch des Publikums im Saal und spüre eine Spannung. Kann ich diesen Vertrauensvorschuss erfüllen, den mir diese 600 Menschen entgegenbringen? Sie alle haben sich einen Abend freigehalten. Für mich und mein Programm. Nach einem stressigen Tag bei der Arbeit standen sie dicht an dicht im Bus oder sind im Feierabendverkehr in die Innenstadt gefahren, haben sich einen Parkplatz gesucht, haben 50 Franken für ein Ticket bezahlt, haben sich nun auf enge, eher unbequeme Stühle gesetzt. Und weil sie heute spät ins Bett kommen, erscheinen sie zu all dem morgen früh auch noch mit zu wenig Schlaf im Büro.

Vor jeder Vorstellung stelle ich mir vor, was die Zuschauerinnen und Zuschauer für diese Veranstaltung alles auf sich nehmen. Es berührt mich. Ich sage ein freudig ausgelassenes »Danke!«, schreite in Richtung Seitenvorhang und spüre, wie mein Puls steigt. Ich rede mir ein: Die vielen Menschen, die mir nun zwei Stunden lang zuhören, sind hier, weil sie es wirklich wollen. Sie sitzen vorfreudig im Zuschauerraum. Niemand würde diesen ganzen Anreiseaufwand auf sich neh-

men, wenn er oder sie mich als Kabarettisten nicht mögen würde. Ich sage zu mir selbst: »Michael, wegen all dem gibt es keinen Grund, jetzt nervös zu sein. Freu dich einfach. Freu dich darüber, dass dir so viele Menschen vertrauen und sie es als großen Spaß empfinden, dir zuzuschauen.« Trotzdem bin ich nervös.

Ich freue mich vor jeder Vorstellung extrem auf die nächsten zwei Stunden. Und dennoch spüre ich dieses aufgekratzte Kribbeln. Innerhalb der ersten sechs Minuten wird es sich entscheiden, ob der Abend gelingen wird. Also eigentlich entscheidet es sich in der allerersten Minute. Schaffe ich es, dass sich innerhalb der ersten Sekunden die allermeisten Zuschauerinnen und Zuschauer im Saal entspannen können? Dass sie ihren Job und ihren Anreisestress vergessen und loslassen können? Und: Sind meine ersten Sätze auf der Bühne so interessant, dass sie mehr davon hören wollen? Dass sie darauf vertrauen können, dass das gut kommt mit dem Lockenkopf heute Abend?
Meine Zuschauerinnen und Zuschauer haben im Voraus ja keine Ahnung, was sie wirklich erwartet. Die Pointen leben von der Überraschung. Da kommt ein junger Typ und redet zwei Stunden. Ich mache unter anderem Stand-ups. Und ich mag es, die Stimmen von Politikerinnen und Politikern sowie von Prominenten zu imitieren. Ich stelle mich auf die Bühne und rede so wie die Ministerinnen und Minister der Schweizer Regierung oder so wie Roger Federer. Ich lasse sie Dinge sagen, die sie so nie sagen würden, oder ich stecke sie in Situationen rein, aus denen sie sich mit absurden Statements wieder rausreden müssen. Meine Zuschauerinnen und Zuschauer vertrauen darauf, dass ich sie damit unterhalte.

Ich kann nicht eruieren wieso, doch schon als Teenager vertraute ich darauf, dass ich andere unterhalten kann. Auf dem Gymnasium war es Pflicht, eine Abiturarbeit zu verfassen. Das konnte beispielsweise ein Text über Meeresbiologie an Nordseestränden sein oder eine Analyse über das Ende des Kalten Krieges. Ich habe beim Rektor um einen Termin angefragt, um ihm zu sagen, dass mich Kalte Kriege wie auch kalte Nordseestrände zwar interessieren, ich jedoch nicht

⇨

Quelle (Text und Foto): Michael Elsener

Michael Elsener (* 1985) ist einer der bekanntesten Kabarettisten der Schweiz. Er tourt mit seinen Liveshows durch die Schweiz, Deutschland und New York City. Daneben publiziert er online satirische Videoclips zum aktuellen Geschehen und landet damit immer wieder virale Hits. Von 2018 bis 2019 moderierte er die Satireshow »Late Update« im Schweizer Fernsehen. In seiner aktuellen Late-Night-Show »Die Gute Nacht Show – Der Talk im Bett« plaudert er mit drei Gästen auf der Bettkante. Mit einem Gast schlüpft er zum Gespräch jeweils unter die Bettdecke. Mehr zu ihm unter: www.michaelelsener.ch

glaube, hier einen sinnvollen Beitrag leisten zu können. Ich würde lieber eine Comedy-Vorstellung machen. Mein Rektor, ein eher strenger Zeitgenosse, machte mir keine Hoffnungen, doch zwei Wochen später willigte er ein. Ich fing an, Nummern zu schreiben, verpflichtete zwei andere Comedians für einen Kurzauftritt, überzeugte einen Deutschlehrer, mich zu betreuen, und reservierte mit meinem über die Jahre gesammelten Weihnachtsgeld einen Saal für 350 Per-

sonen. Während der Vorbereitungen für meinen Abi-Comedy-Abend erklärten mich einige für komplett verrückt. Doch irgendwie sprach sich die Sache rum. Ich weiß nicht, ob es bei allen ehrliches Interesse an Comedy war oder ob sich einige einfach nicht die Möglichkeit entgehen lassen wollten, einem Teenager, der glaubt, lustig zu sein, hautnah beim Scheitern zuzuschauen. Auf alle Fälle: Zur Vorstellung an einem heißen Septemberabend kamen 400 Menschen. Sie saßen auf Stühlen, zwischendrin auf dem Boden oder standen in den Gängen und haben geschwitzt wie lange nicht mehr. Und sie haben gelacht. – Ich war erleichtert, hatte unglaublichen Spaß und feierte an dem Abend quasi x-fach Weihnachten.

Nun, wie bekommt man es als Kabarettist hin, dass das Publikum lacht? Wie funktioniert dieses äußerst seltene symbiotische Verhältnis zwischen Kabarettist und Publikum? Fakt ist: Ich kann niemandem meinen Humor aufzwingen. Das bedeutet konkret: Ich als Kabarettist passe nicht mich dem Publikum an, sondern das Publikum passt sich mir an. Nur deswegen ist es zu »meinem« Publikum geworden. Oder anders gesagt: Nicht der Kabarettist sucht sich sein Publikum aus, die Zuschauerinnen und Zuschauer suchen sich ihren Kabarettisten aus.

Bei meinen ersten Solo-Shows, da haben mich die Leute noch nicht gekannt. Sie haben auf die Programmierung des Theaterleiters vertraut. Jeder Kabarettist kann Plakate von sich aufhängen. Aber wegen ein paar aufgehängter Plakate allein kommt noch kein Publikum.

Die paar wenigen Leute, die sich in meine ersten Shows reingesetzt haben, haben das ihren Freunden weitererzählt. Diese vertrauten dem Urteil ihrer Freunde und kamen dann selbst und nahmen wiederum ihre Freunde mit. So habe ich mir über die Jahre mein Publikum erspielt. Das brauchte Geduld. Doch das Schöne ist, diese Leute kommen nun immer wieder. Das Vertrauen konnte über Jahre wachsen. Mittlerweile spiele ich meine vierte Solo-Show und es kommen pro Abend zwischen 300 und 1000 Leute.

Noch vor einigen Jahren kamen viel weniger. Und wenn sie kamen, schon gar nicht allein meinetwegen. Nach dem Abitur studierte ich

⇨

Politikwissenschaften und Internationale Beziehungen. Daneben probierte ich mich in Mixed Shows auf offenen Bühnen aus. Meine Texte verfingen mal mehr, mal weniger. Es gab mal mehr, mal weniger Lacher. Es waren mal mehr, mal weniger Leute im Publikum. Aber mit jedem Auftritt wurde mir klarer, was ich da eigentlich genau mache auf der Bühne, wie meine Bühnenfigur funktioniert. Irgendwann bekam ich ein einmonatiges Engagement für eine Weihnachtsshow. Die Premiere war an einem Mittwoch. Direkt nach dem Schlussapplaus stand der eine Host der bekanntesten Satiresendung der Schweiz vor mir und fragte: »Willst du am Sonntag in unserer Sendung ›Giacobbo / Müller‹ auftreten?« Am Morgen nach meinem ersten TV-Auftritt war ich, wie immer montags, fürs Schweizer Radio unterwegs, wo ich mir als Journalist etwas Geld verdiente. Ich hätte auf einem Bauernhof eine Reportage machen sollen über gekürzte Landwirtschaftszahlungen. Doch ich konnte mich nicht konzentrieren. Mein Handy klingelte immer wieder wegen Anfragen für Interviews. Bislang hatte die Schweizer Öffentlichkeit mich nicht auf dem Schirm gehabt. Aber dies änderte sich praktisch über Nacht. Von da an habe ich im Fernsehen immer mal wieder Roger Federer und andere parodiert. Die Leute haben angefangen, meine Federer-Marotten nachzuspielen, oder haben im Alltag Sätze aus meinen Stand-ups zitiert. Und ich konnte bald in größeren Sälen auftreten.

Auf der Anreise zu einer Vorstellung konnte ich im Zug einer Konversation lauschen: Sie fragt: »Wen schaut ihr euch heute denn an?« Ihre Kollegin antwortet: »Den Elsener.« – »Okay, und warum?« – »Ja, wegen Elsener.« Das fand ich amüsant. Und es stimmt: Ich mache eigentlich einfach das, was ich bin. Mehr ist da nicht. Und dies finde ich das absolut Großartige am Beruf des Kabarettisten: Ich mache auf der Bühne genau das, was ich will. Je beseelter ich genau das mache, desto mehr Spaß bereitet es mir und desto besser funktioniert mein Auftritt auch mit dem Publikum. Über die Jahre ist dabei mein Vertrauen in mich selbst gewachsen. Mittlerweile kann ich auf der Bühne auf jede Situation eingehen. Egal ob, wie geschehen, im Saal während der Vorstellung unter dem Hintern des Gemeindepräsidenten der Stuhl zusammenkracht oder für 30 Minuten ein kompletter Stromausfall herrscht. Ich vertraue darauf, dass mir das Richtige einfällt dazu. Beim Improvisieren auf der Bühne entscheide ich in Sekundenbruchteilen, was ich als Nächstes sage und mache. Ich entscheide, obwohl ich keine Ahnung habe, was als Nächstes noch passieren wird. Ich habe auch keine Zeit, abzuchecken, ob das, was ich nun gerade zu sagen gedenke, lustig sein wird. Ich vertraue einfach darauf, dass es funktionieren wird. Und meinem Publikum vermittle ich das Gefühl, dass es auch darauf vertrauen kann. Und dies, obwohl ich in vielen Momenten nicht bewusst und mit Ratio sagen kann, was ich da genau mache.

Was ich sagen kann, ist: Mir bereitet dies Freude ohne Ende, und das Unglaubliche dabei ist: Die Menschen geben mir sogar noch Geld dafür. Sie bezahlen mich dafür, dass sie mir dabei zuschauen können, wie ich Spaß habe. Darum möchte ich hier gern mal schriftlich festhalten: Ich danke euch für dieses Vertrauen.

16. Nur das Besondere lässt Vertrauen entstehen: Allgemeine Emotionen sind kein Werbe- oder Verkaufsargument

Ob als Kunde oder einfach als Mensch: Wir können nur einer Sache oder einer Person treu bleiben, die sich selbst treu und jederzeit erkennbar bleibt. Diese Bedingungen sind für große Organisationen anscheinend besonders schwierig zu erfüllen. Das zeigt sich auch in der crossmedialen State-of-the-Art-Kommunikation, die bei Globalunternehmen ästhetisch und technisch oft perfekt ist, dazu internationale Rap-Stars mit und ohne Vorstrafen einbindet, wunderbar viral-medial begleitet und von zahllosen Experten perfekt orchestriert wird. Alles in allem ein trauriger und die Wertschöpfung zersetzender interner Vorgang. Die produzierten Bilder und Filme bringen die Zuschauer weltweit millionenfach zum Weinen, Lachen, zum fröhlichen Ausrasten oder traurigen Schluchzen – denn das Ganze besitzt so richtig emotionalen Wumms. Man sitzt (zunächst) begeistert und positiv geplättet auf dem Stuhl und fragt sich: Was haben die sich da nur wieder Tolles einfallen lassen?!

Der Autor hatte innerhalb von zwölf Monaten das »Glück«, auf drei unterschiedlichen Großveranstaltungen dreimal einer multimedialen State-of-the-Art-Präsentation eines leitenden Managers von Audi, BMW sowie Mercedes beizuwohnen (pardon, dass es stets Automarken sind, hier: reiner Zufall). Eine Frau und zwei Männer präsentierten jeweils ihre weltberühmte Firma und deren Zukunftsvision bzw. eigentlich wirkten vor allem die ambitionierten Hochglanzvideos, welche die drei präsentierten. Es ging in den drei Videos grob zusammengefasst um nicht weniger als die Zukunft unserer Welt, globale Kommunikation, unsere menschliche Gemeinschaft, wie wir alle in persönlicher Freiheit leben und mobil sein wollen – tolle Filme, tolle Musik, tolle

Emotionen. Drei Filme, drei Marken, ein einziger Bilderrausch. Irgendwelche Einzelheiten der jeweiligen Videos sind leider nicht mehr im Kopf abrufbar, aber alle drei Präsentationen waren in ihrer Wirkung höchst emotional. Es war wie früher mit Julio-Iglesias- oder heute mit Max-Giesinger-Songs, wenn sie in Dauerschleife dudel(t)en: irgendwie nett und gehen richtig gut ins Ohr. Sie wecken intensive Emotionen, man kann sie aber spätestens nach vier Songs nicht mehr voneinander unterscheiden; es vermengt sich alles zu einem Ton-Brei, garantiert ohne jegliche Nachwirkungen.[51]

Zurück zu den offiziellen Firmen-Filmpräsentationen: Es wurde in keinem der drei Videos irgendeine valide Aussage oder irgendein individuelles Bekenntnis zur Eigenleistung getroffen oder etwa ein Produkt konkret oder zumindest näher vorgeführt. Da half es wenig, dass irgendwo irgendwann zum Ende des Films einmal kurz das jeweilige Logo zu sehen war. In diesem Beispiel waren es zufällig Automarken. Solche Spots präsentiert aber nahezu jeder internationale Konzern, der etwas auf sich hält, auf seiner Website. Ein weiterer derartiger Austauschfilm – jetzt von Siemens – ist hier zu sehen: https://new.siemens.com/de/de/unternehmen/themenfelder/ingenuity-for-life.html. Die deutsche Traditionsfirma Siemens konkretisiert ihre Losgelöstheit von der Normalwelt zusätzlich mit dem völlig unverständlich-abstrakten englischen Claim »Ingenuity for Life«.

»Produkte sind total oldschool: Wir verkaufen Emotionen«

Ein Satz, den alle drei Vortragenden auf ihren Großveranstaltungen unabhängig voneinander formulierten, als es im Anschluss Fragen zu den Produkten gab – weil dazu eben keine einzige Aussage getroffen wurde bzw. sie in den Präsentationen keine Rolle spielten: »Wir verkaufen keine Autos mehr, wir verkaufen Emotionen!« Schlimmer kann das Missverständnis zwischen einem Unternehmen und seiner Kundschaft nicht sein. Oder glauben Sie, dass eine Emotion Sie jeden Morgen zur Arbeit oder Ihre Familie in den Urlaub bringt? Das wäre besser als Beamen! Eine ebenfalls von allen dreien verwendete Variation war: »Wir verkaufen keine Autos mehr, sondern moderne Mobilitätskonzepte / -lösungen für die Welt von morgen.« Wie weit ist unsere Gesellschaft gekommen, wenn führende Automanager führender Automarken allesamt vor Publikum erklären, dass sie keine Autos mehr verkaufen wollen? Wie weit kann der Abstand zum eigenen Produkt sein? Wie abstrakt kann die Beziehung zur eigenen Leistung sein? Oder ist es alles nur Scham, weil Autos inzwischen »ach so böse« verpönte Produkte sind?[52] Ein Rückgrat ist jedenfalls nicht vorhanden. Stellen Sie sich nur zum Vergleich Ihren Obsthändler des Vertrauens auf dem Wochenmarkt vor, der Ihnen ausführlich erklärt, dass er ab jetzt keine Boskoop-Äpfel mehr verkauft, sondern Emotionen sowie ein gesundes und bewusstes natürliches Lebenskonzept …

Die mit Ernsthaftigkeit vorgetragene Absurdität, die abgehobene Entfernung zum eigenen Produkt, zur eigenen Kundschaft und der Gang auf eine konstruierte Abstraktionsebene werden in dem folgenden Original-Zitat deutlich. Aus Fremdscham klein gedruckt und der Markenname [redacted] geschwärzt. Und der Grund, warum Branding- und Marketingabteilungen sehr oft selbst im eigenen Unternehmen nicht ernst genommen werden (können):

> *Nach wie vor steht »Das Beste« im Markenkern von [redacted]. Dieser Anspruch wird umgeben von vier Dimensionen, die einfach zu erklären und aus Kundensicht einfach zu verstehen sind: Vertrauen, Leichtigkeit, Respekt und Liebe. Das sind die Gefühle, die wir bei unseren Kunden erzeugen wollen. Liebe ist neu in der Positionierung – denn eine sogenannte Love Brand, also eine Lieblingsmarke, schafft emotionale Verbindung, Verbindlichkeit und Loyalität. Unsere Kunden sind schon lange auch zu wichtigen und authentischen Markenbotschaftern geworden. Deshalb schlagen wir neue Wege der Kommunikation ein. Wege, die nicht alleine ein Produkt oder einen Service in den Fokus rücken, sondern vielmehr unsere Marke und die damit verbundenen Werte.*[53]

Allgemeine Emotionen sind allgemein (und sie bleiben es)

Egal wie: Emotionen, die nicht auf eine konkrete Sache gerichtet sind bzw. gelenkt werden, helfen nichts und niemandem – jedenfalls keinem Unternehmen, welches wirtschaftlich arbeiten muss (Anmerkung: Auch wenn wir verliebt sind, sind unsere Emotionen auf einen konkreten Menschen gerichtet). Keinem Autohersteller, keinem Hotel und auch keiner Klopapier-, Fahrstuhl- oder Handtuchfirma. Trauer, Freude, Wut, Ärger und Mitgefühl sind innige Emotionen, die alle Menschen in sich tragen. Wenn eine Werbung mich also zum Weinen bringt oder mich fröhlich macht, dann bin ich zutiefst traurig oder zutiefst fröhlich. Eine Übertragung meiner Emotion auf die jeweilige Werbung und das Unternehmen dahinter findet dadurch aber nicht statt. Das wäre unterste Küchenpsychologie. Eher das Gegenteil ist der Fall: Die in mir durch den Spot provozierte Emotion berührt mich idealerweise zutiefst als Individuum, rührt also an bestimmte in mir liegende eigene Erinnerungen, Einstellungen, Erlebnisse usw. Wenn ich also aufgrund eines dramaturgisch hervorragenden Emotional-Spots schluchzend oder zumindest weinend vor meinem Laptop hocke, sind dies nicht ideale Voraussetzungen, um mich jetzt sofort mit dem Besuch eines Elektronikfachmarktes oder dem Kauf einer Gesichtscreme auseinanderzusetzen (und eventuell im Anschluss mit dem Kauf von Schutzfolie für Laptop-Tastaturen).

Mit großen Emotionen befriedigen sich große Organisationen primär selbst

All diese Kritik ist irrelevant und bewirkt leider nichts. Das wird spätestens zum Jahresende für jeden sichtbar – inzwischen genauso verlässlich wie »Last Christmas« von Wham: Jedes Jahr zur Weihnachts-Marketingzeit (also am ersten Tag nach der Halloween- und spätestens nach der Black-Friday-Marketingzeit) beglücken und berühren uns etliche Marken von Amazon bis Zalando mit rührseligen »Come-together-Emotional-Spots«: z. B. mit alten einsamen Menschen, die am Heiligen Abend ganz überraschend, nur weil sie zuvor ihre eigene Todesanzeige versendet haben, mit ihrer Familie ein Bilderbuch-Bullerbü-Weihnachten feiern dürfen, d. h. mit jenen vielen Verwandten, die sich vorher niemals um sie gekümmert haben (Edeka-Weihnachtsclip #heimkommen[54]).

Auch zum Höhepunkt der ersten Corona-Welle wollten viele Unternehmen nur noch den höheren Sinn in ihrem eigenen Vermarktungs-Dasein erkennen und sendeten daher massenweise ethisch korrekte Spots, die uns das Zuhausebleiben erleichtern sollten. Alle überboten sich im Liebhaben und Zueinanderhalten: Der Outdoor-Bekleidungsausstatter Schöffel änderte sein Leitmotiv von »Ich bin raus« zu »Ich bleib drinnen«, Audi trennte seine vier Ringe kurzfristig, weil Abstand wichtig war. Bis auf den einzelnen Cent im Preiskampf verfeindete Discounter und Drogeriemärkte halfen, lobten und feierten sich gegenseitig, alle und alles vereint unter dem Motto #stayathome #stayhome, #flattenthecurve ... (wichtig: immer ein # in die Texte legen – wirkt um den Zeitgeist wissend).

Gegen den höheren Sinn im Handeln ist prinzipiell rein gar nichts zu sagen. Im Gegenteil: Soziale Hilfe, jedes ehrliche Miteinander ist jederzeit unterstützenswert. Aber wenn sich Unternehmen, die sich sonst in ihrer Geschichte noch niemals zuvor als sozial, familienverbunden, menschlich und ethisch herausragend hervorgetan haben, in ihrer Kommunikation urplötzlich als Mutter Theresa und Dalai Lama in einer Person präsentieren, dann ist dieses Handeln als nicht authentisch, aber vor allem als nicht nachhaltig einzustufen. Eine zudem sehr einfache Konstruktion: das »gute Gefühl« als emotionaler Schlüssel zu den Herzen und quasi ganz nebenbei (weil unfein) zu den Kreditkarten der Menschen. Purpose-Kampagnen haben den Vorteil, dass sie schnell und plakativ Aktivität veranschaulichen. Das ist heutzutage meist wichtiger als nachhaltiges Vorgehen. Es ist zudem viel billiger als ein realstrategischer Umbau des Geschäftsmodells hin zu mehr Gerechtigkeit, Fairness und Nachhaltigkeit. So verbleiben derlei Kampagnen als nette Kommunikationsinseln ohne Anbindung im unendlichen Ozean flacher Purpose-Spots. Hübsches Blendwerk ohne Sinn und Verstand.

Wenn es um seriösen Vertrauensaufbau geht, muss jeder Behauptung einer Organisation zuvor bereits ein kontinuierliches Handeln in diesem Sinne vorausgegangen und zudem eine Anbindung an die Leistung in der Kommunikation eindeutig gegeben sein.

Die Verantwortlichen erklären auf kritische Nachfrage gerne, dass sich Produkte heute auf der Leistungsebene nicht mehr ausreichend voneinander unterscheiden, daher müsse verstärkt mit Emotionen gearbeitet werden. Aber dass es ihre oberste Verantwortlichkeit und Aufgabe ist, genau diese Differenzierung auf der Leistungsebene kontinuierlich sicherzustellen und für die Kommunikation dezidiert herauszuarbeiten ... Geschenkt.

Alles für höhere Weihen: Der Purpose wird es richten (emotional und wirtschaftlich)

Wieso das alles? Auf den Teppichetagen einiger Firmen gibt es nicht erst seit Corona einen solchen Trend zur Emotionalisierung, denn Raubtierkapitalismus ist so »yesterday«. Die einzig relevante Frage lautet: »Was ist eigentlich unser ›Purpose‹ (Sinn)?« Leitbilder oder besser »Code of Conduct« war gestern, jetzt zählt allein der möglichst tiefe Purpose. Warum? Mafo-Studien haben eindeutig ergeben, dass Unternehmen wirtschaftliche Vorteile davon haben, wenn sie »höhere« Ziele verfolgen als wirtschaftlichen Erfolg. Nachhaltigkeit, gesellschaftliches Engagement, Ablehnung von Profitgier müssen demnach zwecks Profitstreben herausgestellt werden. Wer Planet und Menschheit überzeugend rettet, seine Ethik nach vorne stellt, der erhält öffentliches Vertrauen, Wohlwollen und am Ende des Tages vielleicht ein ganz klein wenig Geld dafür. So ist der Kampf für alles wärmende Gute in unserer kalten Welt zur Kompetenzzone von Werbung geworden. Die Kommunikation wird ethisch – als Abziehbild unserer Gesellschaft: Konzerne statt Kirchen als Verkünder der frohen Botschaft. Einziger Unterschied: Sie senden ihren Appell für mehr Humanität aus den Gewerbegebieten der westlichen Welt. Coca-Cola sendet aus Atlanta regelmäßig sogenannte Haltungskampagnen, denn die Firma hat festgestellt, dass »insbesondere junge Menschen sich nicht wirklich verstanden fühlen«[55]. Coca-Cola hat in der Corona-Krise viele Erkenntnisse aus Studien gewonnen – leider nicht zum Thema gesunde Ernährung – und veröffentlicht die Rückschlüsse leicht konsumierbar und plakativ (siehe Bild): »Ich werde mehr zuhören. Mit meinen Ohren. Nicht mit den Kopfhörern.« Roger Willemsen hat diese Tendenz schon vor langer Zeit prägnant zusammengefasst. Sie ist brennend aktuell: »Im Augenblick, als die Welt ihren Sinn verlor, entdeckte die Werbung die Heilsbotschaft.«[56]

Quelle: Privat

Starke Heilsbotschaften auf modernen Säulen von Marken-Säulenheiligen: Heilsbringer Coca-Cola weiß um den hohen Wert von Gemeinschaft und ist sozial mega-engagiert.

Die schöne abgehobene Marketing- und Werbe(r)welt

Das Marketing und die Werbeagenturen sind großartig darin, uns eine perfekte Welt vorzuführen. Deswegen essen wir morgens keinen derben Haferschleim wie anno dazumal unsere Großeltern, wir essen ausschließlich gesundes Porridge. Profane Haferflocken weichen wir über Nacht ein, fertig sind die Overnight-Oats, gerne mit Amaranth, Açai und Nussmilch angerührt (aus dem eigenen Nussmilchbeutel). All diese Dinge sind meilenweit entfernt von der normalen Alltagswelt vieler Menschen, die um 7 Uhr im Regen an der Bushaltestelle oder an der U-Bahn warten, um zur Arbeit zu kommen. Die entstehende Werberarbeit ist insofern authentisch, als sie oftmals eine Welt zeigt, in der viele der Profis selbst leben. Diese Welt blendet aber nicht nur die Realität vieler Kunden aus, sondern hat vor allem den einzigen Purpose von Werbung vergessen: das Vertrauen der Kunden in das beworbene Produkt sicherzustellen oder sich mit dem Produkt um das Vertrauen der Kunden zu bewerben.

Unglaublich, aber weiterhin wahr: Menschen kaufen Leistungen (keine Emotionen)

Sicher fühlt es sich für viele werbende Menschen befriedigender an, einen eigenen beruflichen Beitrag zur Weltverbesserung zu leisten, als tagtäglich Müsliriegel, Laubbläser oder orthopädische Stützstrümpfe zu bewerben. Wobei auch dies ein durchaus ehrbares Unterfangen ist, wenn man es richtig, d.h. ehrlich macht (Zuckerbomben-Müsliriegel und Laubbläser ausgenommen). Jedoch hat die perfekte Werbewunschwelt nicht nur wenig mit der Realität zu tun; sie verkennt oft, dass Menschen selbst im 21. Jahrhundert von ihren Produkten in erster Linie vertrauensvoll-sichere Lösungen für ihre individuellen Probleme erwarten: Die Waschmaschine soll überzeugend waschen, das Duschgel den Körper reinigen und die Lebensversicherung das Leben absichern. Nicht mehr und nicht weniger. Werbung vergisst gerne, dass Menschen nicht per se dumm sind und meist ein sehr gutes Gefühl dafür haben, was authentisch ist und was nicht. Sie «vergisst«, dass Menschen, die eine Waschmaschine kaufen wollen, eine Waschmaschine kaufen wollen. Es wird aber noch besser: Diese Menschen wollen im Anschluss daran in der Mehrheit damit ihre Wäsche waschen. Daher möchten sie gerne vorab darüber informiert werden, was genau diese Waschmaschine für sie persönlich leistet – gerade wenn es sich um den in der Werbewelt gern verbal genutzten »aufgeklärten Verbraucher« handelt (niemand »verbraucht« Produkte nur, eine formulierte Frechheit). Manche »Verbraucher« wollen dagegen weiterhin ausgesprochen gerne Kundschaften bilden, sie vertrauen exklusiv und bewusst Miele, Siemens oder Bosch – weil sie es schon immer getan haben. Aber auch sie werden durch Werbung verunsichert. Werbung, die nichts mit dem vertrauten, leistungsorientierten Bild »ihrer« Marke zu tun hat.

Marken-Koryphäen wie Miele & Co. hätten es prinzipiell sehr einfach, ihre Kundschaft mit ihren konkreten technischen Leistungen emotional »abzuholen« (sie tun es manchmal auch), das vorhandene Vertrauen zu vertiefen. Umso niederschmetternder ist die perfekte emotional ausbalancierte Austausch- und Abziehbildwelt in der Werbung. Zu oft ist sie generisch, die Ansprache identisch (die Werbefachleute beobachten sich ja auch alle gegenseitig) und ermöglicht somit Außenstehenden keinerlei Identifikationsanker: **Nur aus Spezifik kann Anziehungskraft entstehen.** Hier ist die Sprache entlarvend: Werber sagen von sich gerne, dass sie »*auf* einer Marke arbeiten«. Doch solange sie nicht »*in* der Marke arbeiten«, kann es mit der Vertrauensarbeit für dieses Unternehmen nichts werden. Es geht um ein Tiefenverständnis des Systems und seiner daraus resultierenden Spezifik, wenn das Vertrauen der Kundschaft wirkungsvoll bestätigt werden soll. Jeder bessere Psychologe wird sich zunächst intensiv mit der individuellen Vorgeschichte seines Patienten beschäftigen, bevor er eine Diagnose stellt und sich für eine bestimmte Medikamentengabe oder Therapieform entscheidet. Er wird nicht allen seinen Patienten eine identische Pille verabreichen, die sie erst mal ruhigstellt. Nicht anders verhält es sich mit dem individuellen Organismus von sozialen Systemen. Diese können nur von innen heraus verstanden und geführt werden. Jeder bessere Soziologe oder Sozialanalytiker wird diesen Sozialorganismus daher zunächst intensiv analytisch betrachten – von innen.

> Für gute, d. h. seriöse Strategie und Kommunikation ist die intensive Beschäftigung mit der Gründungsidee und Geschichte der Organisation Grundvoraussetzung. Jede Organisation muss von innen heraus geführt werden, denn sie ist ein individueller Organismus, der nur von innen verstanden werden kann.

Falls Sie doch lieber einen anderen Weg gehen wollen als in diesem Buch vorgeschlagen (»fair enough«), folgen einige visuelle Grundregeln für ambitionierte Austauschkommunikation: Sonne obligatorisch, Frauen immer barfuß, gern ein neckisch-selbstbewusster Schulterblick zum Mann, Männer gepflegt unrasiert, viel Natur im Bild. Möglichst zum Ende hin: Alle laufen gemeinsam wild und betont frei ins Wasser (Arme hoch), tanzen oder springen (Strand oder Steg) – einfach so! Für Versicherungen und komplexe Dienstleistungen: gerne Menschen wie zuvor beschrieben, die aber jetzt gemeinsam an einem Tau ziehen ... (ansonsten ebenfalls viel Natur im Bild, barfuß usw.).

Bei Traditionsfirmen, die allzu oft der Angst erliegen, dass sie als zu spießig oder zu konservativ wahrgenommen werden – was ihrer Meinung nach per se schlecht ist –, hat es sich eingebürgert, in der Kommunikation Menschen mit Tätowierungen zu zeigen. Manchmal auch gleichgeschlechtliche Paare, eventuell sogar unterschiedlicher Hautfarbe. Wild. Richtig wild. Eine Leistung seriös und vertrauenswürdig zu verkaufen, ist etwas komplett anderes – und erscheint nahezu spektakulär unspektakulär, im Gegensatz zu dem, was vielerorts in der ach so »disruptiven« Kommunikation passiert.

Die einzig relevante Emotion in Bezug auf eine Marke ist das Vertrauen ihrer Kundschaft. Jede Form der Kommunikation hat daher den einzigen Zweck, dieses Vertrauen immer wieder neu zu bestätigen.

17. Ohne konkrete Handlungen und Leistungen kein Vertrauen: Warum Vertrauen mehr als ein Marketing-Gag oder »Purpose« ist

Tiefes Vertrauen entsteht nie im luftleeren Raum. Es braucht zwei Zutaten, um richtig ins Pulsieren zu kommen: So wie wir einen unbekannten Menschen darüber kennenlernen, dass wir sein Verhalten und seine Handlungen nach und nach näher kennen- und einschätzen lernen und im positiv zugewandten Fall dadurch zunehmend Vertrauen in ihn entwickeln, genauso verhält es sich mit den sozialen Organismen. Mit dem Unterschied, dass im Bereich der Wirtschaftskörper oder anderer Organisationen die Annäherung über den Direktkontakt mit deren Leistungen stattfindet. Eine spezifische unternehmerische Leistung ist die Ursache dafür, dass wir in Kontakt mit diesem Namen kommen. Wir erleben ein bestimmtes Produkt oder eine bestimmte Dienstleistung im Alltag oder in unserer Freizeit, sind damit mehrfach zufrieden oder sogar begeistert. So entwickelt sich im Laufe der Zeit Vertrauen zu dieser Leistung und somit zum Namen / zur Marke:

Leistungen + Zeit ≙ Vertrauen

Im Wirtschaftsbereich spricht man ab dem Moment von einer Marke, wenn sich unter einem Namen Vertrauen in einen Begriff oder Familiennamen entwickelt hat: Man hört »Haribo«, »Wacken« oder »Schwartau Extra« und im Kopf taucht blitzartig ein Bild zu dem Namen auf (siehe Kapitel 22, *Ein Alltag ohne Vorurteile? Unmöglich*). Leider hat die Tatsache, dass der Begriff »Marke« für ein Vertrauensphänomen eingeführt wurde – bereits vor Tausenden von Jahren, markiert wurde schon immer –, mittlerweile dafür gesorgt, dass er vielerorts ein abgehobenes Eigenleben führt: Der Begriff »Marke« wird von zu vielen Menschen dafür genutzt, vollkommen krude Operationen an einem sensiblen Sozialkörper durchzuführen, die oft nichts mit dem eigentlichen Inhalt der Marke zu tun haben: Vertrauen in einen bestimmten Namen zu etablieren und es kontinuierlich zu vertiefen. Die Marke nutzt dabei erfolgreich den Umstand, dass Menschen nicht nur vertrauensvolle Beziehungen zu anderen Menschen, sondern ebenso soziale Beziehungen mit den Dingen eingehen. Das ist ihr ganzes Existenzgeheimnis. Auch diese Beziehung fußt immer auf konkreten Dingen und erlebten spezifischen Handlungen oder Leistungen. Eine Marke ist also kein vom Himmel gefallener, irgendwie verzauberter Sondertypus von Kommunikation, wie manche Menschen es vermitteln, sondern ein völlig alltägliches Vertrauensphänomen von vielen.

»Jedes Vertrauen ist immer an konkrete Erfahrungen gebunden.«

Markensoziologische Weisheit

Vertrauen benötigt »echte« Handlungen und Leistungen

Das Problem der fehlenden vertrauensvollen Beziehung zur Marke beginnt schon bei der Produktentwicklung. Speziell heute – in den oft extrem ausdifferenzierten Märkten – ist es kein leichtes Unterfangen, echte, überzeugend attraktive oder innovative (neue) Leistungen zu entwickeln und auf den Markt zu bringen. Daran scheitert mancher

Konzern, aber auch mancher allzu sehr von sich überzeugte Jungunternehmer. Zum Beispiel weil er im Vorfeld bereits mehr über seine Exit-Strategie nachdenkt (Welcher Konzern kauft mein Unternehmen? Wie viel Millionen bekomme ich? Wo ziehe ich hin?) als über den substanziellen Neubeitrag oder gar innovativen Kundennutzen seines Produktes. Nochmals formuliert: Ohne valide Inhalte und eine attraktive Leistung kann sich keine Anhängerschaft und somit kein Vertrauen bilden. Vertrauen benötigt relevante Inhalte; ohne Substanz entsteht kein langfristig tragfähiges Fundament. Deswegen versinken so viele von der Masse auserkorene und frenetisch bejubelte DSDS-Superstars bereits nach kurzer Zeit in der medialen Mottenkiste: Superstar sucht seine Superpower – oder zumindest attraktive eigene (!) Varianten davon. Dieter Bohlen kann mittlerweile nicht mehr für alle ähnlich schreiben – seit Erstausstrahlung 2002 waren es einfach zu viele kleine Bohlens. Apropos: Kennt irgendjemand Ramon Kaselowsky (alias Roselly)?

Vertrauen und Berühmtheit 4.0

In der sogenannten Industrie 4.0 gibt es mannigfaltige Möglichkeiten und Digitalkanäle, um berühmt zu werden, massiv mehr als noch vor 50 oder 100 Jahren. Das muss zwangsläufig zulasten der Substanz gehen; einzelne Privatsender leben von dieser Nichtsubstanz. Weil »Star« oder »Prominenter« durch die erniedrigte – manchmal erniedrigende – Eintrittsschwelle ein durchgängig angesagtes Berufsbild ist, sorgt es für kaum zählbare Menschenmassen, vereint im gemeinsamen Traum, mit »etwas« berühmt zu werden. Einige wenige schaffen es. Allerdings bedeutet Berühmtheit vielfach nur noch Sparten-Berühmtheit, denn bei dem akuten Starandrang müssen Neu-Promis auf unterschiedliche Zielgruppen und stark ausdifferenzierte Kanäle verteilt werden. Spätestens mit Gründung von Youtube im Jahre 2005 sind alle Dämme gebrochen: Jeder Mensch kann sein eigener TV-Kanal sein! Jeder darf sein eigener Claus Kleber oder seine eigene Marietta Slomka sein und als »Basecap-Hoodie-Anchorman« das Universum aus eigener Longboard-Perspektive deuten ... und sei es aufgrund von Jugend zunächst nur das Kosmetik- und Modeuniversum. Mit zunehmendem Alter können steile Verschwörungstheorien eine Möglichkeit sein, um weiterhin eine treue Fangemeinde zu finden und zu pflegen (Tipp: Stichwort »Chemtrails« eignet sich für Anfänger zum Einstieg).

Jugend als Ausleihgegenstand

Über diese digitalsozialen Vorgänge sind völlig neue »Berufe« entstanden, die frei von jeder Prüfung vor der Handelskammer den Weg bis hin zum reichen und berühmten Sparten-Star ebnen können. Es sind »Berufe« wie Influencer, Youtuber, Tik-Tokker oder – vornehmer – Webvideoproduzentin und Reality-Show-Darstellerin. Oft sind es jüngere Menschen, die den Bildschirm für sich als Beruf entdeckt haben und für ihre vermutete Relevanz innerhalb sozialer Netzwerke bezahlt werden – von Firmen ohne relevantes jüngeres Netzwerk. Die Damen und Herren verleihen ihre Jugend und bekommen dafür von ihren »Partnern« die Möglichkeit, über Provisionen für direkte Links zu deren Produkten, sogenanntes Affiliate Marketing, gutes bis richtig gutes Geld zu verdienen. Dafür müssen sie bestimmte *megatolle* Sachen in ein *mega-positives* Licht setzen und den Abonnenten ihres Kanals *mega-authentisch* anempfehlen. Ein eigenes digitales Youtube-Marketing-Universum ist entstanden: Alle Bewohner befinden sich auf der ewigen Jagd nach Aufmerksamkeit für ihre Kanäle, deren Attraktivität und Relevanz sich an ihrer Abonnentenanzahl faktisch ablesen lässt – ideal für zahlenfixierte Unternehmen. Wer z. B. bei »Bibis Beauty Palace« (»Bibis Schönheitspalast«) nach Straße, Hausnummer, Standort oder Website dieses Kosmetikstudios fragt, zeigt, dass er nicht mehr ganz taufrisch in der Welt bzw. auf ihren Kanälen unterwegs ist: Er kennt den Youtube-Kanal von Bianca Claßen alias Bibi nicht, der seit 2012 junge Menschen mit Lifestyle-, Fashion- und Kosmetiktipps versorgt und zu den meistabonnierten Youtube-Kanälen in deutscher Sprache zählt. Knapp 6 Millionen Abonnenten lässt die erfolgreiche Geschäftsfrau (* 1993) mit eigener Kosmetiklinie regelmäßig an ihrem privaten

Leben teilhaben (mittlerweile inklusive Youtuber-Mann sowie zwei Kindern). Für die 2,7 Milliarden Aufrufe, die ihre Videos insgesamt erhalten haben,[57] wird sie von vielen großen Wirtschaftsunternehmen wie der Deutschen Telekom hofiert.

Vertrauen als existenzielle wie kritische Währung für »Digitalberufe«

Ob wir diese Arbeit, diese Form von New-Work-Jobs als echte Leistung anerkennen oder verwerflich finden: Auch ein sogenannter Reality-Weltstar wie Kim Kardashian oder jede andere regional bis national erfolgreiche Influencerin muss ihre medialen Kanäle – und das bedeutet: Hunderttausende bis Millionen Fans auf der ganzen Welt – mit Inhalten und Varianten ihres individuell-vertrauten Erfolgskonzeptes beständig neu »befüttern« – auch wenn es »nur« regelmäßige Photoshop-Bilder vom Allerwertesten sind. Alles, um am Ende des Tages die harte Influencer-Währung in Form von Aufrufen, Abonnenten, Followern, Likes zu erhalten – und diese Aufmerksamkeit für sich in reales Geld konvertieren zu können. Die bunte Berufsgruppe der Social-Media-Helden lebt in einzigartiger Weise vom Vertrauen und der Vertrautheit mit ihrer Fangemeinde, nur so sind sie groß geworden: Als Youtube-Heros sitzen sie wortwörtlich jeden Tag im Wohn- oder zumeist Kinderzimmer jeder einzelnen Person, die ihnen folgt. So nah wie sie kommt keine normale Firma an jeden einzelnen ihrer Kunden heran: Kein Werbespot der Welt kann diese soziale Intimität, dieses Vertrauen unter »Freunden« erreichen, geschweige denn direkt mit potenziellen Kunden chatten. Es ist wie das vertrauliche Gespräch am Sonntag unter Nachbarn über den Gartenzaun, bei dem erzählt wird, wie toll die Gardena-Heckenschere schneidet oder wie praktisch die neue Leifheit-Grillzange noch das billigste Würstchen auf dem teuren Napoleon-Grill wendet. Dieses vertrauliche Vieraugengespräch wird nunmehr multipliziert und mit zwei Millionen Menschen quasi einzeln geführt. Es findet passgenau und exklusiv mit der affinen Zielgruppe statt. Arbeitserleichternd kommt für den Influencer hinzu: Leider ist seine Zielgruppe teilweise so jung, dass sie den Vorgang nicht begreift, es herrscht zu viel Vertrauen in »mein« megacooles persönliches Role-Model auf dem Bildschirm. Oder wie fehlende kritische Distanz offiziell ausgedrückt wird: Die angesprochene Gruppe hat noch nicht die nötige Medienkompetenz.

Vertrauen als käufliche Ware – zumindest in der Social-Media-Welt

Alles egal für viele Sponsoren und Vermarkter: Die Möglichkeit, in völlig übersättigten und absatzgetriebenen Märkten einen solchen Vertrauens-Freifahrtschein in die Köpfe von Millionen jungen Kunden zu besitzen, ist einfach zu verlockend: Denn trotz inzwischen verordneter Warnhinweise im Video versteht bestimmt nicht jede(r) 13-Jährige ganz genau, worum es sich bei »Produktplatzierungen« handelt. Wenn »Bibi« ihren Fans von ihrer »goldigen« Uhr von Michael Kors vorschwärmt oder ihre neuen Nike-Air Max Light in allen »umhauenden« Details vorführt und die Produkte direkt in den Shop verlinkt, sind Minimum ein bis zwei Millionen junge Menschen, die dieser Frau und ihrem Urteil vertrauen, nur noch zwei Clicks vom 135-Euro-Schuh im Warenkorb entfernt. Bibi kommentiert ihren Lieblingsschuh: »Ich find die so schön, ich hab die im Moment echt fast jeden Tag an. Der hat 135 Euro gekostet, das ist wirklich sehr sehr sehr viel Geld. Und ich kauf mir auch nicht sooo eine Menge Schuhe. Aber der hat mich so umgehauen, dass ich den auf jeden Fall mitnehmen musste!«[58]

Jede Zielgruppe hat die Influencer, die sie verdient

Auf deutlich niedrigerem Zahlenniveau, aber ebenfalls perfekt zielgruppengerecht hergerichtet und portioniert, vermarkten urbane Erfolgsmütter auf Instagram ihre drei Kinder und ihr dazugehöriges perfekt-unperfektes Fototapeten-Leben. Sie tun dies, indem sie ihren 3000 bis 10 000 »Freundinnen« teure Ferienresorts, schicke Kinderbekleidung und die in den sozialen Kreisen obligatorischen Design-Einrichtungsgegenstände anempfehlen. Von Zeit zu Zeit garniert mit leicht bekömmlicher Gesellschaftskritik oder einem Eingeständnis persönlicher Schwäche oder eines körperlichen Makels – dafür gibt's auch manchmal einen Candystorm[59]. Mehr geht nicht, jedenfalls aus Sicht finanziell potenter Unternehmen mit klar definierten Zielgruppen und gut aufbereiteten Nielsen-Gebieten[60]. Mehr perfekt portioniertes Vor-Vertrauen für ihre Produkte können sie sich nicht erträumen, mehr Authentizität und Nähe auch nicht. Der Satz »Vertrauen kann man sich nicht erkaufen« muss zumindest aus dieser Perspektive relativiert werden.

Daher umgarnen und umarmen Firmen Influencer so sehr, bis sie irgendwann ein QVC-Shopping-Channel sind – nur mit viel jüngeren und lässigeren Propagandisten. Prinzipiell eine hohe Verantwortung für die oft jungen Role-Models: Sie handeln mit einem sensiblen Gut, nämlich dem Vertrauen ihrer ebenfalls oft extrem jungen Fans und Follower, welche ihrer Leitfigur die Inhalte glauben und sie häufig ganz konkret »abkaufen« sollen. Bei einer Umfrage des Bundesverbands Digitale Wirtschaft gaben in der Altersgruppe der 16- bis 24-Jährigen 52,6 Prozent an, bereits Produkte gekauft zu haben, weil ein Influencer sie empfohlen hatte.[61] Influencer besitzen zudem als öffentlich-digitale Einzelperson wie jede erfolgreiche Firma die Verpflichtung und den analogen Druck, dass sie ständig spannende, neue und für ihre Kundschaft bzw. Abonnenten relevante Inhalte im virtuellen Raum liefern müssen – denn nur davon hängt ihr persönliches Einkommen und Überleben im Social-Media-Haifischbecken ab.

Ansteckend wie Influenza: Influencer

Wenn man sich große bekannte Firmen ansieht und die Tatsache, dass diverse Internet-Stars oder Influencer-Sternchen mittlerweile für viele von ihnen ein Must-have sind (Preisklasse je nach Firmengeldbeutel), dann ist dies, jedenfalls aus der produktiven Distanz betrachtet, sehr erstaunlich: Da gibt es eine Gruppe jüngerer Menschen, die von meist deutlich älteren Firmen dafür bezahlt werden, dass sie bei Modenschauen oder anderen Events auftauchen (und davon berichten). Zudem auf tolle Reisen für tolle Touristikunternehmen mitfahren (und davon berichten). Und dann begeistert von ihren Erfahrungen bzw. diversen Produkten in ihren Filmchen und Postings erzählen, d.h. im Firmenidealfall ein Full-Service-Product-Placement betreiben. Das wirft vollkommen zu Recht Fragen auf, auch ethische, wie der vorhergehende Absatz zeigte. Bei allem Hype ist die Influencer-Strategie jedoch in vielerlei Hinsicht ein Armutszeugnis für die zahlenden Unternehmen: Im Grunde genommen ist das Bezahlen anderer Personen, damit sie positiv über die Leistung des Geldgebers sprechen, eine strategisch-wirtschaftliche Bankrotterklärung. Es bedeutet, dass die produzierende Firma nicht daran glaubt, d.h. nicht genügend Selbstvertrauen hat, dass ihr Produkt aus der eigenen Leistung heraus attraktiv bzw. überzeugend genug ist, um Menschen für sich einzunehmen und in der Lage ist, Vertrauen aufzubauen. Man nutzt ein künstliches Produkt-Viagra, das im Ergebnis vielversprechend wirken kann, aber man wertet das Produkt und seinen Erfolg gleichzeitig ideell ab. Wie nachhaltig dieses am Hype orientierte Vorgehen wirkt, bleibt zudem oft fraglich. Das Produkt oder die Dienstleistung darf gar nicht mehr für sich selbst eine Relevanz entwickeln. Knapp und kritisch gesagt: Wer keinen eigenen Einfluss hat, braucht externe Beeinflusser …

Immerhin ist mit dem Influencer-Marketing mal wieder ein neues Hype-Wort aufgetaucht, über das Zeilen bis zum Horizont in den üblichen Werbe-Gazetten geschrieben werden. Aber auch BWL-Professoren können für das Schlagwort schnell ein paar neue Modelle und für ihre Modelle neue Bücher entwickeln – und alle sind sich im Anschluss wieder ihrer eigenen Systemrelevanz bewusst.

Firmen überlassen ihre Botschaft Botschaftern

Influencer-Marketing setzt sich zunehmend durch. Die Gründe, warum es von nahezu allen, die es sich leisten können, eingesetzt wird, sind offensichtlich. Zudem gilt eine eherne Konzernlogik, die festlegt: »Was bei unserer Konkurrenz Erfolg zu haben scheint, genau das machen wir auch«, und die die Ursache dafür ist, warum sich die Produkte und ihre Kommunikation immer stärker angleichen. Dennoch hilft auch hier der naive Blick in den Rückspiegel als Kontrast: Früher waren Prominente manchmal stolz darauf, dass sie irgendwo bei einer Premiere in einem einzigartigen Auto vorfahren durften, dabei eine Uhr, ein Kleid oder ein Schmuckstück trugen, welches sie sich selbst leisten konnten. Heute haben Mercedes-Benz wie auch Porsche und etliche andere Automarken zahlreiche offizielle Markenbotschafter auf ihren Lohnlisten. Menschen wie den 25-jährigen DJ Felix Jaehn, bei dem aus jeder Nichtfalte seines Jungengesichts eine einzige Kernbotschaft spricht, während er wie ein Fremdkörper neben schweren Stern-Autos steht: »Ich soll Mercedes bei jungen Menschen ›Credibility‹ beschaffen.« Auch die anderen Stern-Botschafter – Big-Wave-Surfer, Ironman-Sieger, Dirigentin, Tennisspieler, Rennfahrerin, IT-Superheld-Innovator, moderner Abenteurer und ein Umwelt-Pionier für das gute grüne Gewissen – sind so perfekt zusammen gecastet, dass Mercedes jederzeit alle gewünschten Vorbild-Zielgruppen abdeckt: Der US-Rapper Asap Rocky, der die ganz wilde Zielgruppen-Werbewelle für Mercedes fahren durfte (»Grow Up«), wurde später wegen zu großer Wildheit unauffällig aus dem Promi-Dunstkreis mit Stern entfernt – Verurteilung wegen Körperverletzung. Es geht immer noch absurder: Opel präsentierte 2010 poppige elfenhafte Wesen wie Katie Melua und Lena Meyer-Landrut als europäische Opel-Markenbotschafterinnen, zu der Zeit zwei Führerschein-Frischlinge, denen bis heute keinerlei Verbindung zu Opel nachgewiesen werden konnte. Es erinnert sich ohnehin niemand mehr daran; es kamen und gingen seitdem einfach zu viele neue Promi-Botschafter. Der Bekleidungsfirma Boss reichen spartenweise sportliche Einzelbotschafter für Fußball, Golf, Segeln, Formel E (wie innovativ ...), Boxen und ein Ex-Formel-1-Weltmeister als Botschaf-

Quelle: Eigener Screenshot[62]

Eine der unzähligen von Mercedes erwünschten Kundengruppen: Reiche berühmte DJs ziehen ärmere DJs und Menschen, die sich Hipster-Berufsgruppen verbunden fühlen, an. Warum? DJs stehen für Jugend, Trend und Zeitgeist (und besitzen Vorbildcharakter?). Ob sinnvoll oder nicht: Marke wird in der jüngeren Zielgruppe platziert. Weil jeder junge urbane Mensch eine G-Klasse benötigt (Co_2-Effizienzklasse ist übrigens auch G). Basisdemokratisch kalkulierte jugendliche 90 636 Euro, Sondereditionen bis 270 000 Euro. Farbe: jugendliches Neongelb. Fazit: wild.

ter nicht, daher nimmt das Metzinger Modeunternehmen gleich noch fünf europäische Topfußballmannschaften dazu. Wer nahezu jeden sponsert, der sponsert niemanden. Wer keine eigene Botschaft hat, braucht externe Botschafter ...

Starke Organisationen haben eine starke Botschaft, und die ist stets leistungsbezogen. Und diese Unternehmen müssen sich – im strikten Gegensatz zu den geschilderten Absurditäten – bei niemandem anbiedern oder sogar dafür bezahlen, dass Menschen in der Öffentlichkeit vorführen oder auch nur behaupten, dass sie den Produkten vertrauen. Das in Werber- und Marketingkreisen gern kolportierte Ammenmärchen, dass (meist junge) «Heilsbringer« eine Marke »einfach so« im Vorbeigehen mit bestimmten Emotionen oder einem erwünschten Vertrauen aufladen können, scheint unkaputtbar.

Eigener Vertrauensaufbau? Fehlanzeige – ein Armutszeugnis für Organisationen

Das Verrückte an dem Youtuber- und Influencer-Phänomen ist, dass diese Personengruppe jeder Organisation zwei Dinge vorführt. Einerseits, was es bedeutet, Relevanz bei seiner Kundschaft zu haben. Und andererseits, wie man diese erzeugt: mit dem richtigen, d.h. dem eigenen Content, aufbereitet für die Menschen, die dieser Content interessiert. Statt sich jedoch derlei anspruchsvolle strategische Gedanken um die eigene Leistung und deren direkten sozialen Transfer zu machen, bezahlt das Unternehmen lieber Externe, die es »irgendwie« richten und »irgendwie« für stärkere Relevanz der Unternehmung sorgen sollen ... Selbst Aldi Nord lässt mittlerweile die Puppen, nein, die Influencer-Stars und -Sternchen auf TikTok für sich tanzen – das »witzige« Move-Motto, das möglichst alle nachsingen und nachtanzen sollen: der Aldi-Rap »Preis, Preis, Baby« ... (nach dem 1990er-Song »Ice, Ice, Baby« von Vanilla Ice). Dabei ist niemand so weit von TikTok entfernt wie der Discounter. Aber dafür gab es in kürzester Zeit 17,3 Millionen Views vom Aldi-Video und 90 Millionen Views von Videos mit dem Hashtag.[63] Wer an dieser Stelle freundlich nachfragt, wie viel mehr Lebensmittel Aldi seit Kampagnenstart verkauft hat, bekommt unverständige Blicke der verantwortlichen Profis, weil ihnen die Frage absurd erscheint: Bei dieser Aktion geht es doch völlig offensichtlich um die Brand Awareness und die Aufladung von Aldi mit positiven Emotionen bei der jungen Zielgruppe, lauten typische Standardantworten, die tatsächlich ernst gemeint sind. »Awareness und Likes sind die neue Währung«, sagte neulich der Agenturchef zum Firmenchef. Der antwortet: »Super, dann erklären Sie mir jetzt bitte nur noch, wie ich meine Angestellten mit dieser Währung bezahlen kann.« Eine Werbung, die auf Affekte zielt, erschafft nur Affekte. Von denen kann keine Firma sich finanzieren.

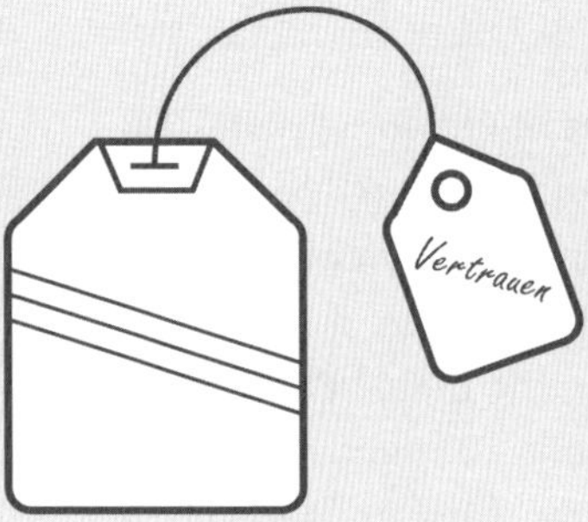

»Reine Aufmerksamkeit ist kein Wert an sich.«

Markensoziologische Weisheit

Wie viel Unvermögen, Panik und Angst auf etablierter Seite hinter der Affekt… pardon, Effekthascherei steckt, kommt zum Vorschein, wenn ein populärer Youtuber wie Rezo sich einmal untypisch verhält und statt Blabla-Themen die Politik angeht und ein 55-minütiges kritisch-provokatives Video mit dem plakativen Titel »Die Selbstzerstörung der CDU« postet. Kurz darauf bricht die ganze Berliner Politikwelt ein und jede TV-Talkshow hat ein neues Thema. Viel Lärm um nichts. Bis heute gibt es keine direkte inhaltliche Antwort der CDU oder irgendeiner anderen Partei darauf – ob es eine benötigt, sei dahingestellt. Aber die CDU existiert immer noch. Rezo selbst besitzt seitdem dank ZDF einen eigenen Effekt, den »Rezo-Effekt«. Keine Antwort von all jenen Parteien und Politikern, die sonst auf jedes Statement ihrer üblichen (bekannten) politischen Gegner ohne Überlegen zu jeder Tages- und Nachtzeit sofort ihre kritischen Standard-Gegenphrasen abrufen und quasi reflexartig »zurückschlagen«.

Jugend allein ist auch keine Lösung

Youtuber, TikTokker et al. besitzen nur Macht, weil sie sich in einer bestimmten sozialen Gruppe Vertrauen und Zuneigung erarbeitet haben, »Credibility« bei zumeist jungen Menschen. Und sie haben dazu noch Glück: Es ist zufällig das Gut, der heilige Gral »Jugend«, nach dem alle »alten« Organisationen lechzen. Ob das logisch ist? Wenn ein Unternehmen eine Kernkundschaft besitzt, die zwischen 67 und 78 Jahre alt ist, dann wird diese aller soziologischen Erfahrung und Kenntnis folgend kontinuierlich nachwachsen. Aller medizinischen Kenntnis folgend bestehen beste Chancen, dass diese Gruppe in den nächsten Jahren erheblich größer wird. Wenn das Unternehmen gute Vertrauensarbeit leistet, kann es seine Kundschaft demnach zukünftig deutlich erweitern. Wie viel anstrengender ist es für eine Firma, deren Kernkundschaft zwischen 16 und 23 Jahre alt ist: Menschen, bei denen sich Moden und persönliche Präferenzen tagtäglich verändern können, die weniger festgeschraubt sind in ihren Überzeugungen. Wie viel mehr teurer kommunikativer Aufwand muss betrieben werden, um diese Gruppe 24/7 bei Laune zu halten? Doch das grimmige Marketing-Märchen vom »Wir sterben mit unserer Zielgruppe« ist nicht totzukriegen – obwohl es in jeder Hinsicht Nonsens ist.

> Nur über junge Leistungen können Unternehmen sich verjüngen. Nicht über pseudojunge, oft anbiedernde Kommunikation. Angleichung erschafft Misstrauen, kein Vertrauen. Vor allem sollte vorab die Frage gestellt werden: Ist Angleichung überhaupt sinnvoll?

Das Beispiel Primavera: Bio-Anbaupartnerschaften weltweit – gelebtes Vertrauen

Die Firma Primavera ist Wegbereiterin und Marktführerin der Bio-Aromatherapie in Deutschland. Ausgehend vom Firmensitz in Oy-Mittelberg im Allgäu versendet das Unternehmen hochwertige Naturprodukte auf Basis ätherischer Öle in 32 Länder weltweit. Zum Sortiment zählen über 150 ätherische Einzelöle, überwiegend aus Bio-Anbau, anwendungsfertige Aromapflege-Produkte für die therapiebegleitende Anwendung bis hin zu Raumbeduftung und Naturkosmetik. Herzstück der Arbeit sind die aktuell 15 Bio-Anbaupartnerschaften weltweit. Hier erzählt Andrea Dahm, Verantwortliche für Markenführung und Nachhaltigkeit, wie maßgeblich Vertrauen für das Funktionieren der Partnerschaften ist, wie sich die gesamte Wertschöpfungstreppe des Unternehmens darauf aufbaut:

Das Beste aus der Natur direkt vom Produzenten

Alles beginnt 1986 am Fuße der Alpen mit der Begeisterung eines Freundeskreises für naturreine ätherische Öle. Von Anfang an geht es um Duft und dessen einzigartige Wirkung, Gesundheit und Wohlbefinden der Menschen durch die Kraft der Natur zu stärken. Das Heilen im ganzheitlichen Sinne erfolgt nach Überzeugung der Gründer nur durch bestmögliche Reinheit der Pflanzenstoffe. In den 1980er-Jahren sind hochwertige und naturreine Öle eine Rarität. Daher machten die Gründer sich auf die weltweite Suche nach Landwirten und Herstellern ätherischer Öle, die Bioqualität liefern können sowie die Vision des jungen Unternehmens teilen. Ein Jahr nach Firmengründung ist ein junger Landwirt aus der Provence der erste Bio-Anbaupartner. Eine freundschaftliche Geschäftsbeziehung, die bis heute einzig auf gegenseitigem Vertrauen beruht – einen Vertrag gibt es nicht.

Gleiche Werte schaffen Vertrauen

Heute beziehen wir über 90 Rohstoffe von unseren Bio-Anbaupartnern aus aller Welt: Bhutan, Nepal, Kambodscha, Peru, Indien, Frankreich, Italien und anderen Ländern. Die Grundlage aller Beziehungen ist das gegenseitige Vertrauen. Aber dies ist nicht gleich von Anfang an gegeben. Und es manifestiert sich nicht durch Unterschrif-

ten oder Stempel auf einem Stück Papier. Das war auch nie unser Ansinnen. Weit mehr als jeder Vertrag zählt für uns und unsere Anbaupartner das Wort. Über die Jahre haben wir erlebt und erfahren, dass unser vertrauensvolles Miteinander funktioniert, wenn alle die gleichen Werte teilen – allen voran die Liebe zur Natur, die Begeisterung für ätherische Öle und die Leidenschaft für Qualität. Vertrauen festigt sich dabei ganz allmählich durch Taten, die zeigen, dass wir an das Projekt und an die Menschen glauben und sie und ihr Tun als wertvoll erachten zur Verwirklichung der gemeinsamen Vision, die Vielfalt der Natur und das ökologische Gleichgewicht der Erde zu erhalten.

Individuelle Lebenswelten erfordern individuelles Handeln

Um zu verstehen, auf was sich ganz konkret das Vertrauen zwischen einem Landwirt, der gleichzeitig Produzent eines ätherischen Öls ist, und uns als Hersteller ätherischer Öle gründet, hilft es, sich vorab die Lebenswirklichkeit des Bauern klarzumachen.

Beispielsweise ist das Leben eines provenzalischen Lavendelbauern archaisch geprägt. Er ist stets vom Wetter und »dem lieben Gott« (oder anderen Göttern) abhängig, der ihn vor Unheil bewahrt, sowie von den sich wandelnden Märkten. Potenzieller Ertrag, Ertragssicherheit und Qualität der Duftpflanzen sind eng an Wetter und Klima gekoppelt und somit kaum planbar. Vor diesem Hintergrund ist Fairness gegenüber dem Lieferanten bzw. Anbaupartner von größter Bedeutung. Indem wir mit dem Landwirt auf Augenhöhe zusammenarbeiten, statt ihn durch unfaire Bezahlung in die Enge zu treiben, gewinnen wir sein Vertrauen. Und ständiger Preisdruck geht am Ende für alle Beteiligten nach hinten los. Wenn der Betrieb morgen pleite ist, haben auch wir als Abnehmer der Öle nichts davon.

Anders ist das Leben in Kambodscha. Durch einen brutalen Bürgerkrieg, gefolgt von einem Terrorregime und einem dramatischen Werteverfall, der mit Korruption im gesamten Justizwesen einherging, sind die Kambodschaner daran gewöhnt, dass sie niemandem vertrauen können. Das macht Planungen über den Tag hinaus schwer und das festgeschriebene Wort ist wenig wert. Oder wie es unser Anbaupartner selbst formuliert:

⇨

»Man muss in der Vermittlung, im Umgang, sehr nah bei den Menschen sein, wenn man bestimmte Vorstellungen hat. Ausdauer und Durchhaltevermögen sind nötig ... Wenn es um die Qualität eines Produktes geht, gibt es keine Abkürzung.«

Jone Isaksen, Kambodscha, Primavera-Bio-Anbaupartner seit 2018

Unser Einsatz auf allen Ebenen

Die sorgfältige Beziehungsarbeit bedeutet für uns, den Ansprüchen aller gerecht zu werden – auf sozialer wie auf Produktebene. Ganz konkret nehmen wir teil an den Kosten: für die Produktion, die Vorfinanzierung von Pflanzen und Saatgut, für die Zertifizierung sowie für die Vorauszahlung für die Ernten. Individuell stellen wir, was benötigt wird: einen Lkw (Peru), professionelle Destillationsanlagen (Kambodscha), Fachwissen (Bhutan), finanzielle Mittel für den Bau eines Schulungszentrums (Indien) u. a. Die Preise für die ätherischen Öle legen wir in direkter Absprache mit den Landwirten fest. Sie machen teilweise das Vielfache des Weltmarktpreises aus. Auch die Unterstützung bei Schaffung und Erhaltung des Marktes inklusive Absatzförderung ist Teil unserer Zusammenarbeit.

Neben den Absprachen festigt ein freundliches zugewandtes Miteinander das Vertrauen. Wir wissen, dass man sich einfühlen muss, wenn man zwischenmenschlich nachhaltig arbeiten möchte. Wir kennen uns persönlich, respektieren uns und wir interessieren uns für die persönlichen Belange unseres Partners. Obwohl die Digitalisierung ermöglicht, in guten und sichtbaren Kontakt mit den Anbaupartnern in aller Welt zu treten, ist der regelmäßige persönliche Besuch vor Ort mindestens einmal im Jahr durch nichts zu ersetzen.

Wertschöpfung auf beiden Seiten

Im Gegenzug zu unserem Einsatz lassen umgekehrt die Landwirte und Destillateure vor Ort ihre langjährige Erfahrung und ihr Spezialwissen in die Arbeit mit den Pflanzen einfließen, um uns die bestmögliche Ölqualität liefern zu können, frei von Pestiziden, Gentechnik usw. Somit sind für uns die persönlichen, vertrauensvollen Beziehungen zu unseren Anbaupartnern weltweit gelebtes Engagement mit beidseitigem Nutzen.

Quelle (Text und Foto): Primavera Life GmbH

In Bhutan ist Glück definiertes Staatsziel. Umweltschutz und Bio-Anbau gehören zu den Säulen des von der Regierung angestrebten »Bruttonationalglücks«. Es ist das einzige Land, welches das Wohlbefinden seiner Einwohner offiziell über das Wirtschaftswachstum stellt, und dank seiner dichten Wälder ist es auch das erste CO_2-negative Land weltweit. Auf der Suche nach ätherischem Lemongrasöl besuchten Primavera-Firmengründer Ute Leube und Kurt L. Nübling 1990 erstmals das kleine Königreich. Das Bild zeigt Andrea Dahm mit Mitarbeiterinnen des 2010 gestarteten Seifenprojektes. In der Seife werden traditionelle Heilpflanzen aus Bhutan wie kaltgepresstes Senföl, Ingwerstückchen und ätherisches Lemongrasöl verarbeitet. 20 Prozent des Erlöses der Naturseife, die in reiner Handarbeit entsteht, fließen direkt in den Ausbau der Seifenmanufaktur.

Andrea Dahm (* 1971) verantwortet beim Aromatherapie-Marktführer Primavera Life den Bereich Markenführung & Nachhaltigkeit. Seit 1999 wirkt sie maßgeblich an der Entwicklung des Bio-Pioniers mit. Besonders engagiert sie sich für die Beziehungspflege und Würdigung der weltweiten Bio-Anbaupartner des Allgäuer Unternehmens. 2018 erfährt die Unternehmenspartnerschaft zwischen Primavera und seinem kambodschanischen Bio-Anbaupartner durch die Nominierung für den Deutschen Nachhaltigkeitspreis eine besondere Anerkennung.

18. Vertrautheit durch geteilte Geschichte: Unsere Zukunft liegt in unserer Vergangenheit

Erneuter Blick nach Dänemark: Das Dorf Nordby liegt etwa 50 km Luftlinie nördlich von Sylt im Naturpark Wattenmeer auf der bereits zu Beginn des Buches erwähnten süddänischen Nordseeinsel Fanø. Die Einwohner der Inselhauptstadt Nordby werden Fanniker genannt. Wenn in dem Seefahrerstädtchen an jedem zweiten Wochenende im Juli die sogenannten Fanniker-Tage stattfinden, dann wird der ganze Stolz der 2800 Einwohner auf ihre Tradition und Historie lebendig und sehr konkret sicht- und spürbar. Seit 1953 zelebrieren die Fanniker an den Festtagen offiziell ihre einzigartige und lange Historie als Seefahrerstadt und stolze Gemeinschaft. Die Ortsgemeinschaft im nur zwölf Kilometer entfernten Inseldorf Sonderhø hat ebenfalls einen Feiertag: Die »Sønderhoninger« begehen den »Sonderhø-Tag« mit eigenen Bräuchen, Trachten und Volkstanzaufführungen immer am dritten Sonntag im Juli.

Zur Geschichte: Beide Dörfer wurden bereits im 14. Jahrhundert gegründet. Die ersten Zeichen von Ansiedlungen auf Fanø findet man in König Valdemars Grundbuch, datierend auf das Jahr 1231. Der Legende nach schafften es die Inselbewohner im Jahre 1741 mit einem klugen Trick, ihre eigene Insel auf einer Auktion vom dänischen König zu ersteigern. Danach begann die Blütezeit Fanøs. Man begann kurz darauf mit dem Bau von Schiffen und so kam es, dass die einstmals unbewohnte Sandbank in den 1850er-Jahren nach Kopenhagen die zweitgrößte Handelsflotte Dänemarks besaß. Reeder und Kapitäne aus Fanø bereisten den gesamten Erdball von Australien, Argentinien bis Kanada, Burma (heute Myanmar) oder Mozambique. Bis heute erinnern gepflegte Kapitänsvillen in Norby und Sonderhø an diese glorreiche Zeit. Die Erinnerung, das Bewusstsein der eigenen Geschichte wird durch die Fanniker-Tage und den Sonderhø-Tag am Leben erhalten. Auch die Gelder, die durch die Festivitäten eingenommen werden, sind dazu gedacht, die Identität der Insel zu bewahren. Schon in den 1960er-Jahren wurden sie dazu genutzt, Häuser in Nordby unter Denkmalschutz zu stellen.

Viele der Urinselbewohner, Männer, aber vor allem Frauen, tragen an den Fanniker-Tagen die typischen Fanø-Trachten, die früher zu den unterschiedlichsten Anlässen getragen wurden: von der feierlichen Konfirmation über die tägliche Feldarbeit bis hin zum Begräbnis. Man sieht die Trachten allerdings auch an vielen anderen Tagen regelmäßig im Straßenbild. Es gibt einen definierten Trachten-Code, den nur Eingeweihte verstehen. Im Trachtenmuseum in Nordby können Besucher viele der Varianten bewundern und Wissenswertes zu den Gewändern bis hin zu dem handgeschnitzten Bernsteinschmuck erfahren. In den verwendeten Stoffen und Materialien der Trachten spiegelt sich die einstige Internationalität der Insel wider, denn die Männer brachten Seide aus China, Tuche und Stoffe aus Indien und etliche edle Preziosen aus der ganzen Welt heim nach Fanø. So war die Insel dem eigenen Festland zeitweise weit voraus und der großen Welt in vielen Dingen näher als das restliche Jütland bzw. Dänemark. Auch daraus speist sich der heutige Stolz des Ortes bis heute, man war eben keine abgelegene Insel, sondern durch diese Seeverbindung stets nah am globalen Geschehen.

Die gesamte Historie der Insel mit all ihren Entbehrungen – speziell für die Frauen vor Ort, wenn ihre Männer monate- oder jahrelang auf See blieben, manchmal sogar für immer, weil das Schiff nicht wiederkehrte – verbindet diese Menschen auf einzigartige Weise miteinander. Die Zeiten, in denen die Inselfrauen die harte Haus- und Feldarbeit verrichteten, für das Aufziehen der Kinder und das Wohlergehen der Familie komplett allein verantwortlich waren, während ihre Männer als Seeleute die Weltmeere bereisten, sind lange vorbei. Das Erbe dieser Zeit wird jedoch bis heute mit Inbrunst weitergegeben.

Wer als Tourist im Sommer den traditionellen Veranstaltungen beiwohnt – den rituellen Tänzen, der Musik, den Aufführungen, dem Miteinander der Insulaner –, der kann sich der Faszination dieser fremden Welt kaum entziehen – obwohl diese fremde Welt verglichen mit Asien oder Amerika direkt vor der Haustür liegt. Und doch bemerkt er – bei aller persönlichen Zugewandtheit und Zuneigung der Kultur und den Einheimischen gegenüber, die der Einzelne gerade als Stammgast empfinden kann –, dass er immer »draußen«, immer nur Gast sein wird. Die vielen beteiligten Menschen, die mit Freude und natürlicher Würde ihre Trachten tragen, egal ob sie gerade erst laufen können oder 94 Jahre alt sind, freuen sich über die Attraktivität ihrer Veranstaltung. Aber es ist unausgesprochen ersichtlich und jederzeit spürbar, dass dies keine Musik- und Kostümveranstaltung der Fanniker für Touristen ist, sondern eine Veranstaltung von Fannikern für Fanniker, bei der auch Touristen anwesend sein dürfen. Die hohe Identifikation mit der eigenen Historie und das Leben in und mit ihr lässt eine natürliche Grenze zu allen Nichtfannikern entstehen – und eine nicht kopierbare Authentizität des Ortes.

> Für jede Insel, jede Herkunft, jede Firma, jede Organisation der Welt gilt: Die eigene Geschichte ist immer höchst individuell und niemals kopierbar. Die aktuelle Anziehungskraft eines Sozialkörpers ist Ergebnis davon. Handlungen in Richtung Zukunft besitzen ihre festgeschriebenen kulturellen Leitplanken.

Quelle: Ole Joern

Die Foto-Ausstellung »Fanø Dagbook« (»Fanø Tagebuch«) zeigt mit beeindruckenden Bildern, die u. a. in der dänischen Botschaft in Berlin präsentiert wurden, das historische Alltagsleben auf der Insel in einer modernen künstlerischen Darstellung. Die Ausstellung lässt den kulturellen Reichtum der 55 Quadratkilometer kleinen Insel (16 km Länge und bis zu 5 km breit) plastisch auferstehen und ermöglicht dem Betrachter eine besondere Zeit- und Kulturreise. Die Menschen hier leben in ihrem eigenen Rhythmus.

Gemeinsame Geschichte erschafft Sozialität

Die Inselbewohner zeigen unter einer sozialen Lupe, was eine gemeinsam geteilte Lebensgeschichte und Sozialkultur bedeutet. Es entsteht ein sozialer Innenraum, wenn man eine bestimmte Geschichte zusammen erlebt. Ab dem Moment, wo mich mit einem oder mit vielen anderen Menschen ein regelmäßiges gemeinsames Erleben verbindet, ab dem Moment, wo man intensive Augenblicke – positive oder negative – miteinander teilt, verbinden sich zwei oder Hunderte oder Millionen persönliche Schicksale an diesem Punkt zu einer Schicksalsgemeinschaft: Ein solch verbindendes Erleben kann ein geteilter kultureller

Insel-Hintergrund sein, genauso wie das gemeinsame Aufwachsen mit Geschwistern, das Zusammensein mit Freunden aus der Schulzeit, eine gemeinsam durchgestandene schwere Erkrankung, das Wohnen in einer WG, die langjährige Bürogemeinschaft ... Es kann aber auch die Planung und Durchführung eines Banküberfalls sein. Eine soziale Beziehung besteht unabhängig von der Intention des Bündnisses.

Je intensiver und schwieriger die Situation, umso enger kann der soziale Kitt sein, der Menschen aneinanderschweißt. Kriegsveteranen sind ein extremes Beispiel dafür: Was sie auf den Schlachtfeldern erleben und erleiden mussten, können nur Menschen verstehen und teilen, die Ähnliches durchgemacht haben. Auch wenn das Erlebte nicht derart seelisch verstörend ist wie z. B. traumatische Kriegsgeschehen, verklärt der Mensch viele seiner Erfahrungen im Nachhinein aus gutem Grunde und betrachtet sie aus einer anderen, für ihn besser zu ertragenden Perspektive. Niklas Luhman hat diese enge, meist unausweichliche, oft geliebte Abhängigkeit über die Zeit innerhalb einer derart vertrauten sozialen Umgebung zusammengefasst: »In vertrauten Welten dominiert die Vergangenheit über Gegenwart und Zukunft. In der Vergangenheit gibt es keine ›anderen Möglichkeiten‹ mehr, sie ist stets schon reduzierte Komplexität. Die Orientierung am Gewesenen kann daher die Welt vereinfachen und verharmlosen. Man unterstellt, dass das Vertraute bleiben, das Bewährte sich wiederholen, die bekannte Welt sich in die Zukunft hinein fortsetzen wird. Und diese Unterstellung hat im Großen und Ganzen Erfolg, da alle Menschen auf sie angewiesen sind und niemand in der Lage ist, alles auf einmal anders zu machen.«[64]

Es wird deutlich, warum das Vertrauen in unsere gewohnte Umgebung für jeden Einzelnen überlebensnotwendig ist: Wenn der Mensch Zukunft planen will, braucht er neben Zuversicht auch einige angenommene Gewissheiten. Beides wird ihm durch die vertraute Umgebung und selbst erlebte wie überlieferte Geschichte innerhalb seiner Sozialität erheblich erleichtert. Aus der gemeinsam freudig erlebten oder traurig erlittenen Erfahrung erwächst eigene Identität und somit

Vertrauen und Zutrauen in die vorhandene eigene soziale Umgebung. Eben weil es die eigene ist – und somit ein persönliches Sicherheitsgerüst für zukünftige Überlegungen und Perspektiven. Daher verteidigen viele Menschen ihre Vorstellungen von der Welt so vehement und halten daran fest bis zu ihrem letzten Tage. Es ist ihre Erfahrung, ihre Wahrheit und somit soziale Lebensgrundlage ihrer Existenz. Hannah Arendt beschreibt die bindende und verpflichtende Rolle von Tradition für die Menschen so:

> *»Sofern Vergangenheit als Tradition überliefert ist, hat sie Autorität; sofern Autorität sich geschichtlich darstellt, wird sie zur Tradition.«*[65]
>
> Hannah Arendt, politische Philosophin, 1906 – 1975

Jede Sozialität erschafft A-Sozialität: Jedes Innen erschafft ein Außen

Erschwerend trägt jede Form der Sozialität natürlicherweise die A-Sozialität bereits in sich: Menschen, die bei einem System außen sind, bleiben zunächst außen. Bildlich gesprochen bedeutet dies: Wenn einige Personen sich mit dem Gesicht einander zuwenden, dann sehen alle anderen Anwesenden von ihnen ab jetzt nur noch den Rücken. Das ist die Erbsünde des Sozialen: Jedes Mal, wenn es gelingt, eine echte Sozialität zu erschaffen, entsteht automatisch ein Außen. Manchmal mit brutalen Folgen: Wenn (unterdrückte) Völker sich ihrer eigenen Wurzeln und Rechte bewusst werden, sich wieder als eigenständige Gemeinschaft offiziell konstituieren wollen, dann führt dies oft zu erheblichen Konflikten, wie in Europa zuletzt der Kampf vieler Katalanen gegen die spanische Zentralregierung bzw. das zuvor geeinte »Rest-Spanien« zeigte.

Das Prinzip gilt auf jeder sozialen Ebene: Wer neu in einen Club aufgenommen wird, einen neuen Job in einer anderen Firma antritt oder das erste Mal die potenziellen Schwiegereltern besucht, der wird nicht gleich am ersten Tag bzw. beim ersten Treffen versuchen, eigene Meinungen, Vorstellungen und Gepflogenheiten durchzusetzen, sondern sich vorsichtig an das ihm noch unbekannte System herantasten. Zumindest wenn die Person klug ist. Der an den Firmen-Neuankömmling gerichtete Satz »Dass du das jetzt so erledigt hast, ist nicht tragisch. Du bist ja gerade erst neu hier. Aber bei uns wird das immer folgendermaßen gemacht ...« ist immer ein Beleg für solche ungeschriebenen internen Gesetze.

Der Feind als Energetikum

Geteilte Vorgeschichte kann nicht einfach aufgeholt oder künstlich installiert werden. Manchmal ist dies nahezu unmöglich. Klischeehaft dargestellt: Wer als Deutscher extrem frankophil ist, kann nach Paris ziehen (die EU ermöglicht es), dort einen uralten Citroën fahren, täglich ein Baguette unterm Arm tragen, Sartre und Camus lesen, Laisser-faire machen und dazu filterlose Gauloises rauchen, bis die Lunge schwarz wird: Sie oder er wird für seine französische Umgebung »der Deutsche« bleiben. Jede Gemeinschaft ist ex-klusiv im Sinne des Wortes: Sie exkludiert andere Personen. Wie stark diese Grenze ist, variiert abhängig von der Art der Gemeinschaft. Diese Exklusion ist wichtig für die soziale Energie im Innen: Donald Trump hat die Wahl 2016 gewonnen, weil er durch Aufstellung des Feindbildes »etabliertes bis blasiertes Washington-Polit-Establishment« seine Wählergemeinschaft extrem mobilisieren konnte. Oder bewusst grob skizziert: Wenn die EU wirklich irgendwann einmal als Europäische Union – d. h. stark und geschlossen – nach außen auftreten will, dann wäre die dafür notwendige innere Einheit erheblich einfacher zu erreichen, wenn China oder die USA als »fiese« Feindbilder installiert werden könnten. Wie viel einfacher war diese Welt, als es noch den Kalten Krieg gab, als die Begriffe »böse« und »gut« politisch klar geregelt und besetzt waren.

Dies Schema gilt selbstverständlich auch auf der privaten Beziehungsebene: Es ist schön, wenn wir viele gute Freunde haben, die ähnlich denken und handeln, wie wir es tun. Aber wie viel mehr Energie weckt es in uns, wenn wir Menschen erblicken, die wir überhaupt nicht mögen? Menschen, deren Ideale, Statussymbole und Lebenskonzepte wir strikt ablehnen? Das macht viel mehr mit uns: Wir werden uns nämlich unseres eigenen Selbstverständnisses und unserer Identität viel bewusster, wenn der Feind definiert ist. Oder wie der Volksmund sagt: »Has(s)t du was, dann bist du was.« Kurzum: Danken wir unseren Feinden. Nur durch sie sind wir uns bewusst, wer wir selbst sind!

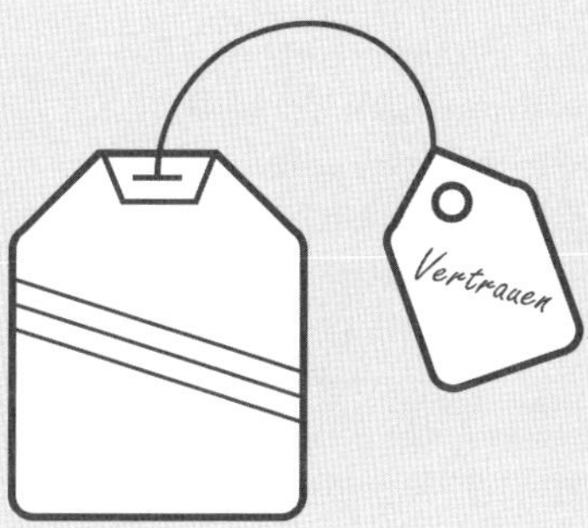

»Wenn der Feind bekannt ist, hat der Tag Struktur.«

Volker Pispers,
deutscher Kabarettist

19. Das Urfundament von Vertrauen: Die soziale Gemeinschaft (keine Hipster-Community)

»Hier stehe ich, ich kann nicht anders«, so ging es nicht nur Martin Luther 1521 in Worms, so geht es auch Gertrude L. in Wuppertal 2021: Wir alle haben unseren Punkt auf dieser Erde, der unser persönlicher (Lebens-)Mittelpunkt ist. Dort sind die meisten der Menschen, die wir real kennen (d. h. außerhalb sozialer Medien), und viele, denen wir Vertrauen schenken, weil wir in gewisser Weise miteinander vertraut sind, weil sie quasi Teil unseres Alltags sind und sie ebenfalls an diesem Ort ihre Kinder zur Schule bringen, Geld verdienen, Würstchen grillen und zur Behörde gehen. Auch im digitalen Zeitalter mit global unendlichen Verbindungsmöglichkeiten ist diese örtliche Logik nicht ausgesetzt, oft sogar im Gegenteil: Es wertet das Reale vor Ort sogar noch auf, eben weil wir virtuell überall sein können.

Eine Kugel ist die einzige geometrische Figur, bei der es nicht möglich ist, auf ihrer Oberfläche einen feststehenden Mittelpunkt zu konstruieren. Das ist für das Thema Vertrauen, Heimat und Gemeinschaft eine sehr wichtige Feststellung. Wir alle leben auf einer Erdkugel (okay, sie ist nicht exakt rund …) und somit ohne den einen konkreten Mittelpunkt. Das heißt, wenn wir als Lübecker in Lübeck oder als Bürger von Neu Delhi, Buenos Aires, Lagos oder Auckland jeweils vor Ort gefragt werden: »Wo ist für Sie der Mittelpunkt der Welt?«, dann würden die meisten Menschen darauf antworten: »Hier, wo ich jetzt stehe, das ist für mich der Mittelpunkt der Welt.« Das bedeutet: Um die

7,8 Milliarden Menschen stehen und gehen aktuell jeden Tag auf dem Mittelpunkt »ihrer« Welt. Dort spielt sich jeden Tag ihre persönliche Geschichte mit allen Höhen und Tiefen ab. Hier ist ihre Gemeinschaft, der Ort, an dem die Umgebung ihnen vertraut ist, wo sie sämtliche gemeinschaftlichen Sitten und gesellschaftlichen Gesetze und Herausforderungen kennen und sich meist auch zu Hause fühlen. Die Flüchtlingsproblematik wird an dieser Stelle bewusst ausgelassen, jedoch wird die Dramatik des erzwungenen Verlustes von Heimat an dem beschriebenen Vorgang umso stärker deutlich.

Im Ergebnis besitzt jeder Punkt auf unserer Erdkugel den gleichen Wert. Keine örtliche Person oder Gemeinschaft kann sich gemäß dieser Logik als herausragend, besser oder besonders verstehen, denn aus mathematischer Sicht sind alle Oberflächenpunkte identisch im Wert. Die geometrische Zentrumslosigkeit hat fundamentale Auswirkungen auf die zivilisatorische Entwicklung des Menschen: Jeder Mensch hat das Recht, seinen individuellen Lebensmittelpunkt, sein Land, seine Region, sein Dorf als Mittelpunkt der ganzen Welt zu verstehen. Dieses »Mittelpunktbewusstsein« führt zu der zuvor beschriebenen Wahrnehmung von »wir« und »die Anderen« oder »die Fremden«. Schlimmstenfalls »der Feind«. Die bunte Lebenswirklichkeit zeigt, wie jeder Ort und jede örtliche Gemeinschaft das Leben und seine Bewältigung unterschiedlich interpretiert: andere Götter anbetet, ihre Kinder anders erzieht, anders arbeitet, feiert, liebt, heiratet, ehrt, bestraft oder begräbt. Mit all den wunderschönen wie unerträglich schrecklichen Folgen, die uns jeden Tag in den Medien plastisch vorgeführt werden.

Abstrakte Weltgesellschaft versus konkrete Ortsgemeinschaft

Diese soziale Tatsache führt gleichzeitig vor, warum die Ethik global so einen schweren Stand hat. Zwar wurde es trotz all der unzähligen örtlichen Differenzen erfolgreich geschafft, dass es mittlerweile viele Gebiete auf der Erdkugel gibt, wo sich Menschen über all ihre kulturellen Unterschiedlichkeiten hinweg miteinander arrangieren, ohne bei einem Problem sofort zu den Waffen zu greifen. Selbstverständlich ist so ein friedliches Miteinander weiterhin nicht. Die UN-Charta der Menschenrechte beansprucht seit mehr als 70 Jahren prinzipiell weltweite Gültigkeit. Aber die brutale Realität beweist, dass die darin beschworene Gleichheit aller Menschen in vielen Gegenden nur auf dem Papier besteht (wenn überhaupt). Die oftmals empfundene Ohnmacht einer gesellschaftlichen Institution wie der UNO, die zu oft erfolglos versuchen muss, ethische Grundprinzipien in brutalen Konflikten zu etablieren und an die menschliche Vernunft vor Ort zu appellieren, liegt in einem sozialen Dilemma begründet: Die örtlichen, manchmal über Jahrhunderte gewachsenen diversen Gemeinschaften sind im Konfliktfall ex-klusive Gemeinschaften. Dazu müssen nicht einmal die schrecklichen Massaker und Genozide der jüngeren Geschichte in Asien, Afrika und Europa als Beispiel verwendet werden. Es reicht, einen typischen Brüsseler EU-Gipfel zu betrachten, um zu erkennen: Immer wenn es ernst wird – also meist, wenn es um die Verteilung von Geld geht (z.B. Corona-Hilfsfonds) –, ist sich jedes Volk bzw. sind sich seine Volksvertreter vor Ort immer selbst am nächsten und versuchen, alles für ihr Land, ihre Gemeinschaft und deren Vorteile herauszuholen.

Das Sprichwort »Blut ist dicker als Wasser« wird in nahezu jeder sozialen Konfliktsituation bestätigt. Soziologisch formuliert: Das Urvertrauen in die eigene Gemeinschaft ist dicker als der ethische Zeigefinger der Welt »da draußen«. Die Wahrnehmung vor Ort lautet meist so: »Die da draußen haben doch keinerlei Ahnung, wie es hier bei uns wirklich zugeht.« Sie kennen diese individuelle Gemeinschaft nicht, sind somit ewige Externe. Oder wie ein maßgeblicher Begründer der Soziologie im deutschsprachigen Raum, Ferdinand Tönnies (1855–1936), in seinem erstmals 1886 erschienenen Klassiker »Gemeinschaft und Gesellschaft« die gewachsene Stärke dieser Verbindung, aber auch ihre Unausweichlichkeit beschreibt: »Alles vertraute, heimliche, ausschließliche Leben (so finden wir) wird als Leben in Gemeinschaft verstanden. Gesellschaft ist die Öffentlichkeit, ist die Welt. In Gemeinschaft mit den Seinen befindet man sich von Geburt an, mit allem Wohl und Wehe daran gebunden.«[66] Die Alltagssprache macht diese Differenz deutlich, eine »Ehegesellschaft« klingt – obwohl es Eheverträge gibt – nach wie vor komisch, genauso wie es kein noch so kumpelhaft auftretendes Unternehmen vermocht hat, aus seinen Aktionären eine echte Aktien-Gemeinschaft zu bilden.

Jede Gemeinschaft schöpft ihre Kraft daraus, dass ihre Mitglieder einen gemeinsamen Lebenszusammenhang haben, den sie ähnlich wahrnehmen und interpretieren. Über die Jahre entwickeln sich im beständigen Umgang miteinander bestimmte Gewohnheiten, Sitten und Gebräuche. Der Begriff »Kultur« fasst die individuellen Inhalte, die Menschen sich schaffen und sozial vererben, zusammen. Die am Ort gesammelten Erfahrungen, die jeweilige Ortskultur, wird kontinuierlich von Generation zu Generation weitergereicht. Die daraus entstehenden gleichartigen Hintergründe manifestieren Identität und Einheit der Gemeinschaft. Die Gemeinschaft ist aus der geteilten Herkunft, dem gemeinsamen Mittelpunktsbewusstsein und einem gleichgerichteten sozialen Willen entstanden. Es sind jene sozial verbindenden Komponenten, die zukünftige Entscheidungen maßgeblich mitbestimmen. Aber es passiert auch Bewegung; die gesunde Gemeinschaft ist nicht völlig starr: Es sind die natürlicherweise beständig neu hinzukommenden Menschen und die mit ihnen einhergehenden veränderten oder völlig neuen sozialen Ausprägungen, die Neuerungen innerhalb der Gemeinschaft ermöglichen, wenngleich stets mit Risiken behaftet. Niklas Luhmann bringt es auf den Punkt: »Im Akt des Vertrauens wird die Komplexität der zukünftigen Welt reduziert. Der vertrauensvoll Handelnde engagiert sich so, als ob es in der Zukunft nur bestimmte Möglichkeiten gäbe. Er legt seine gegenwärtige Zukunft auf eine künftige Gegenwart fest. Er macht damit den anderen Menschen das Angebot einer bestimmten Zukunft, einer gemeinsamen Zukunft, die sich nicht ohne Weiteres aus der gemeinsamen Vergangenheit ergibt, sondern ihr gegenüber etwas Neues enthält.«[67]

Kultur begegnet uns immer konkret

Die Kultur jeder Gemeinschaft wird durch deren Traditionen vererbt, wie es das Beispiel der Fanniker-Tage (siehe Kapitel 18) beschreibt: Hier ist unser Mittelpunkt der Welt. Und den zelebrieren, schmücken und bewohnen wir, genauso wie wir es hier schon immer getan haben. Basta. Bei jeder Feier von eigener Kultur überall auf der Welt wird die Wichtigkeit der Dinge deutlich, sie manifestieren die spezifische Gemeinschaft und ihre Kultur. Egal ob es sich dabei um Trachten, Gewänder, Kopfbedeckungen, die Aufführung von Ritualen, Tänzen, Musik, ein Kreuz, einen Halbmond, eine Statue, einen Weihnachtsbaum oder einen Heckaufkleber am Auto handelt: »Klein-Wesenberg grüßt den Rest der Welt«. Alles ist jeweils stolze Manifestation der Ortskultur und ihrer gewollten Abgrenzung zu allem anderen. So wird Identität erschaffen, so wird Identität weitergegeben. Denn die Welt begegnet uns immer konkret, wir erfahren die Welt in ihren »Dingen«. Und wir sind nachvollziehbarerweise besonders stolz auf die Dinge und Manifestationen unserer eigenen Kultur, sie sind Teil unseres Selbstbildes.

Ob wir ein Restaurant besuchen, zur Schule gehen, andere Länder bereisen, ein Geschäft betreten – der Kontakt ist immer direkt, daraus ziehen wir naturgemäß unsere Rückschlüsse. Ständig werten und bewerten wir, ob im Büro des Rechtsanwalts oder beim Betreten eines Restaurants: Ist es hier sauber oder nicht? Papierserviette oder Stoffserviette? Wie sind die Preise? Tritt der Kellner uns gegenüber höflich auf? Aus diesem Grund, also weil die Fluggesellschaften um die Bedeutung der »Rückschluss-Wirkung«, der Außenwirkung, wissen, müssen Flugbegleiter bei Fluggesellschaften ein gepflegtes Äußeres vorweisen. Sie müssen mit ihrem Auftreten das Vertrauen in die Airline und deren Sicherheit verdeutlichen. Ob sie glatt rasiert und gepflegt sind oder nicht, sagt jedoch faktisch nichts aus über die Sicherheit des Flugzeuges, auf dessen engen Gängen sie freundlich lächelnd unterwegs sind. Ähnlich ist es mit den Fahrzeugen einer Büroreinigungsfirma: Sie müssen stets mit geputzter Außenhaut fahren, sonst glaubt keiner, dass diese Firma ein Büro besenrein bekommt. Der normale Mensch kann nur über konkrete Erfahrung sein abstraktes Urteil über die Dinge fällen. Da wir alle in nahezu jedem Alltagszusammenhang Laien sind, benötigen wir konkrete und unmissverständliche Vertrauensanker.

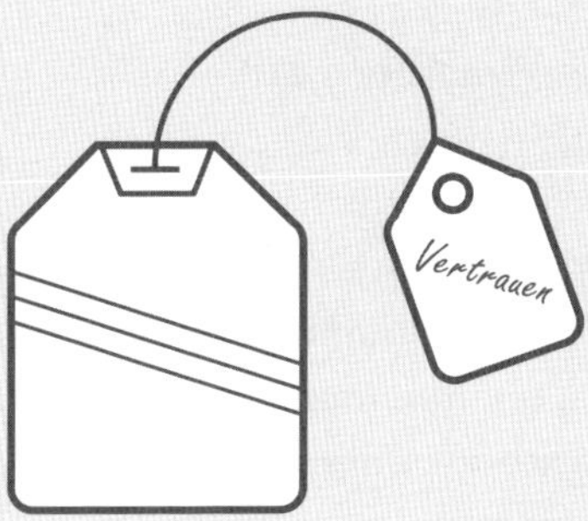

»Die Dinge sind die Gene der Kultur.«

Markensoziologische Weisheit

Entscheidend für die Beziehungen innerhalb einer Gemeinschaft ist die gegenseitige Bejahung. Dies impliziert nicht, dass Gemeinschaft frei von Auseinandersetzung ist. Streit ist normaler Bestandteil jeder sozialen Beziehung. Der Begriff des »Sozialen« ist nie gleichbedeutend mit Harmonie. Ein soziales Verhältnis entsteht, wenn ein bestimmter Wille Menschen miteinander verbindet. Jede Verbundenheit bildet Sozialität: Sprache, Herkunft, Geschmack sind wichtige Teile davon. Das gemeinschaftliche Sozialverhältnis in seiner reinsten Form ist gekennzeichnet durch gleiche Abstammung. Ausgehend von der Familie, der »Gemeinschaft des Blutes«[68], gibt es bei Tönnies zwei weitere sich fördernde Verbindungen: die Nachbarschaft (Gemeinschaft des Ortes) und die Freundschaft (Gemeinschaft des Geistes). Drei Gemeinschaftsformen, die sich durch den Grad der persönlichen und räumlichen Nähe voneinander unterscheiden. Aber alle drei Varianten können extrem starke persönliche wie soziale Ziehkräfte entwickeln. Der deutsche Dichter und Kulturphilosoph Johann Gottfried Herder (1744–1803) hat dies prägnant zusammengefasst: »Jeder liebt sein Land, seine Sitten, seine Sprache, sein Weib, seine Kinder, nicht weil sie die besten auf der Welt, sondern weil sie die bewährten Seinigen sind, und er in ihnen sich und seine Mühe selber liebet. [...] Selbst die Zugvögel nisten, wo sie geboren sind, und das schlechteste, rauheste Vaterland hat oft für den Menschenstamm, der sich daran gewöhnte, die ziehendsten Fesseln.«[69]

Erfolgreiche Wirtschaftsgemeinschaften basieren auf Freiwilligkeit (und Vertrauen)

Solche intim-innige Form von gewachsener Gemeinschaft ist selbstverständlich etwas völlig anderes als ein nettes Community-Building, wie es einige Unternehmen gezielt forcieren, um ihre Marke und ihre Produkte stärker zu »pushen«. Immerhin, auch an Unternehmen ist die ungeheure soziale Zugkraft und Eigendynamik, die Gemeinschaften entwickeln können, nicht vorbeigegangen. Für eine valide Gemeinschaftsbildung braucht es jedoch vor allem freiwillige soziale Anziehungskräfte – inklusive Grundvertrauen. Eine Gemeinschaft hat noch nie valide funktioniert, nur weil eine Firma oder Partei es gerne will. Prinzipiell funktioniert die Gemeinschaftsbildung, denn Menschen sind von Natur aus Bündniswesen – sonst gäbe es die Soziologie nicht, Psychologie würde ausreichen. Wo er geht und steht, sucht der normale Mensch das Bündnis mit anderen Menschen, mit Verbündeten. Im Kleinen wie im Großen: Am ersten Tag in der neuen Firma suchen wir instinktiv nach Personen, die uns sympathisch und vertrauenswürdig erscheinen, mit denen wir uns gute Zusammenarbeit vorstellen können, die eventuell Verbündete sein könnten. Viele Hamburger identifizieren sich mit Hamburg, viele Münchner mit München und seinen Biergärten, Schalke-Fans mit Schalke und ein Citröen-2CV-Fahrer mit anderen 2CV-Fahrern. Wenn sich Fangemeinschaften um Marken – von Barbie, Hello Kitty über Harry Potter bis hin zu Smart – bilden, dann geschieht die erfolgreiche Initialzündung weiterhin von außen, weil sich Menschen ehrlich von einer Leistung angezogen fühlen. Filmreihen wie Star Trek oder Star Wars besitzen weltweit stattfindende eigene Conventions, wo sich Fans zu Tausenden treffen, kostümieren und austauschen können – und Originaldarsteller als Stargäste zu Besuch kommen.

Zum Funktionieren benötigt das Bündnis bei Wirtschaftsunternehmungen als Grundlage das absolute Vertrauen in die individuellen Leistungen. Dies funktioniert nicht über die forcierte Installation einer Hipster-Community, sondern nur über Konstanz und Wiedererkennung. Wenn heute von Kultmarken geredet wird, dann sind es oft Marken, die es geschafft haben, ihre eigene Anhängerschaft erfolgreich zu mobilisieren: Wer eine Meute Harley-Davidson-Motorräder an sich vorbeiknattern lassen muss, der kann sich sogar als lärmempfindlicher Zeitgenosse ohne Bezug zu Motorrädern der Faszination einer solchen chrom- und lederlastigen Straßenaufführung kaum entziehen – selbst wenn die Faszination auf inniger Ablehnung beruht. Aber auch Menschen, die eine Nacht auf dem harten Asphalt schlafen, statt darüberzuknattern, nur weil sie am nächsten Morgen unbedingt als Erster für viel Geld ein neues Apple-Gerät im Apple-Store ernten wollen, sind von der Kraft dieser Markengemeinschaft eindeutig angezogen. Nicht umsonst spricht man von »Apple-Jüngern«. Interessant bei den besonders gemeinschaftsstarken Marken ist, dass ihre Bindungskraft sich nicht nur auf die Kundschaft bezieht, sondern meist auch die Mitarbeiter freiwillig stark involviert sind. Es soll einige Nike-Mitarbeiter mit einem als Tattoo geben – bei ihnen geht die Liebe bis unter die Haut. So tief muss die Liebe zur eigenen Organisation nicht gehen. Generell hilft es jeder Organisation naturgemäß erheblich, wenn das – neudeutsch – »Commitment« der Mitarbeiter hoch ist und Herzblut dabei ist; übrigens auch bei dem Dauerbrenner-Thema Employer Branding.

> Je stärker eine Organisation in der Lage ist, gemeinschaftliche Strukturen aufzubauen, umso stärker ihre soziale Anziehungskraft (extern wie intern). Die Existenz von Gemeinschaft bedeutet, dass Grundvertrauen erfolgreich etabliert wurde.

Auch Unternehmen sind in Ortskulturen und Ortsgemeinschaften eingebunden

Nicht jedes erfolgreiche Unternehmen sitzt in Wien, New York, Kopenhagen oder anderen Metropolen. Im Gegenteil: Hidden Champions, die verborgenen Weltmarktführer, sitzen oftmals in eher »versteckten« Orten wie Künzelsau, Reutlingen und Zwiesel. Der Mittelstand bedient die Welt oftmals aus kleinen Dörfern und Gemeinden im Münsterland, im Harz oder auf der Schwäbischen Alb. Und viele Firmen unterstehen dort einer sozialen Einbindung und örtlichen Verpflichtung, meist auch einer gewissen Kontrolle. Positiv wie negativ: Wenn einer der Geschäftsführer sich bei der Autowaschanlage dreist in der Reihe vordrängelt, dann bimmelt schon einmal sechs Minuten später in der Telefonzentrale des Unternehmens das Telefon: »Sagen Sie bitte, welcher Ihrer drei Geschäftsführer fährt das Auto mit dem Firmenkennzeichen XY?« Auf der anderen Seite kann die Baugenehmigung für die dringend benötigte neue Lagerhalle eventuell nach direkter Rücksprache mit dem Bürgermeister sehr schnell erteilt werden. Beide Fälle haben viel mit Vertrauen zu tun … (und sind real so passiert). Soziale Effizienz geht häufig mit gesteigerter sozialer Kontrolle vor Ort einher, nicht allein in Sønderho, sondern auch anderswo.

Ein Konzernvorstand erhält meist einen Zwei- bis maximal Fünfjahresvertrag (bei einer AG gesetzlich festgelegt), der an die »Ablieferung« bestimmter Zahlen im entsprechenden Zeitraum gekoppelt ist. Damit kommt automatisch ein Fehler ins System: Langfristiges unternehmerisches Denken wird stark limitiert – auf eine Zwei-, Vier- oder Fünfjahresperspektive. Zumindest wenn dem Mandatsträger der eigene Wohlstand und die eigene Familie wichtiger sind als die Firma. Selbst wenn man nichts Böses unterstellen will: Dieser Leistungsträger kann nicht in derselben Weise am Wohlergehen des Unternehmens interessiert sein wie jemand, der in x-ter Generation vor Ort bis zu seinem 65. Lebensjahr (mindestens) für das Wohlergehen »seiner« Firma verantwortlich ist, bevor er sein Lebenswerk vertrauensvoll übergibt. Nicht umsonst ist die Nachfolgeregelung bei inhabergeführten Mittelständlern ein extrem heikles Thema. Das persönliche Schicksal des Verantwortlichen ist dort untrennbar mit dem Wohl und Wehe der Organisation verwoben. Daher wird bei allem tagesgeschäftlichen Tohuwabohu und Druck immer auch in Dekaden (mit)gedacht. Oft ist die Geschäftsführung in der Region zudem eng sozial vernetzt und gesellschaftlich tief verankert. Ihre persönliche Verantwortung erstreckt sich somit über Mitarbeiter und Firma hinaus auf die regionale Ebene. Gerade wenn es ein Unternehmer ist, der seine soziale Verpflichtung vor Ort ernst nimmt.

Gemeinschaft heute: zeitlos aktuell

Gerade in Zeiten, in denen tradierte Ordnungssysteme wie Familie, Kirche oder Herkunft instabiler werden – mit allen negativen Folgen –, lässt sich keineswegs feststellen, dass der Mensch nun in die Epoche der Bindungslosigkeit taumelt – ganz im Gegenteil: Die Auflösung alter Orientierungssysteme hat zu neuen Formen der Bindung und Gemeinschaftsbildung geführt, emotionale Bedürfnislücken werden inzwischen anders geschlossen. Ob man es kritisiert, ablehnt oder als einen Sachverhalt der Moderne hinnimmt: Es gelingt Kulturkörpern wie Apple, Harley Davidson, FC Liverpool, Lego und Kreuzfahrtunternehmungen wie der Aida, für viele Menschen als eine Art Sinngeber zu fungieren. Diese Marken stiften Formen von Gemeinschaft und leisten so gewichtige Beiträge zur Identität ihrer Fans, Anhänger oder Kundschaften. Sie helfen Zugehörigkeiten zu schaffen und sich von anderen abzugrenzen.

Die soziale Energie von Gemeinschaft – gerade gegenüber Gesellschaft – wird immer deutlich, wenn es ernst und somit konkret wird. Als die sonst eher nüchterne Kanzlerin »ihr« Volk in einer außerordentlichen Fernsehansprache auf die anrollende Corona-Welle einschwor und auf mögliche Todesfälle durch die Krankheit verwies, appellierte sie ausdrücklich und mehrfach an gemeinschaftliche Gefühle, die jetzt vonnöten wären: »Das sind nicht einfach abstrakte Zahlen in einer Statistik, sondern das ist ein Vater oder Großvater, eine Mutter oder Großmutter, eine Partnerin oder ein Partner, es sind Menschen. Und wir sind eine Gemeinschaft, in der jedes Leben und jeder Mensch zählt.«[70]

Die Gemeinschafts- und Vertrauens-Erfolgsmixtur: Gedächtnis, Gewöhnung, Gefallen

Drei Begriffe nennt der Soziologe Tönnies als charakteristisch für die Entwicklung enger gemeinschaftlicher Verhältnisse. Im *Gedächtnis* speichert der Mensch seine Erinnerungen und Erfahrungen. Auf seinem persönlichen »Erlebniskonto« sammeln sich im Laufe der Zeit gedankliche Verbindungen zu den Dingen und Personen der direkten Umgebung an: »Der Mensch kann nur mithilfe von Erinnerungen zu anderen Menschen Beziehungen aufbauen.«[71] Im Gespräch mit sehr alten Menschen ist einer der Punkte, der diese – insgesamt oft sehr zufriedenen – Menschen übergreifend traurig macht, die Tatsache, dass es keine gleichaltrigen Freunde mehr gibt, mit denen sie ihre Erinnerungen teilen können.

Die Vertrautheit mit dem sozialen Umfeld führt zum zweiten Begriff, der *Gewöhnung*. So entfalten Rituale, Sitten und Bräuche ihre kollektive Kraft durch die Gewohnheit. Deren konkrete Inhalte können dabei für Außenstehende losgelöst von jeder Logik und Vernunft erscheinen. Ein Fest wie Weihnachten muss für Menschen aus einer völlig anderen Kultur sehr befremdlich wirken: Ansonsten völlig normal wirkende Menschen stellen sich in ihr sauberes Wohnzimmer urplötzlich nadelnde, pieksige Bäume und schmücken diese. Überall öffnen Märkte ihre Türen und aus den Lautsprechern dudeln den ganzen Tag seltsame Lieder. Überall läuft ein dicker roter Mann mit weißem Bart herum usw. Jede Kultur übt dabei einen lautlosen Zwang aus, dem ihre Mitglieder sich oftmals nicht nur am Glühweinstand mit Begeisterung unterwerfen. Bei Ablehnung bestimmter Sitten oder Totalverweigerung wird es dagegen schon mal schwierig: Wie viel Aufwand bedeutet es, sich dem Dezember-Weihnachtsrausch komplett zu entziehen? Mit Kindern nahezu unmöglich. Da entschließt eine Familie sich für eine radikale Lösung, flüchtet vor Geschenketrubel und Winterdunkelheit gemeinsam in die sonnensicher-weihnachtsfreie Karibik, und was passiert? Am 24. Dezember stellt das bedürfnisorientiert sensible Hotel seinen Gästen einen geschmückten leuchtenden grünen Plastiktannenbaum auf ihr Zimmer – weil sie doch aus Europa kommen und es ihnen im Urlaub an nichts fehlen soll.

Kultur hat oft sehr lange soziale Tentakel für die jeweils betroffenen Mitglieder. Man kann ihr nur schwer davonlaufen und schon gar nicht aus ihr austreten wie aus einem Verein. Ganz im Gegenteil: Häufig bemerkt man erst bei einem längeren Auslandsaufenthalt in einer fremden Kultur, wie typisch deutsch, schweizerisch, österreichisch man ist. Die Muttersprache führt vor, wie unfrei Gemeinschaft uns macht: »Nicht wir sprechen ›italienisch‹, sondern das ›Italienische‹ spricht aus uns. Nur weil wir uns der Grammatik und Phonetik einer Sprache unterwerfen, sind wir überhaupt in der Lage zu kommunizieren.«[72]

Die allermeisten Menschen empfinden jedoch grundsätzlich Gefallen an ihrer Heimatkultur und Heimat-Gemeinschaft. Dies ist kein Wunder. Es geschieht nahezu zwangsläufig, denn die Kultur ist fester Teil ihrer eigenen gewachsenen Identität. Wer sie ablehnt, lehnt ein Stück weit sich selbst und die Seinigen ab. Der *Gefallen* als dritter Tönnies-Begriff bezeichnet die stärkste Art gegenseitiger Bejahung. Der gebürtige Nordfriese beschreibt das Verhältnis der Mutter zu ihrem Kind als tiefste Form des Gefallens, denn diese Zuneigung folgt einem angeborenen Instinkt. Instinkt oder Intuition ist häufig der Grund, weshalb jemand sich von bestimmten Menschen oder Dingen angezogen fühlt, während andere bei ihm ebenso intuitiv Misstrauen oder Ablehnung erwecken.

> Die Kraft jeder Gemeinschaft wurzelt im unbedingten gegenseitigen Vertrauen, welches aus dem *Gedächtnis*, der *Gewöhnung* und dem *Gefallen* aneinander erwachsen ist: Der Mensch liebt die ihm vertrauten Dinge, denn sie sind Teil seiner eigenen Geschichte und Identität.

Gemeinschaftlich gegen den unsichtbaren Feind

Im Frühjahr 2020 zeigte sich in der beginnenden Corona-Krise, zumindest kurzfristig, wie sogar weltweit übergreifend Gemeinschaft entstehen kann: Denn teilweise kamen angesichts der grausamen wie auch der schönen TV-Berichte und Youtube-Filme starke gemeinschaftliche Gefühle auf. In der extremen Zeit fühlten wir uns verbunden mit allen, die unser Leid und unsere Lichtblicke teilten, die für uns kämpften oder es gerade noch viel schwerer hatten: egal ob überfüllte Intensivstation, verzweifelte Ärzte und Schwestern, trauernde Angehörige oder – auf der anderen Seite – Italiener, die sich per Balkonkonzert gegenseitig Mut zusangen, Igor Levit, der Hauskonzerte für alle gab, junge Menschen, die Einkaufsdienste für Ältere anboten, oder gemeinschaftliches Klatschen auf Balkonen für die »Helden des Alltags«. Die Krise machte kreativ: Menschen sendeten sich lustige Quarantäne-Videos, die Wiener Polizei fuhr um 18 Uhr Streife durch die Straßen und aus den Lautsprechern kam kein Tatütata, sondern die inoffizielle Landeshymne »I am from Austria!« – als Dankeschön an die Bevölkerung für das Einhalten der Beschränkungen. Die Krise bedrohte länderübergreifend nahezu alle Menschen, ob arm oder reich: Vor dem Virus waren alle gleich – jedenfalls in der Momentaufnahme. Diese Verbundenheit durch die unheimliche unsichtbare Gefahr, den gemeinsamen Feind, das Virus, ließ ein globales Gemeinschaftsgefühl entstehen. Denn die große bunte Welt erschien aus dieser Perspektive zeitweise als kleines Boot. Nur durch sozialen Zusammenhalt kann das Sinken erfolgreich aufgehalten werden. Jeder Einzelne musste / wollte an seiner Stelle seinen Beitrag dafür leisten, dass die Corona-Ausnahmesituation beherrschbar bleibt. Zudem können die meisten Menschen nachfühlen, wie schlimm es ist, Familienangehörige zu verlieren. So entsteht durch die gemeinsam erlebte Bedrohung ein Gemeinschaftsgefühl, wie es in modernen Industriegesellschaften nur noch selten zustande kommt – zumindest außerhalb der üblichen internationalen Sportveranstaltungen, wenn alle gemeinsam Fähnchen schwenkend vor den Leinwänden hängen und ihre Nationen anfeuern.

20. Das Handlungsmuster hinter Vertrauen: Wiedererkennung und Wiederholung

Die Zeit: *»Beim wievielten Mal hat ein Hörer Ihren Refrain verinnerlicht?«*

Udo Jürgens: *»Wenn der Refrain gut ist, beim zweiten Mal. Er freut sich schon im Unterbewusstsein, wenn der Refrain das zweite Mal kommt. Das ist ein ganz wichtiges Gefühl. Was da chemisch vorgeht, weiß ich nicht, aber es ist ein Wohlbefinden. Wiedererkennen ist immer Wohlbefinden.«*

Interviewauszug aus »Die Zeit«, 26. August 2010[73]

Der in Klagenfurt als Sohn deutscher Eltern geborene österreichisch-schweizerische Komponist und Sänger Udo Jürgens Bockelmann, der als Udo Jürgens weltberühmt wurde, stand fast 60 Jahre erfolgreich auf der Bühne und verkaufte 105 Millionen Tonträger. Udo Jürgens zählt zu den bedeutendsten Entertainern im 20. Jahrhundert. Er komponierte über 1000 Songs, u.a. für Shirley Bassey und Frank Sinatra. Seine Tourneen führten ihn bis nach Japan und Australien. Der 2014 verstorbene Künstler kann mit Fug und Recht als ein Experte für gute Refrains mit starker sozialer Resonanz bezeichnet werden. Zum Dank für den »Griechischen Wein«, mit dem er das Heimweh der griechischen Gastarbeiter im Ruhrgebiet der 1970er-Jahre in ein Lied mit bis heute eingängigem Refrain hineintextete, wurde er 1975 vom griechischen Ministerpräsidenten empfangen.

Mit seiner Antwort im Zeit-Interview trifft Udo Jürgens einen für die Vertrauensbildung entscheidenden Punkt: Der Mensch liebt es, Dinge wiederzuerkennen. Wir alle freuen uns, wenn wir bestimmte Dinge erneut erblicken, erschmecken oder erhören. Ob es ein Refrain ist, die Silhouette der Heimatstadt, ein guter Freund, die vertraute Urlaubsinsel, die Lieblingsmannschaft, die Nationalhymne, der Gesang in der Fankurve, das Lieblingsessen oder das Ploppen vom Verschluss der bevorzugten Biermarke. Große Dinge, aber auch klitzekleine Details. Und das macht die Führungsaufgabe von Organisationen so komplex – oder wie der Markenexperte weiß: »Markenarbeit ist immer Detailarbeit.« Wer keinen Blick für die wichtigen (!) Details hat, der sollte niemals eine Organisation führen oder beraten dürfen ...

Wenn Sie auf ein Konzert Ihrer Lieblingsgruppe, Ihrer Lieblingssängerin usw. gehen, wann fängt das Konzert an, im wahrsten Sinne des Wortes Musik zu machen? Nicht nur in den Ohren, sondern vor allem dazwischen? In jedem Konzert werden normalerweise zunächst die neuen Songs vom neuen Album gespielt, das ist oftmals nett anzuhören (je nach Können). Emotional mitreißend wird es jedoch vor allem im zweiten Teil des Konzertes, weil die Band oder der Künstler erst jetzt die berühmten und bekannten Erfolgslieder anstimmt, welche für die Fans bereits emotional aufgeladen sind, da sie mit ihnen Erinnerungen und Erlebnisse verbinden. Die Songs sind dem Fanpublikum schon lange vertraut, und so brandet bei den ersten Tönen umgehend Jubel auf, man singt gemeinsam und hält leuchtende Handys hoch (die Wunderkerzen des Digitalzeitalters). Die Emotionen im Raum oder im Stadion sind nahezu greifbar. Bei Udo-Jürgens-Konzerten kam irgendwann im zweiten Teil des Konzerts der Moment, auf den alle im Saal sehnsüchtig gewartet hatten: nämlich wenn die Sitzordnung von den Zuschauern aufgehoben wurde, weil erst einige mutige Fans bzw. profunde Udo-Kenner und dann plötzlich alle Leute nach vorne liefen. In diesem Moment zeigte sich, was alle soziale Erfahrung bestätigt und Udo Jürgens im Interview auf den Punkt brachte: Wiedererkennen ist immer Wohlbefinden.

Ohne Wiederholung und Wiedererkennung findet keine Bestätigung statt

Ob als Einzelkünstler, Kanzlerin oder Großorganismus: Jedes lebende soziale System benötigt ein hohes Maß an Wiederholung und Wiedererkennbarkeit, um langfristig vital zu bleiben. Mit dieser Eigenschaft kommt der starke Sozialkörper dem zutiefst menschlichen Grundbedürfnis nach Sicherheit, Verlässlichkeit und Vertrauen entgegen. Daraus resultieren seine Grundattraktivität und gleichzeitig die Entspannungsmomente für die Fans, die Anhänger oder die Kundschaft. Ihr Wissen um den Organismus wird bestätigt, und damit erfahren sie gleichzeitig ihre persönliche Bestätigung, dass sie diesem System weiterhin treu bleiben können. Das persönliche Gewohnheitsmuster, welches sich in Bezug auf diese Leistung eingebrannt hat, wird nicht angegriffen: Die gespeicherte Mixtur aus »Gefallen, Gewohnheit, Gedächtnis« wird bestätigt (siehe Kapitel 19), daraus resultiert ein zutiefst wohltuendes Gefühl. Denn wenn wir Gefallen an Dingen entwickelt haben, möchten wir meist zu viel Veränderung vermeiden. Deswegen ist es so wichtig, dass jede Organisation stets erwartbar agiert. Der Hype, der in Medien und im höheren Management oftmals stattfindet und der suggeriert, dass der Wunsch nach ständiger Veränderung auf einer maximal beschleunigten Erdoberfläche allgegenwärtig ist und eine Grundmaxime unternehmerischen Handelns sein muss, entlarvt sich schnell als viel zu oberflächlich. Markige Managersprüche wie »Das einzig Verlässliche ist der Wandel« verlieren schnell ihre scheinbare Unumstößlichkeit, wenn einmal etwas unterflächiger bzw. rein analytisch auf den sozialen Sachverhalt dahinter geschaut wird. Unter der rasanten Hochglanzoberfläche agieren die Menschen deutlich anders, und dort sind auch ihre Wünsche und Bedürfnisse meist ganz andere. Aber vor allem sind die damit verbundenen sozialen Mechanismen zeitlos, solange der Mensch noch Mensch ist. Das bedeutet, dass z. B. der Wunsch nach ständiger Veränderung des eigenen Umfelds bei den allermeisten Erdenbürgern relativ überschaubar ist. Warum sitzen jeden Silvesterabend Millionen von Menschen von Südafrika bis Grönland vor dem Fernseher (»the same procedure as every year«), um sich zum x-ten Mal einen uralten, schwarz-weißen 18-minütigen Kurzfilm anzuschauen? Seit 1972 wird »Dinner for One« in Deutschland ausgestrahlt. An der Handlung hat sich im Laufe der Jahrzehnte dabei rein gar nichts verändert – verändert haben sich nur die Einschaltquoten, sie zeigen weiterhin steigende Tendenz, und laut dem Guinness-Buch der Rekorde gibt es keine Fernsehproduktion, die häufiger wiederholt wurde.

Der Mensch ist ein Gewohnheitstier, daher möchte er eine gute, angenehme oder lustige Erfahrung immer wieder wiederholen. Je komplexer zudem die Umgebungswelt, umso größer der Wunsch nach bewährten Mustern im eigenen persönlichen Alltag, denn sie entkomplizieren den Tag. Dabei ist auch die Wiederholung kein Selbstläufer, sondern oftmals harte Arbeit, auch für die Verantwortlichen. Oder wie ein anderer weltberühmter Österreicher und siebenmaliger »Mr. Olympia«, der seinen einzigartigen Körper äußerst anstrengenden Wiederholungen verdankt, es formulierte: »There are no shortcuts. Everything is reps, reps, reps.« (»Es gibt keine Abkürzungen. Es braucht Wiederholungen, Wiederholungen, Wiederholungen.«)

> Jedes erfolgreiche System lebt von einem hohen Maß an Wiederholung und Wiedererkennung. Egal wie konservativ oder wie innovativ eine Organisation ist: Um wirtschaftlich gesund und langfristig sozial attraktiv zu sein, braucht es wiederkehrende Elemente.

Veränderung – ja, selbstverständlich, sofern sich die Technik und Umwelt ändert oder die Ästhetik wandelt. Aber bitte immer nach den Regeln und vor allem in den Grenzen des eigenen Systems. Denn die Kundschaft muss ihre Leistung und ihre Marke immer sofort wiedererkennen können, das ist die unumstößliche Grundvoraussetzung: Auch in der Evolution von Naturkörpern spielt die Reproduktion, die ständige selbstähnliche Wiederholung eines Musters gegenüber der Mutation, d. h. der Schöpfung von Neuem, quantitativ eine weit übergeordnete Rolle (siehe Kapitel 11). In der Markensoziologie hat sich ein Verhältnis von Wiederholung zu Innovation von 80:20 als ein grober Richtwert für eine Mehrzahl von Unternehmen herausgestellt.[74] Natürlich kann dieser Wert für ein technikgetriebenes Jungunternehmen oder eine extravagante Modemarke abweichen und 70:30 betragen. Aber ein hohes Maß an Wiederholung bleibt das Maß aller Dinge überall dort, wo es um Vertrauen geht. Es gilt die soziale Gleichung:

$$\text{Wiederholung} + \text{Zeit} \mathrel{\hat{=}} \text{Vertrauen}$$

Wie die Wiederholung zum geliebten Ritual wird – bewusst oder unbewusst

Eine Besonderheit der eingangs zitierten Mensch-Marke Udo Jürgens ist, dass der österreichische Hitschreiber das Erfolgsprinzip Wiederholung nicht nur bei seinen Refrains verstanden hat. Im Gegenteil: Udo Jürgens hat es über mehrere Jahrzehnte bis ins Detail vermocht, seiner »Kundschaft« sensibel bei jedem Konzert exakt die Zutaten zu servieren, die nötig waren, damit alle in der Halle nach dem Abend zufrieden zurückfahren konnten und sich sagten: »Ja, das war mal wieder ein echtes Udo-Konzert.« Ganz gleich, ob die Fans 1974 auf einer Udo-Tournee waren oder im Jahr 2014; ganz gleich, ob in Zürich, Wien oder Wiesbaden. Es gab Ingredienzien, auf die sich jeder, der für teures Geld ein Ticket erstanden hatte, verlassen konnte. Und die gingen über das Spielen der berühmtesten Lieder hinaus: Jedes Konzert war stets eine Gesamtkomposition inklusive einiger Gegenstände und Rituale. Eines von »Udos« berühmtesten Markenzeichen, der gläserne Schimmel-Flügel, steht bereits seit 2008 im »Haus der Deutschen Geschichte« in Bonn. Gleich daneben hängt ein weißer Bademantel. Denn ein unumstößliches Ritual war seit 1969 das sogenannte Bademantel-Finale: Nachdem das Konzert offiziell beendet war, trat Udo Jürgens noch einmal im Bademantel auf die Bühne und spielte seine Zugabe für die verzückten (meist weiblichen) Fans, die zuvor nicht mit dem Jubel aufhören und nicht nach Hause gehen wollten. Es setzte eben kein – in Werbersprache – Wear-out-Effekt ein. Im Gegenteil: Die Attraktivität erhöhte sich gerade über das Vorhandensein diverser Rituale bis zum Kult. Udo Jürgens oder sein Management, bezeichnenderweise seit 1977 der gleiche Manager, bewiesen Instinkt dafür, wie wichtig so ein Ritual für die Menschen sein kann. Es ist kein einziges Konzert seit 1969 überliefert, wo sich Udo Jürgens dem Ritual verweigert hätte – obwohl es sicherlich einmal einen Abend gab, wo er gerne einfach ins Hotel gefahren wäre ... Er wusste um die Bedeutung für seine Fans.

Die Legende aus weißem Baumwollfrottee macht deutlich, warum Unternehmen immer aus sich selbst heraus geführt werden müssen: Alles, was ein System besonders macht, ist nur aus dem System selbst und seiner Historie heraus erklär- und nachvollziehbar. Bei einem anderen Künstler würde die gleiche Aktion eventuell lächerlich oder aufgesetzt wirken. Rituale sind ein Wohnzimmer unserer Seele, ein Entspannungsraum, der gleichzeitig Bestätigung, Entspannung und Identität schenkt. Das Höchste, was ein Unternehmen mit seiner Leistung erreichen kann, ist, zu einer festen Gewohnheit im Leben seiner Kundschaft zu werden, zum »normalen« Alltag quasi rituell dazuzugehören – egal ob das dem Kunden bewusst ist oder nicht.

Wie wichtig und bestärkend Rituale auf psychologischer Ebene wirken, kann bei Weltklassesportlern besonders gut beobachtet werden. So gibt es etliche Tennisspieler, die vor ihrem Aufschlag irgendein Ritual durchführen: Rafael Nadal z. B. berührt vor jedem Aufschlag in einer festen Abfolge Hose, Schultern, Ohren und Nase mit seinen Händen. Aber selbst dem Normalo hilft ein Ritual, besser durch seinen Alltag in der Bezirksklasse zu kommen. Nahezu alles kann für uns zu einem beliebten und gelebten Ritual werden. Das kann die Zeitung am Sonntagmorgen sein, der Espresso-Stopp auf dem Weg zur Arbeit, ein bestimmter Duft. Bei Künstlern auf der Bühne ist es vielleicht das Tragen einer Schuluniform (Angus Young / ACDC), von LED-Pyramidenhüten (Deichkind) oder eines weißen Bademantels. Während manche Bühnenstars sich alles Mögliche einverleiben oder einer Fledermaus den

Kopf abbeißen (Ozzy Osbourne – vor Corona!), kam bei Udo Jürgens zum Hit-Medley im Bademantel noch ein gesundheitsförderlicher Kamillentee hinzu.

Was genau das Zeug zum Kultritual besitzt und was nicht, lässt sich erfreulicherweise strategisch nicht planen oder erzwingen; die Entscheidung liegt bei der Anhängerschaft. Soziale Phänomene haben ihre Ursache darin, dass sie kollektive Resonanz beim Publikum entwickeln. Kein System, vor allem keines, welches wirtschaftlich arbeiten muss, wiederholt etwas, das keinerlei Resonanz entwickelt. Zu seinem 80. Geburtstag im Jahr 2014 erzählte Udo Jürgens in einem Gespräch mit dem Zeitmagazin, wie es zu seinem Markenzeichen »Bademantel-Finale« kam: »1969 begann ich eine Tournee mit 266 Konzerten durch ganz Europa, bis nach Rumänien und Bulgarien. Überall ausverkauft. Das Auftaktkonzert fand in Hamburg statt. Und da passierte so eine unglaubliche Geschichte: Plötzlich, als das Konzert eine Viertelstunde vorbei war und die Leute noch immer jubelten, bin ich noch mal rausgegangen auf die Bühne. Ich war schon umgezogen und trug nur einen Bademantel, geschlossen natürlich. Da ist der Bademantel-Mythos entstanden. Die Leute haben geschrien, das kann man sich nicht vorstellen. Sie fielen in Ohnmacht, wenn sie mich nur gesehen haben. Ich war ja damals das Idol der 19-Jährigen. Es gab eine Umfrage nach den Vorbildern der Gesellschaft, und da war ich bei den 19-Jährigen auf Platz zwei, nach Mao Zedong.«[75]

»Ein Ritual ist in der Zeit das, was im Raum eine Wohnung ist.«

Antoine de Saint-Exupéry, französischer Schriftsteller, 1900–1944

21. Das Lebenselixier von Vertrauen: Warum Grenze jedes »Wir sind alles für alle«-Marketing schlägt

Ein Ritual kann eine wunderschöne, uns persönlich belebende und bereichernde Sache sein, wie einige Beispiele aus dem vorhergehenden Kapitel gezeigt haben. Durch Rituale, genauer durch die wiederholte Teilnahme an ihnen, erfahren wir auf eine besonders beglückende Art und innige Weise Gemeinschaft, erleben Gemeinschaftsgefühle.

Jedoch gibt es auch Rituale, die deutlich weniger freudvoll sind. Eines der wahrscheinlich schmerzhaftesten Rituale der Welt findet regelmäßig in Südamerika statt. Dort wird im brasilianischen Teil Amazoniens ein Initiationsritus durchgeführt, der für die männliche Jugend den Übergang in die Welt der Erwachsenen darstellt: Der indigene Stamm der Sateré-Mawé zelebriert das sogenannte Ameisenfest. Dabei müssen die zukünftigen »Männer« an beiden Händen gleichzeitig einen Handschuh aus Pflanzenfaser anziehen, in den zuvor sorgfältig 200 mit einem Blättersud betäubte tropische Riesenameisen eingeflochten wurden. Das hat einen schmerzhaften Sinn: Der Giftstachel der fixierten Ameisen zeigt jetzt in das Innere des Handschuhs. Vor Durchführung der Prozedur werden die bis zu 30 Millimeter großen Tiere durch Beräuchern zusätzlich in eine extrem aggressive Stimmung versetzt. Als ob es bis hierhin nicht schon schlimm genug wäre, hält die Wirkung des Giftes der an sich friedfertigen *Paraponera clavata* 24 Stunden lang an. Leider ist das immer noch nicht alles: Der Stich der »24-Stunden-Ameise« (so die deutsche Übersetzung) – die auf Englisch bezeichnenderweise *bullet ant* (»Gewehrkugelameise«) genannt wird – ist, wissenschaftlich bewiesen, der schmerzhafteste Insektenstich der Welt. Der Insektenforscher Justin O. Schmidt, der eine Schmerzskala für Insektenstiche eingeführt hat, die von 1,0 bis 4,0+ reicht, bewertet den Stich mit 4,0+. Nur die *bullet ant* erreicht dieses Level; extra für ihren

Stich wurde die Skala um das Plus erweitert. Der Schmerz soll, den Erfahrungsberichten nach, am ehesten dem Verbrennen bei lebendigem Leibe entsprechen.

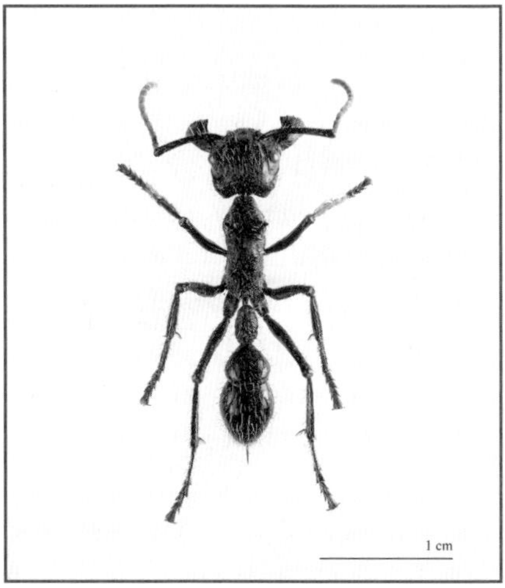

Quelle: Wikipedia[76]

Dieses Tier hat einen Stich, und zwar einen extrem schmerzhaften: die Paraponera clavata, *auch »24-Stunden-Ameise« oder – etwas martialischer – »Gewehrkugelameise« genannt.*

Wer innerhalb des Stammes Karriereambitionen hat und später Führungspositionen übernehmen will, der sollte den Handschuh lange anbehalten und dabei möglichst wenig Regung zeigen. Dieses traditionelle Ritual, das der Erlangung von Respekt und Männlichkeit im Stamm dient, kann den einzelnen Jungen bis zu 25-mal ereilen. Wer den Schmerzzustand nicht aushält, ist noch unreif, darf aber zu einem späteren Zeitpunkt die Prüfung wiederholen. Jeder Junge, der diese erzwungene, von Flötenklängen begleitete archaische Mutprobe überstanden hat, ist danach Teil der Männergemeinschaft seines Stammes. Das bestandene Ritual ist zugleich der Abschied vom Kindsein. Der Junge wird nach erfolgreichem Abschluss der Prüfung von den Männern des Stammes als ihresgleichen akzeptiert, er wird von ihnen in die Kunst der Jagd eingewiesen, lernt ab jetzt also von ihnen. Zunächst aber gilt es, die Handschuhe auszuziehen und in der Mitte der Männer gemeinsam gegen den Schmerz anzutanzen, bis tief in die Nacht.

Was sagt dieses grausame Ritual rein analytisch über die Rolle von Grenzen aus? Wer ein derartiges Ritual erfolgreich überstanden hat, diese Hürde übersprungen hat, der wird naturgemäß ein besonderes Zugehörigkeitsgefühl zu dem Kreis von Menschen haben, die ebenfalls durch diese Hölle gehen mussten. Die Eintrittshürde in diese Gruppe ist extrem hoch. Aber es wird genau darüber eine soziale Verbindung erschaffen, die nicht mehr rückgängig gemacht werden kann. Es ist eine Erfahrung, die im wahrsten Sinne des Wortes allen Mitgliedern unter ihre Haut »gebrannt« wurde, durch ein Ereignis, welches sie niemals in ihrem Leben vergessen werden. Das Martyrium gibt dem in jeder Hinsicht verwundeten Menschen das Gefühl, Teil eines besonderen oder gar auserwählten Kreises zu sein – ob er es will oder nicht. Das ist auch der Grund für die absurden, manchmal brutalen und völlig entwürdigenden Aufnahmerituale bei manchen Elite-Universitäten in Europa und den USA. In Frankreich gibt es seit 1998 ein Gesetz, dass die »Bizutage« genannten und besonders erniedrigenden, traumatisierenden Aufnahmeriten unter Strafe stellt (nachdem es zuvor Tote dabei gegeben hatte).

Bei dieser Art von Ritualen geht es immer darum, die eigene Gemeinschaft als einen verschworenen, unteilbaren »Haufen« zu konstituieren. Die dabei ausgeübte Gewalt wird mit der Tradition legitimiert (für die Gruppe): »Es war schon immer so«, »Stell dich nicht so an, wir mussten das auch aushalten«. Denn jeder Mensch, der irgendeine Form von schmerzhaftem Ritual über sich ergehen lassen musste, wird im Normalfall von allen, die nach ihm kommen, das Erleiden von exakt dieser Prozedur verlangen. Das Gesetz der internen Gleichheit aller Mitglieder wäre sonst verletzt, gleichbedeutend mit einer erheblichen Gefahr für eine Gemeinschaft, die sich darüber definiert. Gleichzeitig dient das Ritual als Bestätigung und Selbstvergewisserung für alle Mitglieder: »Alles bleibt bei uns genauso, wie es war – was auch immer da draußen geschieht.« An den RAF-Terroristen, die sich auf der Flucht vor der Polizei monatelang unter Extrembedingungen versteckten, konnte man die Entstehung von Verfolgungswahn studieren. Und ebenfalls, wie sich der Hass auf alle außerhalb, vor allem den Staat und seine Vertreter, innerhalb der Gruppe bis ins Absurde steigerte – und wie man sich gegenseitig darin bestätigte und befeuerte. Diese interne Dynamik kleiner abgeschlossener Zirkel führt oft zu extremer Loyalität und damit einhergehend zu einer Null-Toleranz-Haltung gegenüber Andersdenkenden oder Abweichlern. Daher sind auch die Strafen für Verrat so hoch – und sei es »nur« der vollständige soziale Ausschluss, die Verachtung und Ächtung des Verräters. Den Judasmakel wird diese Person nicht mehr los.

Das Perverse daran ist: Je höher die »Schmerz-Grenze« dafür liegt, in diesen Kreis aufgenommen zu werden, desto »elitärer« ist die Gruppe – aus deren eigener Sichtweise. Der Stamm in Amazonien handelt aufgrund seiner kulturellen Tradition, die in früheren Zeiten das Überleben der Gruppe um jeden Preis sicherstellen musste. Auch Aufnahmerituale an Hochschulen, jeder Feuerlauf weltweit (außerhalb von Motivationsseminaren), sprich jede Form des Rituals bezieht sich immer auf die Tradition. Es gibt jedoch noch eine andere Form, neue Mitglieder an die Gruppe zu fesseln: Mafiöse Verbrecherbanden handeln statt mit Tradition, die emotional bindet, darüber hinaus mit eiskaltem Kalkül. Denn wer einen Mord für die Aufnahme in diese Bande begehen muss, der kann nicht mehr in ein geordnetes Leben zurückkehren und ist der Gruppe ab dem Moment nicht mehr nur psychisch, sondern auch zum Schutz der eigenen Physis ausgeliefert.

Grenze liefert soziale Energie – nach innen wie nach außen

Warum all diese Extrembeispiele nach dem harmlosen Bademantel? Das Prinzip Grenze soll derart grenzwertig dargestellt werden, um über das Extrem zu verdeutlichen, wie entscheidend und wichtig für die Existenz einer Gemeinschaft – in der jeder jedem zu 100 Prozent vertrauen kann oder muss – die Grenze ist. Es soll wertfrei deutlich machen, wie wichtig es für das Zusammengehörigkeitsgefühl, die soziale Bindung zueinander, ist, dass eine Gemeinschaft *ihre* Grenze zieht zu anderen Gemeinschaften. Es soll ausdrücklich nicht der Eindruck entstehen, dass die geschilderten Rituale nachahmenswerten Vorbildcharakter besitzen. Sie sollen vielmehr idealtypisch zeigen, wie Gemeinschaft sich konstituiert, welche inneren Mechanismen dafür ablaufen (müssen).

In unserem Alltag geht es glücklicherweise um viel harmlosere Dinge. Aber jeder Organisationslenker sollte sich des Grundprinzips immer bewusst sein. Denn dieses ausschließende Grundprinzip gilt für alle Unternehmen: nicht nur für alle Hersteller von Luxuswaren, sondern genauso gilt es für jeden Discounter, jeden Anbieter von Massenware, jede Großorganisation. Es geht darum, aktiv und konkret seine Grenze zu zeigen und nach außen zu kommunizieren. Wenn der rumänische Hersteller günstiger Autos, Dacia, in seine Werbung schreibt »Das Statussymbol für alle Menschen, die kein Statussymbol brauchen«, dann ist das eine sehr klare Grenzziehung nach außen. Grenze kennt aus dieser Perspektive keine Grenzen, denn irgendwie, irgendwo, irgendwann poppt bei jeder Bildung von Sozialität immer eine Art von natürlicher Grenze auf. Sie ermöglicht überhaupt erst die Entstehung eines Systems: Grenze konstituiert jede Organisation. Jede gesunde Organisation muss sich der eigenen Grenzen unbedingt bewusst sein. Oder wie der vielleicht berühmteste Palo-Alto-Pionier, Steve Jobs, die vitale Funktion von Grenze für Unternehmen beschrieb: »Ich bin genauso stolz auf das, was wir nicht tun, wie auf das, was wir tun.«[77]

Ob Wähler oder Kunden: Alle fühlen sich besonders bestätigt, wenn ihre bevorzugte oder geliebte Organisation deutliche Grenzen zieht. Wenn ein CSU-Ministerpräsident klare Richtlinien aufstellt, klare Prinzipien verkörpert und dabei authentisch bis unbeirrbar wirkt, dann freuen sich nicht nur »seine« Bayern, sondern es kommt umgehend das Thema Kanzlerschaft auf. Ein anderes Beispiel, der VW Phaeton, wurde bereits erwähnt (siehe Kapitel 12): Hier wurde eine Grenze eingerissen, ein klar definiertes positives Vorurteil wurde außer Acht gelassen – von den Verantwortlichen. Grenzen aufgeben funktioniert für Systeme nicht, egal in welche Richtung. Wenn der Club mit der am schwierigsten zu überwindenden Tür-Grenze plötzlich alle reinlässt, ist er weg vom Hipster-Himmel. Sobald eine Grenze porös wird, fangen die Probleme an: Der Vertrauensverlust startet. Auch wenn es sich bei der Unternehmung um ein demokratisches System handelt, bedeutet es keineswegs, dass diese Organisation nicht normativ handeln muss – jedes System muss seine Grenze, seine eindeutige Signalstruktur nach außen, durchhalten. Grenze bedeutet keine Begrenzung. Im Gegenteil: Die Grenze sorgt für starke soziale Energie. Denn jeder Mensch braucht und sucht Identifikationsmöglichkeiten. Ohne jede Begrenzung sind wir desorientiert im luftleeren Raum. Erst Grenze schafft Vertrauen – und aus dieser Perspektive Freiheit. Zudem können wir nur durch aktive Grenzziehung und Fokussierung tiefe Kompetenz und Meisterschaft in einer Thematik erlangen. Oder wie es der Tausendsassa und Altmeister Goethe in »Wilhelm Meisters Lehrjahren« auf den Punkt bringt: »Der Mensch ist nicht eher glücklich, als bis sein unbedingtes Streben sich selbst seine Begrenzung bestimmt.«

Organisationen funktionieren nur, wenn sie ihre normative Struktur deutlich zeigen: ein Drinnen schaffen, damit das Draußen erkennbar wird. Nur so erhält das Vertrauen der Anhängerschaft seine Bestätigung – und ermöglicht ihr ein »echtes« Bekenntnis.

Quelle: Privat

Auch wenn der Federkiel vom Laptop verdrängt wurde: Dieser »kleine« große Dichter und Denker hat immer schon alles verstanden, sogar dass der wahre Meister sich erst in der Beschränkung zeigt – Johann Wolfgang von Goethe. Playmobil hat meisterlich verstanden, wie Selbstähnlichkeit funktioniert. Und Thüringen weiß, wie man mit einer Plastik-Sonderfigur die eigene Historie attraktiv aufbereitet, indem man den berühmtesten Bürger Weimars auf besondere Weise ehrt.

22. Der reale Inhalt von Vertrauen: Ein positives Vorurteil

- Nur dumme Menschen haben Vorurteile.
- Vorurteile sind brandgefährlich.
- Vorurteile muss man bekämpfen.

Diese drei Gemeinplätze zum Vorurteil würden die meisten Menschen heutzutage vermutlich unterschreiben. Das ist – wenn es spontan geschieht – durchaus verständlich: Das Vorurteil hat in der Menschheitsgeschichte kontinuierlich für unfassbare Unmenschlichkeiten gesorgt. Viele verwackelte Filmfetzen, die uns täglich medial heimsuchen, während wir uns eben gerade entspannt auf dem Fatboy liegend mithilfe eines Fairtrade-Spirulina-Smoothies die Welt korrekt trinken wollen, deuten darauf hin, dass das Böse »da draußen« weiterhin seine unheilvollen Bahnen zieht. Der Begriff »Vorurteil« ist heute ein emotional stark negativ aufgeladener Begriff, weil ein Vorurteil vielfach – und dies vollkommen zu Recht – als Ursache von sozialen Abscheulichkeiten identifiziert wird. Daher wird es von vielen Menschen verachtet. Einige unternehmen sogar große persönliche Anstrengungen, um sich von derlei Dingen frei zu machen – oder sich zumindest frei davon zu fühlen. Dieses Urteil – das Vorurteil – hat ein heftiges Imageproblem. Leider mittlerweile auch dort, wo einseitige Sichtweisen keinen Platz haben sollten: in der Wissenschaft. Das war nicht immer so. Für frühere Denker war klar, wo viel Schatten ist, da muss irgendwo auch ein Licht sein (und umgekehrt). Oder wie es der Sozialphilosoph Max Horkheimer (1895–1973) ausdrückt: »Das negative Vorurteil ist mit dem positiven eins. Sie sind zwei Seiten einer Sache.«[78]

Positive Vorurteile sind das Ergebnis von Leistungen

Insbesondere in der Wirtschaft sind positive Vorurteile die Existenzgrundlage. Die Wirtschaft funktioniert zu weiten Teilen über Vorurteile, negative wie positive. Das Höchste, was ein Unternehmen im Wettbewerb wirtschaftlich erreichen kann, ist, ein positives Vorurteil über seine Leistung etabliert zu haben: Starke Marken sind nichts weiter als kollektiv durchgesetzte positive Vorurteile. Alles, was für das negative Vorurteil vollkommen verständlicherweise als negativ und sozial verheerend wahrgenommen wird, gilt für das positive Vorurteil im positiven Sinne: Wenn ein Unternehmen es vermocht hat, sich ein starkes positives Vorurteil regional, national oder international erarbeitet zu haben, dann ist dies sein maßgeblicher Existenzgrund, gerade auch in Krisenzeiten. Wenn Marken wie Swissair (Swiss), Mercedes, VW oder Deutsche Bank diverse Skandale, Betrügereien, Qualitätsmängel und sogar Pleiten »erfolgreich« überstehen, so liegt es in entscheidendem Maße daran, dass sie sich zuvor ein positives Vorurteil im Markt aufgebaut haben. Das immunisiert sie zwar nicht juristisch, aber führt sie trotz offizieller kollektiver Ächtung nicht direkt in den Konkurs. Das Beharrungsvermögen starker positiver Vorurteile ist immens. Es liegt an der zuvor geschilderten sozialen Tatsache, dass derartige Vorurteile oft gewachsener Bestandteil der eigenen Identität sind. Daher verteidigen wir bestimmte Marken oder Dinge, die wir gerne nutzen, manchmal vehement gegenüber der Kritik anderer Menschen. Manchmal will man es auch als Kunde einfach nicht wahrhaben, dass die eigenen Lieblingsprodukte nicht mehr so beschaffen sind wie gewohnt, und sucht verzweifelt am Objekt nach Anknüpfungspunkten und Merkmalen, die rechtfertigen, warum wir weiterhin der Marke zugetan sind bzw. ihr treu bleiben (wollen).

Beratungsunternehmen als Unternehmenszerstörer

Wer Marken- und Unternehmensführung verstanden hat, weiß, dass es eine gewisse Detailversessenheit erfordert, eine Marke erfolgreich zu (er)halten, denn der Kunde fühlt beim (Wieder-)Anblick dieser Details seine Gewohnheiten und persönlichen Überzeugungen, seine Kennerschaft bestätigt. Daher sind kleine Detailunterschiede genauso wichtig wie große Differenzierungsmerkmale: Überall können sich an bestimmten äußeren Merkmalen positive Vorurteile manifestieren, werden spezifische Signalstrukturen konkret. Was wäre das Em-eukal-Bonbon ohne rot-weiße Zertifikatsfahne? Was wäre ein knuffeliger Steiff-Teddy ganz ohne Knopf im Ohr? Dies sind gängige Beispiele. Es können jedoch auch deutlich unauffälligere Dinge und Details sein: ein Duft, eine intuitive Art der Bedienung, die Ladeneinrichtung, die Warenpräsentation, eine Begrüßungsform, der Distributionskanal, der Preis, der Ort – die Möglichkeiten sind unendlich. Aber es erfordert eine sensible individuelle Betrachtung des Unternehmens, diese besonderen Erfolgsfaktoren zu erkennen.

Genau deswegen sind übliche Big-X-Beratungsunternehmen wie McKinsey, EY, PwC, Berger, Boston Consulting Group, Deloitte & Co. im Optimierungswahn regelmäßig als Zerstörer von Wirtschaftskörpern unterwegs: weil sie wenig Sensibilität für soziale Phänomene besitzen. Eine Unternehmung, die ihren Namen von Ernst & Young ins abstrakte Akronym EY ändert, sollte generell keine Marken beraten dürfen. Natürlich lässt sich mit Filialschließungen und Outsourcing zunächst viel Geld einsparen. Aber ob sich das langfristig rechnet, wenn z. B. die örtliche Nähe zum Kunden zuvor ein Aushängeschild des Unternehmens war? Was bedeutet es für die Wahrnehmung der Deutschen Post, wenn jede deutsche Stadt seit Jahren voller verdreckter Uralt-Lieferwagen ist, die allesamt einen gelben Aufkleber mit dem offiziellen Post-Hoheitsabzeichen und dem Hinweis »Servicepartner« tragen? Aus wenig vertrauenserweckenden Fahrzeugen steigen oft ebenso wenig vertrauenserweckende Menschen, die dann »unsere« persönlichen Briefe, die wir der Deutschen Post anvertraut haben, weiterleiten. Eine Kernleis-

Quelle: Privat

Achtung: Das auf dem Zettel (immerhin im »Real Life« postgelb!) genannte Unternehmen hütet das deutsche Postgeheimnis bzw. vergibt diese hoheitliche Verantwortung an Fremdfirmen. So sieht ein Alltagsergebnis aus, wenn Topberater sich mit einer Markenikone auseinandersetzen: Vertrauensbruch mit Posthorn-Fanfare.

tung des Unternehmens wird nicht mehr vom Unternehmen selbst erbracht. Welche positiven Vorurteile sollen daraus kurz- und langfristig über die Leistungen der Deutschen Post erwachsen?

Oft offenbart sich in Kleinigkeiten, wenn im Hintergrund Fusionen, Besitzerwechsel oder Beratungsleistungen stattfinden. Bei den urenglischen Luxuskarossen von Rolls-Royce gab es bei aller Extravaganz und Opulenz der Fahrzeuge, die einen antiken Tempel als Kühlergrill tragen, einen Ort, wo britisches Understatement zum Tragen kam: bei den technischen Daten des Fahrzeugs. So wurde bei »Geschwindigkeit« werksseitig immer offiziell »ausreichend« angegeben. Seit BMW die Macht in der Automanufaktur übernommen hat, liegen alle Fahrzeug-Leistungsdaten offen. Ob und wie das genau zustande gekommen ist, lässt sich von außen nicht sagen. Aber an genau solchen, scheinbar völlig lächerlichen Details manifestiert sich für die Kundschaft, dass »ihre« Marke sich verändert hat. Und der Zweifel hält Einzug in den seligen Vertrauensschlaf einer Kundschaft ... Denn jedes Vertrauen wirkt immer als ein Gesamtkonzept aus vielen unterschiedlichen Einzelkomponenten. Gerade die steigende Komplexität der Welt macht Dinge, auf die man sich verlassen kann, noch attraktiver. Alles erscheint zunehmend unsicher und unübersichtlich: Aber seit 1907 gilt: »Persil bleibt Persil« (obwohl der Claim nicht mehr aktiv genutzt wird), denn »da weiß man, was man hat«[79] (Claim seit 1973). Mit Erfolg: 2020 wurde die Marke erneut zur Most Trusted Brand gewählt.[80] Um die Welt berechenbarer und die Marke bekannter zu machen, verschenkte das Unternehmen bereits in den 1920er-Jahren drei Meter hohe Persil-Straßenuhren an diverse Städte, die teilweise bis heute ticken (und Ikonen-Charakter besitzen).

Wirtschaft als Kampf um das stärkste positive Vorurteil

Jede erfolgreiche Firma hat sich über ihre spezifische Leistung im Laufe der Zeit ihr spezifisches Vorurteil im Markt erarbeitet. Vor diesem Hintergrund wird deutlich, dass der Kampf von Unternehmen untereinander, wer die höchsten Verkaufszahlen einfährt, nichts anderes ist als der Kampf um das stärkste positive Vorurteil in der jeweiligen Branche. Es wird auch offensichtlich, was der eigentliche Inhalt positiver Vorurteile ist: das geteilte Vertrauen vieler Kunden in eine bestimmte Leistung – oder, wenn es nicht um Markenprodukte, sondern um andere Menschen geht, das Vertrauen in eine bestimmte, verlässliche Art ihrer Handlungsweise. Positive Vorurteile entstehen aus einem über die Zeit entwickelten Vor-Vertrauen heraus. Sie resultieren aus dem regelmäßigen Umgang, dem kontinuierlichen Kennenlernen und der zunehmenden Vertrautheit mit bestimmten Produkten, Dienstleistungen, Orten oder anderen Menschen, wie es die folgende Gleichung auf einen Nenner bringt:

Leistungen + Zeit ≙ positives Vorurteil

Ob positiv oder negativ: Vorurteile bedeuten zwangsläufig immer Vereinfachung. Sie werden genutzt, um die Vielfalt individueller Handlungen von Mitgliedern einer bestimmten sozialen Einheit und somit die Vielfalt der Wahrnehmungen zu bündeln. Dies gilt sowohl für die Fremd- als auch für die Eigenwahrnehmung der Mitglieder. Doch die zuvor bereits gescholtene Vereinfachung durch Vorurteile birgt bei näherer Betrachtung für den Einzelnen zahlreiche Vorteile: Wertfrei betrachtet erweisen sie sich als unabdingbare Hilfestellung im Alltag, denn kein Mensch kann heute noch Experte in sämtlichen Lebensbereichen sein; außerhalb eigener Kompetenzfelder wie Familie, Beruf oder Hobby steht kein selbst aufgebautes Urteil zur Verfügung. Folglich ist der – abgesehen vom Schlafzustand – in westlichen Welten selten endende Ansturm von Angeboten und Eindrücken (Tipp bei Ruhebedarf: Urlaub in Dänemark), zusätzlich ausgeweitet durch digitale Medien, nur mithilfe von Vorurteilen möglich. Denn leider besteht trotz KI weiterhin die Notwendigkeit, selbst und ständig möglichst intelligente private und berufliche Entscheidungen zu treffen. Wir sind daher von bereits bestehenden Urteilen abhängig, um eine Sache einordnen und bewerten zu können. Die Existenz solcher Vor-Urteile garantiert überhaupt erst unsere Handlungsfähigkeit im Alltag. Der Politologe Hans Jürgen Kleinsteuber (1943–2012) spricht in dem Zusammenhang von »einer Ökonomie der Wirklichkeitsverarbeitung, der wir angesichts überwältigend komplexer Sachzusammenhänge nicht zu entgehen vermögen.«[81]

Ein Alltag ohne Vorurteile? Unmöglich

Ein simpler Supermarktbesuch ohne irgendwelche positiven Produkt-Vorurteile im Kopf wäre ein unmögliches Unterfangen; eine Orientierung zwischen den durchschnittlich 30 000 unterschiedlichen Waren würde tagelange Testungen erfordern. Dass wir Edeka dennoch im Idealfall nach wenigen Minuten mit einer prall gefüllten Einkaufstasche verlassen (können), hat allein damit zu tun, dass wir unsere vertrauten Produkte zielsicher im Blindflug ansteuern. Wenn dann tatsächlich mal eine limitierte Joghurt-Frühjahrsedition mit Limette, Hanf und Chia-Samen neu hinzukommt, dann drehen wir den

Becher erst mal kritisch: »Naja, wenn es von Danone ist, könnte es schon schmecken.« Der US-amerikanische Psychologe Gordon W. Allport (1897–1967), Autor des Klassikers »Die Natur des Vorurteils«, erklärt, dass der menschliche Verstand zum Denken Kategorien braucht: »Wenn sich Kategorien gebildet haben, werden sie zur Grundlage für das normale Vorausurteil. Diesen Prozess können wir auf keinen Fall vermeiden, denn unser geordnetes Leben beruht darauf.«[82]

Wenn es durch langjährige gute oder gar exzellente Leistungen gelungen ist, ein positives Vorurteil über sich selbst oder die eigenen Produkte oder Dienstleistung in der öffentlichen Meinung zu etablieren, ist dies einerseits äußerst schwer rückgängig zu machen, andererseits reduziert sich für das Unternehmen dahinter der gesamte Erklärungs- und Kommunikationsaufwand erheblich: Burberry muss nicht mehr erklären, dass ein Burberry-Mantel besonders teuer ist, die Produkte sind seit 1856 als teuer »erlernt«. Lidl, Penny, Aldi oder KiK und H&M müssen nicht mehr ständig darauf hinweisen, dass es bei ihnen günstige Lebensmittel bzw. Bekleidung zu kaufen gibt. Zwischenhändler, Lieferanten, Kunden, Aktionäre, Gäste, sie alle besitzen bei einem klar »verpolten« Unternehmen eine Vorstellung davon, mit wem sie es zu tun haben und was zu erwarten ist.

Die folgenden vier Namen unterschiedlicher Unternehmungen verdeutlichen, was für eine starke Leistung hinter jedem einzelnen der Namen stecken muss, denn die meisten Menschen werden beim Lesen sofort eine Vorstellung, eine klare Assoziation haben, was sich hinter dem Namen verbirgt: ein bestimmtes Vorurteil. Diese Firmen haben es demnach vermocht, ein erfolgreiches (positives) Vorurteil über ihre Leistung in die Welt zu setzen, und zwar so erfolgreich, dass sie sogar trotz teilweise seltsamer Buchstabenkombinationen, die nicht für jeden sofort Sinn ergeben dürften, mit ihrer Leistung richtig zugeordnet werden (auch von Menschen, deren Vorurteil nicht explizit positiv ist):

- airbnb — private Unterkunft
- Evian — Wasser

- Ikea — moderne, preiswerte Möbel
- Roncalli — Zirkus
- Lidl — günstig

Alle diese Namen haben erfolgreich spezifisches Vertrauen in eine (!) Leistung aufgebaut. Der Einwand, dass es sich zumeist um global erfolgreiche Unternehmen mit hohem Werbebudget handelt, trifft zu, ist aber aus der Vorurteilsperspektive irrelevant. Auch das höchste Werbebudget der Welt kann allein kein positives Vorurteil aufbauen – ohne gute Leistung über die Zeit kein Vertrauen und somit kein Vorurteil. Es geht beim Aufbau von Vertrauen primär um die soziale Dichte des positiven Vorurteils: Wie gleichgerichtet ist das positive Vorurteil innerhalb der Kundschaft? Dazu braucht es keinesfalls ein weltweites Vorurteil. Im Gegenteil: Für eine klassische Dönerbude kann es vollkommen ausreichend sein, um wirtschaftlich gut zu überleben, dass der ganze Stadtteil oder die ganze Region vom leckeren Würzfleisch und der Saucenvielfalt im Laden schwärmt. Bei B2B-Unternehmen ist es genauso: Natürlich ist Nivea bekannter als jeder Zwischenhändler aus der zweiten Reihe – nichtsdestotrotz lebt auch der Zwischenhändler vom positiven Vorurteil, vom Vertrauen seiner Handelspartner: Je stärker ihr Vertrauen in seine Verlässlichkeit, umso besser sein Geschäft. Weltweite Berühmtheit seiner Leistung ist für ihn absolut kein Muss, vielleicht könnte oder wollte er dies gar nicht bedienen.

> Positive Vorurteile sind verdichtetes Vertrauen.

Der Mensch benötigt im Alltag Urteile vor der Prüfung, sonst würde er über kurz oder lang wahnsinnig werden. Vorurteile sind nicht per se eine Verfehlung menschlicher Toleranz, wie im täglichen Umgang unterstellt wird. Nein, sie sind bei näherem Hinsehen eine existenzielle Grundvoraussetzung, um Überblick in der täglichen Vielfalt zu behalten – ganz unabhängig davon, ob oberflächliche Amerikaner, streikende Franzosen, der erstklassige Pizza-Service oder die einzigartige Qualität des Napoleon-Grills Gesprächsthema sind. Achten Sie einmal darauf, wie viele unserer täglichen Gespräche um bestimmte gute oder schlechte Leistungen kreisen – unter Zuhilfenahme von Vorurteilen. Der Rückgriff auf das Vorurteil ist ein zutiefst menschlicher und entspannender Vorgang. Der Soziologe Tönnies zitiert in seinem Werk zur Erklärung dieser Natur des Vorurteils aus Goethes Farbenlehre: »Alles, was Meinungen über die Dinge sind, gehört dem Individuum an, und wir wissen nur zu sehr, dass die Überzeugung nicht von der Einsicht, sondern von dem Willen abhängt [...]. Im Wissen wie im Handeln entscheidet das Vorurtheil Alles, und das Vorurtheil, wie sein Name wohl bezeichnet, ist ein Urtheil vor der Untersuchung. Es ist eine Bejahung oder Verneinung dessen, was unserer Natur entspricht.«[83]

Deswegen ist das langjährig generationsübergreifend gewachsene Vorurteil so stark und sozial unbeugsam – ob positiv oder negativ. Es liegt tief in unserer menschlichen Wesenheit, gehört zu unserer Natur und ist in unserer individuellen Geschichte und Erfahrung begründet.

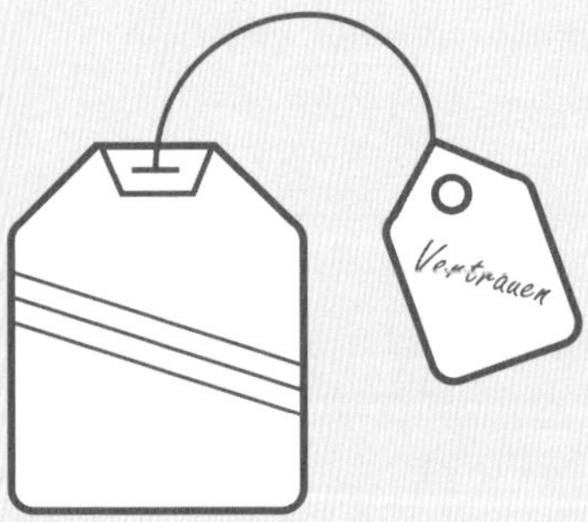

»Ein Vorurteil ist schwerer zu spalten als ein Atom.«

Albert Einstein,
deutscher Physiker, 1879–1955

Über Vertrauen und persönliche Integrität im Wahlkampf

Der Diplom-Theologe und Journalist Wolf-Peter Bischoff leitete 21 Jahre die Kommunikationsarbeit einer internationalen süddeutschen Stiftung und beriet den Vorstand, bevor er sich 2014 mit einem eigenen Unternehmen selbstständig machte. Ein Schwerpunkt seiner heutigen Arbeit ist die Kommunikation für Politiker auf kommunaler Ebene. Im nachfolgenden Text schreibt er über die Herausforderungen der Vertrauensarbeit im Wahlkampf: Wie wird ein positives Vorurteil über eine Person effizient verankert? Die Unterscheide zur »großen« Politik sind nicht groß ...

Vertrauen in der Kommunalpolitik – Was tun, wenn alle immer alles besser wissen?

Vertrauen – ein großes Wort? Existenzielle Dimensionen und tiefe Erfahrungen sind damit angesprochen. Jeder, der auch nur eine Minute nachdenkt, findet unzählige Bezüge in seiner Biografie, in seinem aktuellen Wirkungskreis, seinen Beziehungen und seinem beruflichen Umfeld. Beispiele für Geglücktes, aber auch für Verrat und schlimme Krisen.

Psychologen, Ärzte, Seelsorger, Paarforscher, Philosophen, Pädagogen und natürlich Politiker beschäftigen sich intensiv mit dem Thema Vertrauen. Es ist ihr Kapital, die Basis ihrer Arbeit. Sie leben davon, auch die Berater.

Kurzum, wo selbst Bibliotheken nicht ausreichen, um das Wissen zu diesem zentralen Thema des Menschseins einigermaßen auf den Punkt zu bringen, was mag da ein kleiner kurzer Artikel bringen? Nichts mehr, aber auch nichts weniger als ein wenig Reflexion der Praxis.

Vertrauen in der Kommunalpolitik? Ein vielschichtiges Phänomen. Wähler sollten grundsätzlich den Politikern vertrauen. Politiker aber auch ihren Wählern. Politiker, die das in sie gesetzte Vertrauen verspielt haben, bekommen mehr und gravierendere Probleme als diejenigen, die eine Wahl, eine Abstimmung oder eine Kampfkandidatur verlieren.

⇨

Politik bietet viele Chancen. Eine Niederlage muss nicht das Ende sein. Wähler und Politiker sehen sich nicht nur zweimal. Und auch das zeigt die Politik: Man darf seine Meinung ändern, man darf schlauer werden, man darf einen Irrtum oder eine Fehleinschätzung zugeben. Man kann nahezu alles korrigieren. Aber wer das Vertrauen der Wähler in seine Person verloren hat, der ist oft verloren. Gerade auf der überschaubaren lokalen Bühne. Man kennt sich, man schätzt sich nicht mehr, die Karriere bekommt einen Knick oder ist zu Ende.

Aber wie gewinnt man das Vertrauen der Wählerinnen und Wähler? Die Antwort klingt so banal, wie sie in Wirklichkeit komplex ist: durch Ehrlichkeit, durch menschliche Verbindlichkeit, durch professionelle Kommunikation, durch Höflichkeit, durch Sachwissen, durch Charakter und Persönlichkeit. Menschen mögen Menschen, die sie verstehen, denen sie ihr Engagement abnehmen, die mit Sachverstand, Verlässlichkeit, Geduld und rhetorischem Geschick um Unterstützung werben.

Und wie verliert man Vertrauen? Auch banal formuliert: indem man seine Wählerschaft verunsichert oder ganz enttäuscht, weil der selbst geweckte und aktiv geschürte Eindruck sich in der Realität nicht bestätigt, sondern in einer oder mehreren konkreten Situationen erheblich erschüttert wird.

Ergo: Für jeden Bewerber um ein politisches Amt – Frau oder Mann – und erst recht für jeden Inhaber eines politischen Amtes sollte es allerhöchste Priorität haben, dass keine Zweifel an ihrer oder seiner Integrität, an ihrem Charakter oder seiner Persönlichkeit entstehen. Ist dieses Urvertrauen beim Wähler erst einmal massiv erschüttert, müssen Politiker und Wähler von da an mit dieser Unsicherheit leben.

Beispiel 1: Die eigene Marke erkennen und erfolgreich kommunizieren

Der Knackpunkt vieler Wahlkämpfe ist die offizielle Kandidatenvorstellung. Lehrbücher, Wissenschaftler und Berater sind einhellig der Meinung, dass eine Kandidatin oder ein Kandidat durch eine stimmige Performance eine Wahl zwar nicht gewinnen, im negativen Fall aber verlieren kann.

⇨ S. 206

Quelle (Text und Foto): Wolf-Peter Bischoff

Wolf-Peter Bischoff (*1960) ist selbstständiger Kommunikations- und Markenberater mit Schwerpunkt Kommunen und Kommunalpolitik. Der katholische Diplom-Theologe und Journalist war von 1991 bis 2012 Kommunikationschef der international tätigen Stiftung Liebenau, danach Vorstandsberater im Bereich Grundsatzfragen und Marketing für den Stiftungsverbund. Als Gründungsgeschäftsführer der Liebenau Kommunikation und Medien GmbH war er darüber hinaus für Kommunen, Bildungszentren, Orden, Schulen, Kliniken und kommunale Energieversorger tätig. 2014 gründete er als geschäftsführender Gesellschafter das Büro für Kommunikation und Markensteuerung GmbH und ist für Kommunen, Oberbürgermeister, Bürgermeister, Sozialeinrichtungen, Kliniken und Bildungsträger tätig. Mit seinem Unternehmen bietet er Wahlkampfmanagement sowie Klausuren, Workshops, Coachings und Moderationen zu kommunaler Kommunikation, Bürgerbeteiligung und Stadtmarkenentwicklung an.

Es geht also darum, die eigene Marke, die eigene Persönlichkeit, so zu präsentieren, dass sie einerseits der Realität entspricht und andererseits vom Kandidaten im Wahlkampf und danach auch durchgehalten werden kann. Qualifikation, Engagement und Kompetenz setzen wir mal als gegeben voraus; es geht darum, die eigene Persönlichkeit vor Hunderten oder Tausenden von Menschen – wie man auf gut Schwäbisch sagt – »rüberzubringen«.

Bei der Vorbereitung dieser Veranstaltung schlägt die Stunde des professionellen Beraters. Es geht um den Stil, die politische Rede, um die individuelle Mischung aus Persönlichem, Wahlkampfinhalten, Kritik, Attacke und Demut. Der Berater beurteilt und reflektiert dabei den Kandidaten oder die Kandidatin. Es zählen Persönlichkeit, Intelligenz, rhetorische Begabung, Haltung und Kompetenz, Kleidung, Selbstbewusstsein und die Fähigkeit zum öffentlichen Auftritt.

Und der Berater gerät dabei oft in Widerspruch zur Selbsteinschätzung des Kandidaten sowie zur Fremdeinschätzung durch Ehepartner, liebe Freunde und Parteimitglieder. Der Wunsch ist hier oft der Vater des Gedankens. Überall ist Vertrauen im Spiel. Aber wer den Falschen vertraut – auch wenn es die Nächsten sind – und erfahrenen Profis misstraut, hat in der Regel schlechte Karten.

Beispiel 2: Der erste Aufschlag – authentisch die Bühne betreten

Der erste öffentliche Aufschlag von bisherigen Nobodys im Wahlkampf. Wir befinden uns in unserem glücklichen Nachbarland im Osten – felix austria. Eine Partei, die schon bessere Zeiten gesehen hat, sucht innerhalb weniger Monate neue Gesichter für die Nationalrats- und Landtagswahlen. Die frisch gekürten Kandidatinnen und Kandidaten bleiben weitgehend sich selbst überlassen. Die parteiliche Marketing-Maschine liefert Fotografen, Corporate-Design-Regeln und Slogans, Postenkarten und einige Plakatständer.

Aber das Schwierigste, die persönliche Profilierung in Wort und Text, die Pressearbeit, die Grußworte und Reden müssen die Kandidaten selbst realisieren. Auf die Erfolgreichen warten weitere Aufgaben.

Auch hier ist das Vertrauen zum Berater entscheidend. Denn alle wissen es besser. Familienangehörige, Freunde, Nachbarn und Par-

teifreunde bringen ihre gutgemeinten Vorschläge ein. Aber viele Einzelmaßnahmen ergeben noch keine Strategie. Letzten Endes entscheiden die Persönlichkeit, die Einsatzbereitschaft und der Fleiß der Kandidatin sowie die professionellen Tipps vom Berater aus Deutschland. Die Medien reagieren, die Auftritte werden Erfolge, die Online-Kampagne schlägt ein. Besonders eine Kandidatin liegt gut im Rennen. Die Kampagne wirkt selbstgestrickt, aber authentisch, die Kandidatin nahbar, zupackend und sympathisch. Am Ende erreicht die Partei zwei vordere Nachrückerplätze in beiden Wahlen und eine große regionale Bekanntheit in nur wenigen Monaten. Damit ist für die Kandidatin auch die Grundlage gelegt für die angestrebte Karriere als Lokalpolitikerin.

23. Warum Vertrauen immer konkret und spezifisch ist – nie universell

Fröhlich ausgelassener Kindergeburtstag im Garten bei Sonnenschein. Zweimal kurz hintereinander ruft der Vater von der Terrasse in Richtung der lautstark spielenden Kinderschar:

1. Kinder, wollt ihr jetzt etwas essen?
   – Nö.

2. Kinder, wollt ihr jetzt Chicken McNuggets?
   – JAAAAAAAAAAAAAAA!

Diese Szene verdeutlicht das perfekte Ergebnis von einem erfolgreich etablierten positiven Vorurteil über eine Leistung einer amerikanischen Fast-Food-Kette in ihrer Kernkundschaft. Und das eindeutig als Zustimmung zu interpretierende Jubelgeschrei der Kinder auf das vom Vater gerufene richtige kulinarische Stichwort belegt, warum Vertrauen sich immer auf konkrete Dinge bezieht, nie auf abstrakte: Unser Vertrauen ist immer auf sicht- und greifbare Leistungen oder Handlungen bezogen. Der Vorurteilsforscher Gordon Allport erklärt, dass der menschliche Verstand immer Kategorien bildet: Bildhaft gesprochen bauen wir in unserem Kopf Schubladen, in welche wir unsere individuellen Erfahrungen hineinpacken und einlagern. Auf Knopfdruck ziehen wir sie hervor: Bei Hören des Begriffs »Chicken McNuggets« öffnet sich in den Köpfen sämtlicher Kinder ein ohrenscheinlich klar positiv definierter Vorstellungsraum, der alle anderen tollen Dinge und Inhalte im Kinderkopf sofort weit nach hinten schiebt. Dies funktioniert nur, weil die verankerte Information zum Begriff (»Chicken McNuggets«) eindeutig und sehr positiv besetzt ist: Lecker. Superlecker.

Wenn Sie sich die vier aufgelisteten Begriffe aus dem vorherigen Kapitel ansehen, dann werden Ihnen zu keinem der Namen zwanzig Bilder und Begrifflichkeiten einfallen, sondern Sie haben jeweils ein relativ klar definiertes Bild vor Augen: Roncalli – Zirkus. Oder: Evian – Wasser. Erfahrungsgemäß schaffen es selbst größte globale Unternehmungen mit langer Geschichte nicht, mehr als drei positive Vorurteile massenwirksam zu verankern. Maximal. Die Vorurteile können in ihrem Schwerpunkt kulturell etwas variieren, insgesamt bleibt die Variationsbreite jedoch erstaunlich gering. Wenn Sie ein Lieblingsgeschäft oder Stammlokal haben, dessen Vorzüge Sie jemandem beschreiben sollen, dann werden Sie nicht über Tausende von Dingen erzählen, sondern Sie werden automatisch über die für Sie entscheidenden Besonderheiten des von Ihnen favorisierten Ladens oder Restaurants berichten. Das werden maximal zwei bis drei Dinge sein.

Testen Sie selbst, Sie werden sofort bemerken, dass hier etwas schiefgelaufen ist:

- **Starbucks** Kräuterlikör
- **Odol** Sicherheit
- **Volvo** Suchmaschine
- **Jägermeister** Mundwasser
- **Google** Kaffee

Die Tatsache, dass Sie den Fehler sicherlich sofort erkannt haben, zeigt, dass die Unternehmen es in der Vergangenheit geschafft haben, bestimmte (positive) Vorurteile in den Köpfen der Menschen zu etablieren. Starbucks bietet seit geraumer Zeit neben vielen anderen Dickmachern auch dick machenden Tee an (z. B. Matcha Latte, 32 g Zucker, 240 Kalorien). Dennoch ist die erste Assoziation trotz 87 000 Getränkevariationen[84] weiterhin Kaffee. Bei dem 1892 in Dresden auf den Markt gekommenen Mundwasser Odol denken die meisten Menschen sicher nicht zuerst an die Zahnpasten des Unternehmens, obwohl sich diese bereits seit 1989 im Portfolio befinden. Andere der genannten Marken sind seit Gründung in ihrem Leistungsportfolio oder Kompetenzschwerpunkt sehr stringent: Volvo kümmert sich seit 1927 intensiv um die Sicherheit der eigenen Fahrzeuginsassen und in neuerer Zeit zunehmend auch um die der Nichtinsassen. Jägermeister beschäftigt sich seit 1878 von Wolfenbüttel aus damit, dass man Kräuter auch hochprozentig nutzen kann (35% Alkohol). Über ihre Spezifik, über die Begründung einer Produktart sind Namen wie Labello, Tesa, Tempo, Leitz, Pampers, oder Weber(-Grill), der Mercedes für die Terrasse, zu Gattungsbegriffen geworden. Ähnlich geht es Google: Obwohl es zahlreiche Suchmaschinen-Konkurrenten gab und noch immer einige gibt, zeigt sich mit dem Verb »googeln« doch die Durchsetzungskraft des 1997 gegründeten Unternehmens. Ein weiterer Beleg für die Stärke der Marke ist ihr Marktanteil, der in Deutschland über 90 Prozent betragen soll.[85]

Fokussierung von Komplexität als Grundlage für Vertrauensaufbau

Wer als Unternehmen oder sonstige Organisation eine klare Botschaft aussenden will, braucht diese Fokussierung von eigener Komplexität nach außen. Wichtig: Es wird gerne in Bezug auf Marken von einer Reduzierung von Komplexität gesprochen. Starke Marken reduzieren keine Komplexität, sie fokussieren ihre individuelle Komplexität. Und dies tun sie facettenreich und kreativ: Egal was Volvo für eine Kommunikationsmaßnahme durchführt, der Marken-Kernwert »Sicherheit« spielt dabei eine zentrale Rolle. Immer wieder neu, immer wieder anders wird das Thema seit Markengründung aus Sicht der Marke individuell und selbstähnlich beleuchtet (neben den zwei weiteren Marken-Kernwerten »Familie« und »Herkunft Schweden«). Selbst in Zeiten der Corona-Pandemie ist der Kommentar der Marke auf »Sicherheit« bedacht (siehe dritte Abbildung) – selbst wenn der Wagen dafür verlassen werden muss.

Quelle: Eigener Screenshot[86]

Volvo-Werbung aus den 1980er-Jahren. Das große kalte Land im Norden hat natürliche Rohstoffe, die Stahlproduktion hat dem Land zu seinem positiven Vorurteil verholfen: »Schwedenstahl« ist unverwüstlich und trägt zum Nimbus der Sicherheit von Volvo und anderen schwedischen Industrieprodukten bei.

Quelle: Eigener Screenshot[87]

Volvo-Werbung 2021: Volvo greift das aktuelle Thema einer allgemeinen Geschwindigkeitsbegrenzung für alle Autos auf und setzt es in historischen Bezug zu den Zielen der Unternehmensgründer von 1927: Sicherheit im Straßenverkehr (vor Stockholm-Kulisse).

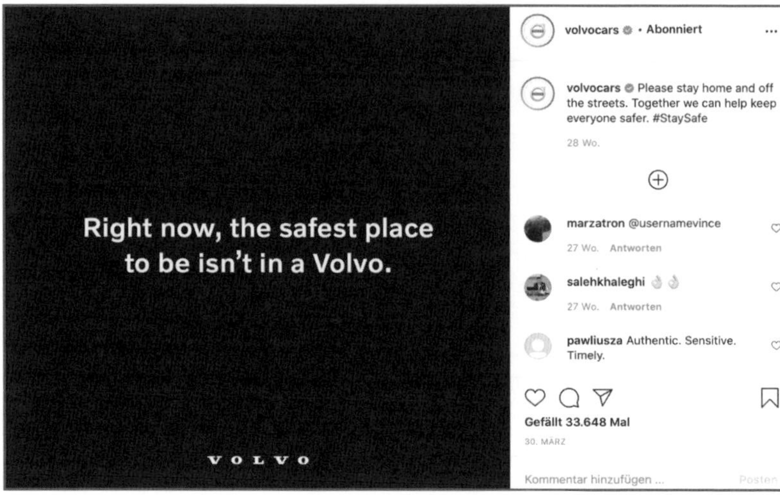

Quelle: Eigener Screenshot[88]

Volvo-Werbung 2020: Volvo kommuniziert sein Kernthema »Sicherheit« auf viele kreative Arten. Durch die 2020 beginnende Pandemie, die uns in die eigenen vier Wände zwingt, ist die höchste Sicherheit für Leib und Leben ausnahmsweise nicht im Volvo gewährleistet.

Ebenso wie bei Autos funktioniert diese soziale Wirkweise, die Fokussierung von individueller Komplexität, auch bei Städten, Regionen oder Ländern. Die spontanen Assoziationen, die die folgenden Städte auslösen, werden nicht ins Unendliche ausufern und sehr konkret sein:

- Sydney
- San Francisco
- Paris

Es handelt sich um drei faszinierende, vielfältige Städte und Destinationen, die ohne jeden Zweifel mehrere Reisen und zahlreiche Entdeckungstouren wert sind. Metropolen, deren Faszination sich keinesfalls auf ein Opernhaus, eine rote Brücke oder einen Stahlturm reduzieren lässt. Dennoch werden Sie beim ersten Lesen eine der typischen Assoziationen gehabt haben, die mit diesen Städten verbunden werden. Der menschliche Verstand benötigt diese Fokussierung von

Komplexität auf klare Bilder und eindeutige Zuordnungen, um effizient mit Begriffen und Namen »arbeiten« zu können. Darum rekurriert die Werbung für derartige Reiseziele immer wieder auf die berühmtesten Höhepunkte dieser Städte. Im Gegensatz zu Unternehmensmarken behauptet hier selten jemand, dass der ominöse Wear-out-Effekt eingesetzt hat, sich die Menschen an der Golden Gate Bridge oder dem Eiffelturm sattgesehen haben. Der Profi im Reisebüro weiß, wo die Anziehungskraft eines Reiseziels liegt, welchen kollektiven Schlüssel er für welchen Ort benötigt.

Zusageverlässlichkeit und Fokussierung als Schlüssel zum Vertrauensschloss

Jedes Vertrauen in einen Namen, jedes positive Vorurteil über eine Leistung ist Resultat von Zusageverlässlichkeit in einem klar umrissenen Feld: Ein positives Vorurteil entsteht, weil eine Organisation verlässlich eine Leistung abgeliefert hat, seine spezifische Zusage eingehalten hat. Wem vertrauen Sie eher: einem Restaurant, das ausschließlich original italienische Steinofenpizza anbietet, oder einem Restaurant, das Pizza, Döner, Burger und Burritos anbietet? Was wirkt vertrauenerweckender: eine Werkstatt, die »Volvo-Reparaturen seit 1987« durchführt, oder eine Werkstatt, die schreibt »Alle Marken, alle Fabrikate«? Ein ständig bereits am Nachmittag ausverkaufter Bonner Bäcker nennt sich »Max Kugel, da wo's nur Brot gibt«. Die Logik ist simpel: Nur aus Spezifik kann ein spezifisches Bild entstehen. Und nur Spezifik, das definierte Besondere, entwickelt soziale Anziehungskräfte. Weil es dabei oft um Leistungen geht, geht es um die Fokussierung auf eine Kernkompetenz: nur Brot, nur Uhren, nur Unterhosen. Leonhard Cohen, bei dem nicht nur die Stimme einzigartig war, fasste das Wesentliche zusammen:

»Es gibt Leute, die sagen, ich sei ein schwacher Musiker, weil ich nur drei oder vier Akkorde beherrsche und auf dieser Platte verwende. Sie glauben also, ich beherrsche nicht mehr. Aber das ist ein Trugschluss. Ich bin nur der Ansicht, dass wirkliche Stärke darin liegt, sich auf das Wesentliche zu beschränken.«[89]

Leonard Cohen, kanadischer Singer-Songwriter, 1934–2016

Nur eine Leistung pro Organisation

Das ist die Crux an der Geschichte mit dem Vertrauen und der Leistung: Es kann jeweils immer nur für einen bestimmten Kompetenzbereich funktionieren. Oder würden Sie dem Bäcker Ihres Vertrauens auch die Durchführung Ihrer Bankgeschäfte anvertrauen oder ihn nach dem richtigen Antibiotikum für Ihren bakteriellen Infekt befragen? Umgekehrt trauen Sie Ihrem Banker, Apotheker, Rechtsanwalt oder Küchenverkäufer wahrscheinlich auch nicht zu, ein leckeres Dinkelweizenurkornbrot zu backen oder Ihr Auto zu reparieren – und Sie erwarten es auch nicht von der Person. Diese natürliche Logik ist für manche Unternehmer, die sich an Lizenzen, Line-Extendern oder sonstigem Merchandise eine goldene Nase verdienen wollen, nur schwer zu ertragen: Irgendwann gab es Telefone vom einst französischen Modehaus Daniel Hechter Paris, das jetzt im bayerischen Mittelberg seinen Sitz hat. Spätestens da war der Name völlig »überdehnt« – so ein Vorgehen hat noch keiner Marke gut getan. Deswegen gibt's die Socken im Zweierpack auf dem Grabbeltisch und die Anzüge auf der Stange der Marken-Restverwertung TK Maxx. Universell funktioniert Vertrauen höchstens im Rahmen von persönlichen Freundschaften – obwohl es selbst dort häufig die eine Freundin gibt, die eher für das eine Problem geeignet ist, während wir mit dem anderen Problem zu einer anderen Freundin gehen ... Der Begründer der Markentechnik und Autor des Klassikers »Die Gewinnung des öffentlichen Vertrauens. Ein Lehrbuch der Markentechnik«, Hans Domizlaff (1892–1971), erkannte in Bezug auf den Markenartikel bereits in den 1930er-Jahren: »Die Verwendung eines Namens muss auf ein einziges Erzeugnis oder auf eine möglichst konzentrierte Idee beschränkt werden.«[90]

Frei übersetzt lautet die Erkenntnis für die Organisations- und Warenwelt, zumindest überall dort, wo es um Vertrauen und soziale Effizienz geht: **Eine Leistung ist eine Marke, zwei unterschiedliche Leistungen sind dementsprechend zwei Marken.** Der Mensch kann nicht unter ein und demselben Namen unendlich viele Sachen abspeichern, es wäre gegen seine Logik und Natur. Dadurch, dass die Welt komplexer und in manchen Bereichen schneller wird, ist die Eindeutigkeit der Botschaft umso wichtiger. Auch ganz konkret: Wenn jüngere sowie zunehmend auch ältere Menschen ihr ganzes Leben im Handy mit sich tragen, ihre ständigen Konsumrecherchen und Einkäufe auf dem Display ihres Smartphones tätigen, dann ist die real existierende Oberfläche ihrer Kaufentscheidung sehr klein: Auf diesen »gläsernen Bierdeckel« muss die Botschaft des Unternehmens passen. Der digitale Einkaufszettel fördert Fokussierung und kommt damit dem Zeitgeist entgegengesprungen: Unsere Aufmerksamkeitsspanne auf viele Dinge wird zunehmend kürzer – die Digitalisierung fördert in jeder Hinsicht den Zwang, die eigene Kernbotschaft klipp und klar und kurz zu halten. Erst auf einer zweiten Click-Ebene kann alles ausführlich bis ins Detail erklärt werden, denn Informationsbedürfnis und Wissensdurst sind unbenommen weiterhin vorhanden, wenn wir uns für eine Sache interessieren.

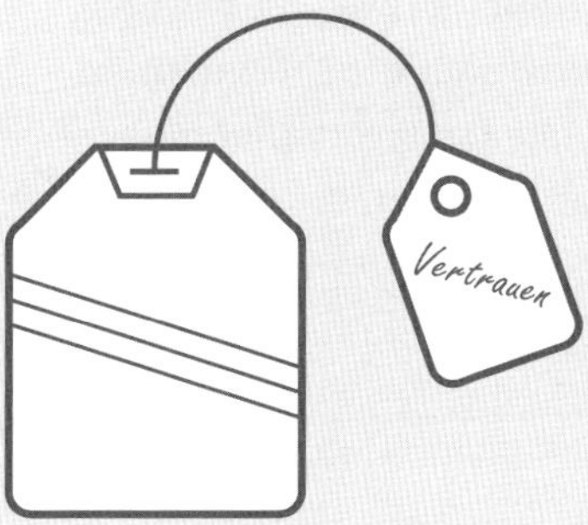

»Nur aus Konsequenz entsteht Prägnanz.«

Markensoziologische Weisheit

24. Ein Zeitgeist-Problem: Vertrauen ist keine Zahl und kein Modell

Wir leben in einer Zeit des Messens. Alles soll quantifizierbar sein. Selbst nach einem öffentlichen Toilettengang wird der Erleichterte noch vor Verlassen des Örtchens nach einer Bewertung seines »Erlebnisses« befragt ☺ ☹. Überall ist unsere persönliche Meinung ein stark begehrtes Gut – leider interessiert sich die andere Seite dafür ausschließlich als Durchschnittswert. Er besteht in Parteien, Behörden, Medien, Unternehmen, Universitäten: der innige Wunsch – nahezu schon die Sucht –, die Welt und ihre Phänomene in Zahlen, Daten und Fakten zu gießen, um sie (endlich) beherrschbar zu machen. »Fakten, Fakten, Fakten« bewarb ein Chefredakteur einst sein neues, mittlerweile boulevardeskes Politblatt mit klarem Focus, pardon Fokus. Mit Fakten sind heute sehr oft nur noch Zahlen gemeint. Politiker müssen sich nach Sympathie (!) und Leistung wöchentlich von Nichtpolitikern benoten lassen: Ihre Schulnoten zwischen 5+ und 5- werden mit seriöser Inbrunst und Krawatte als »Polit-Barometer« im Rahmen öffentlich-rechtlicher Nachrichten verkündet. Manager sagen Sätze wie »Ich entscheide ausschließlich auf Basis ökonomischer Kennziffern« und alle im »Konfi« nicken äußerst ernsthaft. Konzerne investieren Milliarden in das Abtesten jeder Plastiknuance einer neuen Shampoo-Verpackung oder lassen tiefenpsychologische Studien erstellen über tiefe Gefühle bei der Nutzung von zwei- und vierlagigem Toilettenpapier: Am Ende steht aber auch hier die Zahl: Wie viele fanden es wie?

Zahlen geben wahr, Modelle geben richtig

In Zahlen scheint die faktische Wahrheit verborgen zu liegen. Zahlen allein scheinen die Welt verständlich abzubilden und seriöse Prognosen zu erlauben. Daten werden als wichtigster Rohstoff der Zukunft gefeiert, Big Data ist in aller Leistungsträger Munde. All die Milliarden an Daten müssen verarbeitet werden: Hierfür braucht es Modelle. Das Studium der Wirtschaftswissenschaften wie auch der Sozialwissenschaften fühlt sich dementsprechend oftmals nur noch wie ein Studium zum Einsatz von Statistik und unterschiedlichen Modellen im zukünftigen Berufsleben an. Nichts bildet exakter die Wirklichkeit ab als ein Modell der Wirklichkeit, so die Wahrnehmung. Viele Modelle erfordern, zunächst die Philosophie der jeweiligen Modellbau-Koryphäe dahinter zu verstehen, um dann das Modell zu verstehen (oder so zu tun als ob) – und sich im Anschluss als Anhänger dieser Philosophierichtung zu verstehen. Die meisten laufen jedoch später im Büro mit einem Koffer voller Modelle herum und versuchen – je nach Problemstellung – das Modell zu nutzen, welches am besten passt.

Wer als Dozent Studenten heute einfach so einen »normalen« Ursache-Wirkungs-Zusammenhang erklären möchte, ein soziales 1 + 1 = 2, den ereilt nach wenigen Minuten die Frage: »Wie nennt sich Ihr verwendetes Modell? Wo finde ich das?« Übrigens ist dies bei jungen Studenten genauso wie bei Studenten, die bereits Berufserfahrung haben. Das höchste Lob diesbezüglich lautet: »Was Sie uns gezeigt haben, ist ein tolles, sehr eingängiges Modell, ich will es auch verwenden.« Wenn ich daraufhin antworte: »Das ist kein Modell, das ist die Realität«, dann ist diese Form von Bekenntnis eine, die – zumindest den Gesichtern nach zu urteilen – ein absolutes No-Go ist. Oder man ist, was schmeichelhafter ist, ein echter neudeutsch »Rulebreaker«, weil eine Aussage getroffen wurde, ohne den Versuch oder nur den Ansatz eines Modells dafür zu verwenden. Da ich mich der Wissenschaft verpflichtet fühle, es so von meinem Professor gelernt habe, füge ich immer noch hinzu: »Bis zum Beweis des Gegenteils.«

Das Wort »Professor« stammt übrigens vom lateinischen Verb *profiteri* ab, welches »bekennen« bedeutet: Der Professor ist ein »Bekenner«, er steht für seine Lehre ein, er lehrt nicht nur x Modelle, sondern positioniert sich mit seiner Lehrmeinung, seiner Überzeugung. Heute verstecken sich im Gegensatz dazu viele Dozenten hinter den Modellen. Gerade auch Soziologen neigen dazu, keine klaren, allgemein verständlichen Aussagen zu treffen, sondern lieber mit Zahlen und Fachbegriffen zu jonglieren. Dementsprechend gering ist heute die Relevanz von Soziologie. Die weithin akzeptierte Form des Bekenntnisses zu Zahlen bzw. des Nichtbekenntnisses zu sozialen Fakten macht das Führen von Großorganisationen so schwer – weil speziell dort nur noch Zahlen die »professionelle« Entscheidungsgrundlage bilden.

Zahlen und Modelle als heiliger Wissensgral

Dem heutigen Zustand vorangegangen ist eine beispiellose Erfolgsgeschichte der Naturwissenschaften, im Besonderen der Physik, die ursprünglich – seit Aristoteles – immer eine Teildisziplin der Philosophie gewesen ist. Doch im 16. und 17. Jahrhundert begann ein einmaliger Siegeszug der Physik; herausragende Köpfe wie René Descartes oder Isaac Newton entdeckten die Mechanik in den Dingen: die faszinierende Tatsache, dass es möglich ist, naturwissenschaftliche Phänomene rein rational und wertfrei zu beobachten und zu beschreiben und Ableitungen daraus zu treffen. Es entstanden die Newton'schen Gesetze und mit all den gigantischen Entdeckungen das euphorisierende Gefühl, die ganze Welt erklären und definieren zu können – strikt objektiv auf Zahlenbasis. Die Physik wurde so zur beherrschenden Modeströmung im akademischen Kontext, weil sie zu schaffen schien, was weder der Philosophie noch einem anderen Fach jemals vergönnt war: objektives Beurteilen und Bewerten aller Dinge. Das höchste Ideal im Wissenschaftsuniversum schien durch die Physik und ihre mathematisch exakten Formeln endlich erreicht.

Mechanik und Mathematik werden zum Ideal: Das Mess-Zeitalter beginnt

Es kam in der Folge zu einer allgemeinen »Mathematisierung« der Wissenschaft, denn wenn sich das Universum über Zahlen erklären lässt, dann sollte jede Wissenschaft, die den Anspruch hat, objektiv zu arbeiten, sich an Physik und Mathematik orientieren. Dank dieser Überlegenheit schien das erkenntnistheoretische Ideal erreicht, seine Strahlkraft und Attraktivität für andere Wissenschaftsbereiche war dementsprechend immens. Viele Ökonomen sahen eine einmalige Chance, ihr Fach neu und unantastbar zu positionieren. Dies führte im 19. Jahrhundert zu einer Spaltung innerhalb der Wirtschaftswissenschaften – bis dato als »Nationalökonomie« oder »Klassische Ökonomie« verstanden und betitelt und als solche ein Teilgebiet der Sozialwissenschaften. Karl Marx (1818–1883), Adam Smith (1723–1790) und John Stuart Mill (1806–1873) waren Vertreter und Protagonisten dieses klassischen Zweigs. Ab 1870 kam es zu einer Trennung in die klassischen Vertreter aus den Sozialwissenschaften einerseits und die sogenannten Neoklassiker, die sich zu einer »neuen«, mathematischen und an Kosten-Nutzen-Modellen orientierten neoklassischen Theorie bekannten. Während die Nationalökonomen traditionell über langfristigen Wachstumsmodellen brüteten, die soziale und gesellschaftlich-ganzheitliche Aspekte inkludierten, ging es den Neuökonomen vor allem um die ideale situative Ressourcenverteilung. Diese strukturelle Gegensätzlichkeit der Betrachtung musste zwangsläufig zu Spannungen führen.

Der seine Kosten und seinen Nutzen ständig optimierende Homo oeconomicus entspringt dieser am Rationalen orientierten Denkrichtung, die spätestens in der Mitte des 20. Jahrhundert endgültig zur mehr oder minder alleinherrschenden Wirtschaftswissenschaft an den Universitäten wurde. Mit eigenem Jargon, eigener Modellbauwelt. Für Außenstehende ein kaum zu durchdringender Kosmos, der sich dadurch – so einer der typischen Vorwürfe – gegen Kritik und Einmischung von außen weitgehend immunisiert, dafür aber einen gewaltigen Geltungsanspruch erhebt, der den Neoökonomen großenteils und vielerorts gewährt wird: Die sogenannten Wirtschaftsweisen beraten seit 1963 die Bundesregierung in gesamtwirtschaftlichen Fragen, wohingegen kein gesetzlich verankertes Gremium der fünf »Sozialweisen« existiert – geschweige, dass sie überhaupt im deutschen Sprachgebrauch auftauchen. Die Wirtschaftsweisen haben es indes sogar in den Duden geschafft. Quasi überall haben sie ein gewichtiges Wort mitzureden, weil die weitgehend durchgesetzte Herrschaft der Zahl sie automatisch zu Experten für nahezu jede Fragestellung befördert. Die Neoökonomen haben mit ihrer Fixierung, ihrer konsequenten und direkten Bezugnahme auf eine naturwissenschaftlich-zahlenbasierte und daher unumstößliche »Weisheit« beispiellosen Erfolg gehabt. Soziologie und Psychologie kommen in üblichen Prestige-Rankings nie auf solche Werte wie die »selbsterkorene Königsdisziplin«.

Naturwissenschaft ist keine Sozialwissenschaft

Der erhebliche Unterschied zwischen Natur und Wirtschaft oder auch akademisch allgemein Naturwissenschaft und Sozialwissenschaft ist jedoch nie deutlich geworden: Naturwissenschaftliche Phänomene sind Phänomene, die nach natürlichen Gesetzen in der Natur ablaufen – Abläufe, die von der Natur oft exakt vorgegeben sind (siehe Kapitel 11). Ein Tier kann gewaltige Leistungen vollbringen, aber nicht aus eigenem Willen. Ameisen können das Dreifache ihres Eigengewichts schleppen und mithilfe dieser Fähigkeit unglaubliche Bauten erschaffen, doch diese Kraftanstrengung geschieht allein aus einem Instinkt heraus. Der Bauvorgang verläuft immer auf identische Art und Weise. Die entstehende Gestalt ist nicht der Fantasie des Tieres entsprungen, sondern einem vorgegebenen Einfall der Natur.[91] Die Wirtschaft jedoch ist kein naturwissenschaftliches Phänomen, sondern sie setzt sich aus unzähligen unterschiedlichen und komplexen Kulturkörpern und daraus resultierenden Sozialphänomenen zusammen. Diese interagieren miteinander nicht nach Naturgesetzen, sondern nach Sozialgesetzen – und zwar jeder Kulturkörper nach seinen eigenen.

Deswegen gehen speziell transnationale Fusionen so oft schief, obwohl zuvor am Tisch Milliarden an zukünftigen Synergien errechnet wurden. Der Fall DaimlerChrysler kann hier als negatives Musterbeispiel gelten.[92] Funktionieren können transnationale Fusionen, wenn die individuellen Erfolgskonzepte der fusionierenden Unternehmen trotz Fusion nicht wesentlich angetastet werden, die Synergien strikt im Hintergrund ablaufen. Volvo und sein chinesischer Mutterkonzern Geely demonstrieren dies seit 2010: Nach außen tritt der chinesische Eigner konsequent nicht auf.

> Naturgesetze sind keine Sozialgesetze. Und umgekehrt.
> Mit mathematischen Formeln lassen sich soziale Dynamiken weder erkennen noch berechnen oder vorhersehen.

Widerstand ist nicht zwecklos: Sozialexperten für soziale Phänomene

Erst in jüngerer Zeit mehrt sich die Kritik an dem Ansatz und der Deutungshoheit der Neoökonomen. Die Markensoziologie steht bereits seit ihrer Begründung als Disziplin in den 1990er-Jahren im strikten Widerspruch zur Herangehensweise der neoklassischen Vertreter, da sich ein soziales Phänomen – wie es eine Marke darstellt – nicht auf Basis von Modellen beschreiben oder gar auf Basis von Kennziffern führen lässt. Schwarze Zahlen eines Wirtschaftsunternehmens sind das Ergebnis eines sozialen Phänomens; sie sind also Wirkung, nicht Ursache: Wenn viele Menschen einen Porsche kaufen wollen oder einen Österreich-Urlaub anstreben, dann liegt die Ursache in der Technik und dem Design des Autos (unter anderem) oder an der atemberaubenden Natur (unter anderem). **Um an die konkreten und vollständigen Ursachen des Erfolges (oder Misserfolges) eines Systems heranzukommen, um sie zu erklären, braucht es primär Experten des Sozialen, jedenfalls keine**

reinen Wirtschaftsexperten. Der Einwand, dass doch viele Menschen einen Porsche oder ein anderes Prestigeprodukt primär kaufen, eben weil es ein Prestigeprodukt ist, d.h. um damit sozial auftzutrumpfen, ist richtig. Aber jedes noch so prestigeträchtige Image ist erst die Wirkung aus den einzelnen Leistungskomponenten, eine Resultante. Auch der Juwelier, der edlen Cartier-Schmuck verkauft, kann nicht einfach zu seiner Kundin sagen: »Geile Klunker, kaufen Sie!« Im Gegenteil: Als Erstes wird er ihr das Schmuckstück in allen seinen individuellen Details und Facetten beschreiben.

Heute ist es so, dass ein zutiefst sozialer Verbund wie eine Firma häufig von perfekt betriebswirtschaftlich ausgebildeten Personen geführt wird. Dies gilt auch als völlig richtig und normal, salopp gesagt: Wer Papas Firma übernehmen will, der muss erst mal BWL studieren. Wer mehr wissen will, VWL. Frühe Soziologen wie Ferdinand Tönnies oder Max Weber (1864–1920) waren immer auch Nationalökonomen, ein Werner Sombart (1863–1941) war Soziologe und Volkswirt; sie alle waren also ausgewiesene und anerkannte Experten für Wirtschaft und Soziales. Aber diese Anerkennung fächerübergreifender Kompetenz ist in einer Welt, in der scheinbar nur noch Spezialexpertise benötigt wird, ein rares Gut geworden. Sozial- und Wirtschaftswissenschaften werden sogar in der allgemeinen Wahrnehmung oft als zwei gegensätzliche Pole verstanden – größer könnte das Missverständnis nicht sein.

Die »Gemeinwohl-Ökonomie« und ihr Initiator Christian Felber (*1972) rufen ebenfalls vehement zu einem radikalen Umdenken in den Wirtschaftswissenschaften auf, und es scheint zunehmend Nachwuchs zu geben, der sich gegen den ihrer Überzeugung und eigenem Erleben nach zu schmalen Inhalts- und Wissenskorridor ihrer Lehre wehrt. Felber schreibt über das klassische Studium der Wirtschaftswissenschaften und die Studenten: »Sie werden über Schwellenkonzepte in aparte Gefühls- und Wertewelten entführt. Die hochmathematisierte Sprache immunisiert die Disziplin gegen öffentlichen Diskurs und Rechenschaft, sie führt zu einer steilen Hierarchie im Inneren, die sich nach außen in Form von Hybris, mangelnder Gender-Sensitivität und demokratischer Selbstreflektion zeigt.«[93]

Hilfreich wirkt die Tatsache, dass Themen wie Ethik, Kooperation, Gerechtigkeit und Nachhaltigkeit derzeit starke Themen sind, die nur schwer komplett aus dem Diskurs zu halten sind, weder bei aktuellen Wirtschaftsverantwortlichen noch beim akademischen Nachwuchs. Felber kritisiert die aktuelle Wirtschaftswissenschaft als völlig taub gegenüber Kritik und beschreibt ihre Wirkung als ein »unfehlbares Dogmensystem«[94], in dem auch die Finanzkrise zu keiner Form von Einsicht oder kritischer Selbstreflexion eigener Vorgehensweisen wie der Modellfixierung und Formelsucht geführt hat – und auch zu keinem Versuch, andere akademische Disziplinen einzubinden. Dagegen hat sich eine breite Bewegung aus Lehrenden und Studierenden in England, Frankreich, Deutschland und anderen Ländern formiert, die sich »Plurale Ökonomik« oder, aus dem Englischen übernommen, »Real World Economics« nennt. In Frankreich an der Sorbonne im Jahr 2000 von protestierenden Studenten gestartet, bezeichnete sich die Bewegung zunächst als »postautistische Ökonomie«, um ihre Kritik am realitätsfernen Agieren ohne jeden gesellschaftlichen Kontext auszudrücken.

Aber bis heute und trotz zahlreicher nachweislicher Fehlannahmen und Fehleinschätzungen der Neoökonomen besitzt deren propagiertes Ideal von objektiver Bewertung aller Dinge mittels Kennziffern eine hohe Attraktivität – und es entspricht einem Zeitgeist, der nach mathematisch-verbriefter und nicht nach geistiger Sicherheit und (eigenem) gesundem Menschenverstand ruft. Immerhin ist vom Nationalökonomen Karl Marx die Benennung der Neoökonomen als »Vulgärökonomen« überliefert; Marx bezeichnet deren Auslegung schon früh als reine Ideologie.[95] Die aktuelle Sozialwissenschaft unternimmt allerdings auch sehr wenig, um »Deutungshoheit« zurückzugewinnen. Sie fokussiert sich lieber auf ihre eigenen zahlreichen empirischen Modelle bzw. versteckt sich seit Längerem dahinter. Wer als Soziologe ausschert, konkrete Annahmen trifft (inklusive der Möglichkeit der

Fehlannahme), manchmal sogar Bestseller darüber schreibt, der wird dann gern von den eigenen Kollegen als »völlig unwissenschaftlich« und »nicht zitierfähig« abgetan ...

Ein Soziologentag oder -kongress interessiert daher heute keinen Menschen mehr – nicht einmal Soziologen. Bis auf Weiteres sind Modelle daher weiterhin das repräsentative Aushängeschild der Wissenschaften und zunehmend auch der Privatwirtschaft (jede Beratung, jede Agentur besitzt ihr eigenes Modell) – anscheinend aber auch das einzige. Googeln Sie etwas Profanes wie »Markenmodell« und Sie erhalten 1 250 000 Ergebnisse ...

Kennzahlen optimieren unser ganzes Alltagsleben

Bis zur erfolgreichen Revolution leiden wir alle weiterhin sehr konkret unter der fehlgeleiteten Vorgabehoheit von Modellen: egal ob am personaloptimierten Schalter in der Post, am Bahnhof oder am Flughafen oder in den Telefonhotlines aller Konzerne mit richtig guter Motivations- und Besänftigungsmusik. Oder wenn wieder eine Nachbarschafts-Bankfiliale wegoptimiert wurde und ein ganzes Stadtviertel mit überalterter Bevölkerung keinen nahegelegenen Zugang mehr zu einem lebenden Bankangestellten hat. Die Antwort der Bank auf kritische Nachfrage: »Es sind doch jetzt zwei Automaten vor Ort. Die haben sogar ganztägig auf. Unsere Serviceleistung im Stadtteil wurde somit erheblich erhöht.«

Das ist die Schwierigkeit, wenn die üblichen Beratungsgesellschaften an- oder einrücken, um mit ihren Modellen und Kennzahlen die Welt zu optimieren. Denn ihre interne Optimierungsleistung berücksichtigt maßgebliche Details und historische Besonderheiten einer Unternehmung meist nur marginal: Wenn der Mann in der Waschstraße oder die Pflegerin im Heim sich entschuldigt, dass er oder sie leider ab heute kein längeres Gespräch als gestoppte 3:30 Minuten mit dem Kunden oder der pflegebedürftigen Person mehr führen darf, dann hat wieder eine Professionalisierung »von oben« stattgefunden. Das »Gute« daran: Es geschieht im offiziellen Jargon immer zur Optimierung der Service-Abläufe. Ein Besuch bei Starbucks: Ich frage meinen neuen Duzfreund, den muskulösen, großzügig tätowierten und lässig-bezopften »Barista«, der mich gerade lauthals mit »Arnd, dein Latte ist fertig« ausgerufen hat: »Könnten Sie, pardon, könntest du mir bitte noch etwas mehr Milch einschenken?« Er antwortet: »Sorry, das darf ich leider nicht. Geh doch bitte zu unserer Service-Station, da bekommst du jede Menge Milch.« Woraus besteht jene ominöse Service-Station, welche differenzierte ausgeklügelte US-Arbeitsteilung steckt dahinter? Da steht keine große Service-Kuh auf dem Flur, sondern ein kleiner brauner Rollwagen in der Ecke, auf dem zwei Milch-Thermoskannen mit wahlweise 1,5 und 3,5 Prozent Fett stehen. Dazu drei kleine Streudosen, um den Kaffee süßer zu gestalten. Der »Service« von Starbucks für seinen Kunden besteht also darin, dass der Kunde sich selbst Milch hinzufügen, d. h. Self-Service machen darf. Gegen diese dreiste Uminterpretation von Service hat die Nutzung des Wortes »Park« in Begriffen wie »Chemiepark Marl« für ein riesiges Industrieareal in Marl (zuvor Chemische Werke Hüls AG) oder »Gewerbepark Tauberhöhe« für ein Industriegebiet fast konkret beschreibenden Charakter.

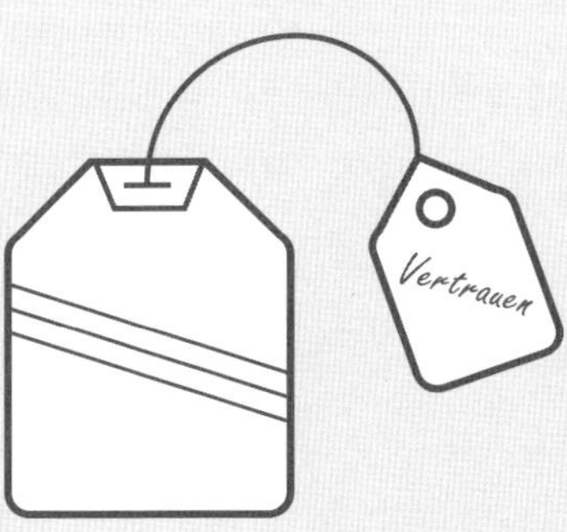

»Nichts ist so praktisch wie eine gute Theorie.«

Markensoziologische Weisheit

Zum Siegeszug der Zahl oder: Was ist der Unterschied zwischen Hamburg und München?

Das ist Hamburg:[96]

Einwohner:	1 899 160 Menschen (Dez. 2019)
Einwohner pro km^2:	2424
Haushalte:	1 041 724
Einpersonenhaushalt:	54,5 % (Dez. 2018)
Erwerbstätige:	1 293 300 (2019)
Breitengrad:	53° 33' N
Längengrad:	10° 0' O
Fläche:	755,1 km^2
Landfläche:	91,9 %
Wasserfläche:	8,1 %
Größe des Hafens:	ca. 72 km^2
Größe der Außenalster:	1,6 km^2
Größe der Binnenalster:	0,2 km^2
Größe des Friedhofs Ohlsdorf:	3,9 km^2
Größe des Stadtparks:	1,8 km^2
Größe des Flughafens:	5,7 km^2
Höchster Berg: Harburger Berge:	116,1 m über NN
Tiefste Bodenstelle (im Neuenfelde):	0,8 m unter NN
Heinrich-Hertz-Turm:	278 m hoch
Ruine Nikolaikirche:	148 m hoch
St. Michaelis (Michel):	132 m hoch
Elbphilharmonie:	110 m hoch
Radisson Blu Hotel Hamburg:	108 m hoch
Emporio Hochhaus:	98 m hoch
Länge Alter Elbtunnel:	470 m
Länge Neuer Elbtunnel:	3325 m

...

Und das ist München:[97]

Geografische Lage:	48° 8‘ 13“ N, 11° 24‘ 31“ E 48.136944°, 11.575278°
Durchschnittliche Höhe:	519 m über NN
Fläche:	310,71 km²
Stadtgründungsjahr:	1158 (erste urkundliche Erwähnung)
Zeitzone:	Mitteleuropäische Zeit (MEZ) + 1:00 h
Stadteinteilung:	25 Stadtbezirke
Kleinster Bezirk:	Schwanthalerhöhe (8)
Größter Bezirk:	Aubing-Lochhausen-Langwied (22)
Stadtgrenze (größte Ausdehnung):	Nord nach Süd: 20,7 km Ost nach West: 26,9 km
Einwohnerzahl:	1 561 720 (Stand: 31.03.2020)
Geburten 2018:	17 587 (2017: 17 629)
Verheiratet 2018:	512 242 Personen
Schüler Schuljahr 2017/18:	126 749
Studenten WS 2017/18:	127 500 (WS 2016/17: 119 954)
Temperatur (Durchschnitt) 2019:	11,0 °C
Sonnenstunden 2019:	2016 h
Regentage 2019:	126 Tage
Heiße Tage 2019:	18 Tage
Frosttage 2019:	63 Tage
Länge der Isar:	13,7 km (Stadtgebiet)
Fläche Gewässer gesamt:	418 ha (rund 1,3 % der Stadtfläche)
Fläche Grünanlagen gesamt:	4146 ha (rund 13,3 % der Stadtfläche)

...

Das sind einige faktische Unterschiede zwischen beiden Städten. Zumindest eine kleine bewusst spontane Auswahl davon. Eine Frage bleibt dennoch: Ist die Frage »Was ist der Unterschied zwischen Hamburg und München?« damit beantwortet? Sehr wahrscheinlich antworten Sie mit »Nein« und zweifeln am Geisteszustand des Fragestellers. Und dann die zweite Frage: Würden Sie einem anderen Menschen die Unterschiede zwischen den Städten so beschreiben (wollen)? Ihre vermutliche Antwort: »Auf keinen Fall.« Wahrscheinlich empfinden Sie die genannten Daten vor allem als eines: verwirrend. Sie verstellen nämlich den Blick auf das Wesentliche dieser beiden Städte – Personen, Gebäude, Rituale, Feste, konkrete Dinge, die untrennbar mit dem Ort und seiner Historie verbunden sind. Zum Beispiel hat die eine Stadt ein Oktoberfest, die andere feiert einen Dom.

Kulturelle Körper – ob Städte, Länder, Vereine, Parteien, Kunststile, Marken – können nicht in Zahlen beschrieben oder verständlich gemacht werden. Jeder Kulturkörper ist ein soziales Phänomen und kann daher kann nicht über Modelle, Daten oder Mathematik erklärt werden. Das Besondere, das Individuelle wird nicht über Zahlen begreifbar.

25. Der Gegenstand von Vertrauen: Das Soziale als Substanz

»It's the economy, stupid!«
Bill Clinton, ehemaliger US-Präsident, 1992

»It's the social, stupid!«
Arnd Zschiesche, Markensoziologe, 2021

»It's the economy, stupid!« (»Die Wirtschaft entscheidet, du Idiot«) – mit diesem Wahlkampfslogan setzte sich der demokratische Präsidentschaftsanwärter Bill Clinton 1992 mit seiner Kampagne im Präsidentschaftswahlkampf gegen George Bush Senior durch. Ursprünglich ein Claim von mehreren, wurde der Satz zu einem Markenzeichen der erfolgreichen Clinton-Kampagne. Später wuchs er zu einer im Englischen als *snowclone* (»Schneeklon«) bezeichneten Phrase an. Dies beschreibt einen Wort-Beitrag, der in dieser Form neu ist und sich dann zunehmend durchsetzt und in unterschiedlichen Varianten in den allgemeinen Sprachgebrauch übernommen wird. Der Begriff »Schneeklon« rührt daher, dass Eskimos viele verschiedene Bezeichnungen für »Schnee« haben. Der Ausspruch von Clinton bringt auf den Punkt, was bis heute nicht nur sehr viele Amerikaner, sondern auch andere Menschen weltweit denken: Am Ende geht es immer um die Wirtschaft und ihren Erfolg. Geht es der Wirtschaft gut, geht es auch den Menschen gut, so die eiserne Logik – nicht nur von US-Republikanern und Konservativen, sondern eben auch von führenden US-Demokraten (bis heute).

So weit, so richtig, und oberflächlich betrachtet keinesfalls abwegig. Doch angesichts der Beobachtung, wie heftig und brutal das Corona-Virus die Vereinigten Staaten getroffen hat, werden die drastischen Defizite einer solchen Fixierung auf Handel und Wirtschaft deutlich –

bei gleichzeitigen Versäumnissen in unterschiedlichen sozialen Bereichen. Dies betrifft beileibe nicht nur die USA, aber dort entsetzen uns die Versäumnisse besonders, weil gerade für die Europäer dieses Land seit Jahrzehnten als Hort des Fortschritts schlechthin gilt, für viele mit inkludierter Vorbildfunktion. Dies war sicherlich schon vor der Trump-Ära inklusive finaler Kapitolerstürmung ein naives, einseitiges Bild, ist jedoch mit der langfristigen Wirkweise und Kraft positiver wie negativer Vorurteile zu erklären, was bereits thematisiert wurde (siehe Kapitel 22). Die USA polarisieren stark bezüglich ihres Wirtschaftssystems. Eindeutig besaß das riesige Land in mancher Hinsicht eine Vorreiterrolle für die westliche Welt: ein enger Alliierter der Europäer, der zudem Schutz gewährleistete, eine militärische und wirtschaftliche Vormachtstellung innehatte – und zumindest nach außen stets vom ewigen Ideal des Fortschrittsglaubens befeuert wurde. In der Theorie wissen einige um einiges, das in den Vereinigten Staaten im Argen liegt. Aber die Corona-Krise führt es allen auf grausame Weise konkret vor Augen: ein oft überforderter Staat, der von vielen Bürgern traditionell als Gegner oder gar Feind gesehen wird, der sich nie einmischen soll und sich aus vielen öffentlichen Einrichtungen und Versorgungsaufgaben zurückgezogen hat. Dazu parallel die brutale Ermordung des Afroamerikaners George Floyd im Frühjahr 2020, die neben dem latent vorhandenen Rassismus filmisch demonstrierte, welche Defizite es in der Ausbildung der US-Polizei gibt. Durch sämtliche US-Krisen zieht sich die extreme Spaltung eines gesamten Landes in Oben und Unten, Reich und Arm, die so deutlich wie nie zuvor hervortritt. Der demokratische Präsident Joe Biden begann schon vor seiner offiziellen Amtseinführung mit dem Versuch eines sozialen Heilungsprozesses, ein – angesichts der ebenfalls ins Extreme ausgeuferten politischen Spaltung in dem Zweiparteienstaat – anspruchsvolles Vorhaben. Allein sein »buntes« Kabinett, die Auswahl seines Teams mit Menschen bewusst unterschiedlicher kultureller Hintergründe, ist ein deutliches Signal an die Bevölkerung.

Aber auch Europa ist keine Insel der Glückseligkeit. Dies wurde spätestens mit Beginn der Flüchtlingskrise 2015 mittels tragischer Bilder immer wieder vielerorts vorgeführt. Im Angesicht von Corona (er)scheinen jedoch – bei aller berechtigten Kritik im Detail – im Vergleich mit den USA viele gewachsene und etablierte Errungenschaften von einigen Ländern des Alten Europas in einem deutlich positiveren Licht: sozialstaatliche Erfolge wie Kurzarbeit, medizinische Grundversorgung, Schulen, Forschungseinrichtungen und Krankenhäuser, die nicht nur wirtschaftlichen Wettbewerb kennen. Trotz insgesamt zunehmender Tendenz der Verwirtschaftlichung in Europa zeigt sich Deutschland als ein Staat, der in der Krise an vielen Stellen zum Kümmerer wird und innerhalb der Pandemie seine politische Handlungs- und Leistungsfähigkeit unter Beweis stellt. Hinzu kommt die Tatsache, dass wenigstens am Anfang der Pandemie Konsens herrschte, dass die Wirtschaft und das soziale Leben jetzt vollständig gestoppt werden müssten, trotz aller mit Sicherheit zu erwartenden Schwierigkeiten. Auch ein im Verlauf einsetzender, großenteils sachlicher öffentlicher Diskurs um den richtigen Weg aus der Krise zählt dazu.

Dies alles passiert, weil in Deutschland und vielen anderen Ländern Europas gesellschaftliche Strukturen und staatliche Ressourcen vorhanden sind, die solche Handlungsweisen einigermaßen effizient funktionieren und greifen lassen. Derartige Strukturen sind Ergebnis einer langen kulturellen Vorgeschichte der jeweiligen Völker (im Guten wie im Schlechten). Tatsache ist auch, dass die Maßnahmen auf eine Bevölkerung treffen, die mehrheitlich bereit ist, die oktroyierten neuen Gesetze zu akzeptieren und als mündige Bürger aktiv mitzutragen: weil ein gewisses Grundvertrauen in den eigenen Staat in vielen europäischen Ländern Konsens ist. Wertfrei formuliert: weil es eine vollkommen andere, historisch gewachsene soziale und kulturelle Grundstruktur oder Vorgeschichte gibt als in den USA oder Brasilien oder China. Die Wirtschaft leidet überall massiv, dennoch zeigt das Virus, dass die Wirtschaft, ihr Abschwung wie auch der mögliche Wiederaufschwung, nicht von Zahlen abhängt. Die Wirtschaft und ihre umfassenden Zahlen sind demnach immer Resultat, nicht Ursache. Der US-Politologe Francis Fukuyama befand in Bezug auf die Corona-Pandemie: »Einer der großen Vorteile, die Deutschland hat und in den letzten Jahren hatte, ist ein recht hohes Maß an Vertrauen in die Regierung und ein gesellschaftlicher Konsens, dass die Menschen glauben, dass sie in dieser Krise zusammenstehen.«[98]

Jede Krise macht eindringlich deutlich: Wenn es ernst wird, geht es nicht um Zahlen. Im Frühjahr 2020 herrschte eine coronabedingte Rezession (die länger währen sollte, als man seinerzeit annahm), die Wirtschaft stand vor größtenteils völlig ungewissen Folgen; all dies mit schrecklichen persönlichen Konsequenzen für unzählige Menschen. Eine katastrophale Situation. Aber wenn es darum geht, Krise zu managen, zu überwinden, bestenfalls abzuwenden und Existenzen zu retten, dann ist das Zwischenmenschliche, das Funktionieren des sozialen Miteinanders oder zumindest der Kooperation entscheidend: die soziale »Leistung« dahinter. Sie setzt sich aus den Sozialzutaten zusammen, die in den vorhergehenden Kapiteln beschrieben wurden: Gemeinschaft, Geschichte, geteilte Vorurteile, (Wieder-)Erkennen und Kenntnis der anderen, eine gewachsene persönlich-gemeinschaftliche Vor-Verbundenheit mit ihnen. Das zeigt sich z. B. am individuellen Umgang der Länder mit der Corona-Herausforderung. So ging Schweden zunächst einen Sonderweg und begründete dieses Vorgehen explizit mit der anders gelagerten schwedischen Kultur. Ein Weg, der im Herbst abrupt endete, als das Land mit der Durchhaltekraft des Virus und seinen brutalen Folgen konfrontiert wurde, die Herden-Immunität sich nach dem Sommer nicht einstellte und die Regierung eine Kurskorrektur vornahm.

Die Ursache, die Wurzel unter den ersichtlichen Dingen, ist immer das Soziale: die soziale und somit kulturell gewachsene Substanz, die hinter den weltweiten Geschehnissen wirkt oder bei Substanzmangel nicht genügend oder gar nicht wirkt. Das Soziale ist dabei niemals in einem naiv-menschenfreundlichen Sinne zu bewerten: Es wurde beschrieben (siehe Kapitel 22), dass Sozialitäten in sich selbst, genauso wie im Kampf mit anderen Sozialitäten, höchste Grausamkeiten begehen und extrem gnadenlos gegenüber den anderen – der anderen Gemeinschaft mit dem anderen Gott oder Anführer – sein können.

Das zeigt sich, wenn Versöhnung zwischen Völkern, kleineren Volksgruppen und Gemeinschaften auch 50 oder 200 Jahre nach solchen Vorfällen kaum möglich erscheint. Oder wenn der Hass innerhalb einer Sekunde durch einen falschen Satz oder durch ein Vorkommnis wiederaufflammt, obwohl es zuvor jahrelang scheinbar friedliche Koexistenz gab.

Hitlerzeit nie als »Fliegenschiss« verstehen

Die Deutschen haben aufgrund ihrer jüngeren Geschichte viel Erfahrung mit sozialer Kollektivschuld, die generationsübergreifend nachwirkt und im Alltag noch omnipräsent ist: ob bei politischen Entscheidungen, privaten Diskussionen oder jeden Abend aufs Neue als ntv-Dokumentation oder öffentlich-rechtliche Dokumentation, die Hitlers Bunker, Hitlers Helfer, Hitlers Architekt, Hitlers Frauen, Hitlers ... thematisiert. Oder wenn eine junge Partei versucht, diese Schuldfrage als »abgearbeitet«, ja als »Fliegenschiss« innerhalb einer tausendjährigen Geschichte darzulegen. Spätestens an den heftigen Reaktionen auf solche Äußerungen wird klar, dass die historische Substanz, diese Erschütterung der deutschen Geschichte, für viele Deutsche eben kein Fliegenschiss ist, sondern vital im kollektiven Gedächtnis nachwirkt. Das Problem liegt anders: Bei einer tausendjährigen Kulturgeschichte fühlen sich die seit 1945 vergangenen Jahre wie ein extrem kurzer Zeitraum an – zu kurz, als dass das betroffene Volk die Geschehnisse schon komplett distanziert betrachten könnte.

Unter jeder kulturellen Oberfläche liegt deren soziale Substanz verborgen

Es wird deutlich, dass unterhalb eines relativ einfach zu beobachtenden sozial-folkloristischen Geschehens unzähliger faszinierender und einzigartiger Ortskulturen überall auf der Oberfläche ebenso einzigartige wie vielfältige Kräfte wirken. Ziehende Kräfte, die unsichtbar, unnachgiebig oder sogar intolerant Regie führen: Die Ursachen des manchmal folkloristischen Geschehens wie auch grausamer Auseinandersetzungen, diese Wurzeln von Gemeinschaften und ihren normativen Kulturen liegen eben nicht offensichtlich und greifbar vor Augen. Hamburg ist nicht München (und Bayern sowieso nicht). Aber der Unterschied lässt sich eben nicht in Zahlen erklären. Die USA sind nicht Europa. Deutschland ist nicht Frankreich, aber auch nicht Österreich, Dänemark, Luxemburg, Holland oder Polen. Aber selbst Lübeck ist nicht Hamburg, niemals. British Airways ist nicht Lufthansa, obwohl beide Firmen einen ähnlich menschenverachtend-einengenden Lufttransport anbieten (außerhalb von Business und First). Borussia Dortmund ist nicht Schalke 04, obwohl beide Teams für ihre hohe Ballkunst bekannt sind und die Orte der Ruhr-Derbys nur 25,63 Kilometer Luftlinie voneinander getrennt sind. All diese Dinge sehen wir im Alltag als vollkommen selbstverständlich an. Aber warum ist dann Hamburg nicht München?

Der Begründer der Markensoziologie und Gestaltsoziologe Alexander Deichsel (*1935) spricht von »KKWs« – »**K**ulturellen **K**ernkraft**W**erken« –, um die sozial gewachsene Kraft und Gewalt zu verdeutlichen, mit der diese sozialen Organismen überall auf der Welt nach *ihren* Menschen greifen und deren Willen im Alltag mitlenken. Dahinter steht manchmal eine tausendjährige Geschichte, manchmal – im Falle einer Firma oder sonstigen Organisation – eine nur fünfzig- oder fünfjährige Geschichte. Aber sie alle können gewaltige Bindungskräfte für die Menschen entwickeln, die in ihrem Zusammenhang leben und sich mit ihnen identifizieren. Menschen, die per Geburt oder per Sozialisation mit den Sozialorganismen in Berührung gekommen sind – und sich in sie hineinbegeben haben. Dinge, die über die Zeit zu einem wichtigen Bestandteil ihrer Identität geworden sind: der Wohnort, die Herkunft, die Familie, die Firma, der Verein, die Partei, das Auto, die Schule, Hobbys … – die Möglichkeiten sind unendlich.

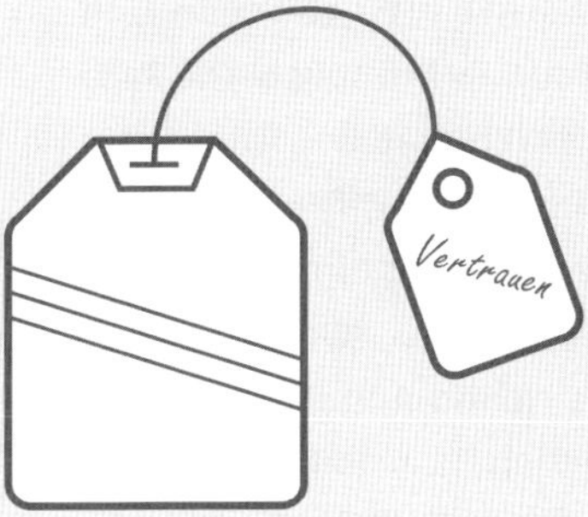

»Nichts ist so individuell wie die eigene Geschichte. Nichts macht so individuell.«

Markensoziologische Weisheit

Das Soziale ist der Hard Fact, Zahlen sind die Soft Facts

Viele Menschen, gerade Leistungsträger, Manager, Berater und weitere Protagonisten der Wirtschaftswelt, neigen dazu, diese Dinge in Bezug auf Sozialkörper als zu vernachlässigende Soft Facts abzutun und – wie zuvor ausgeführt – Zahlen als einzig valide Hard Facts anzuerkennen. Das ist eine Sichtweise, derentwegen Sozialwissenschaften von vielen fälschlicherweise als »weiche« Wissenschaften angesehen werden. Das Gegenteil ist der Fall: Zahlen sind die Soft Facts, denn sie geben nur in einer Momentaufnahme ihre kurzfristige Aussage über etwas ab – und sie beschreiben zudem immer nur den Blick von außen auf ein tiefer liegendes soziales Phänomen. Egal wie detailliert und umfassend die Zahlenkolonnen sind, sie bleiben stets abstrakte Hilfsmittel, um eine Annäherung, einen Zugriff auf eine solche Sozialsubstanz zu bekommen. Keine Zahl oder Statistik der Welt kann den Unterschied zwischen Hamburg und München abbilden. Es sind zwei vollkommen anders gewachsene und geografisch verortete Sozialkörper, die sich in unzähligen Dingen realisieren: andere Biere, Oktoberfest, Elbe, Lederhose, Hafen, Alster, Englischer Garten, der Michel, HSV, Isar, Reeperbahn, Elbphilharmonie, Deutsches Museum, Hafen City, Schwabing, Frauenkirche usw.

Soziale Körper begegnen uns immer in ihren Partikularitäten, in ihren einmaligen Besonderheiten. Und diese sind strikt ortsgebunden und konkret. Es gibt ein weltberühmtes Hofbräuhaus in München: Die Paulaner Brauerei hat 1992, weil sie um die Attraktivität des Angebotes in Asien wusste, ein »Paulaner Bräuhaus Bejing« eröffnet und sich dort bis ins Detail alle Mühe gegeben, um in China 1:1 ein bayerisches Brauhaus-Trinkerlebnis zu ermöglichen. Der Claim: »Original Beer, Food and *Gemütlichkeit* from Munich«. Alles richtig und eine gut vermarktbare Idee. Strukturell spannend daran ist, dass es naturgemäß immer eine Kopie bleibt – die im Normalfall dazu führt, dass jeder echte Fan irgendwann einmal im Original trinken möchte. Die Hauptenergie, der soziale Nukleus, ist örtlich und besitzt erhebliche Anziehungskräfte. Dieses örtliche Fundament gilt es zu nutzen, als Energieträger und Vertrauensbasis. Soziologisch nennt sich dies die »produktive Distanz«, weil der Abstand erhebliche Energien in den Menschen freisetzt. Dies funktioniert im Sinne der Originalität immer: Der Träger der am besten gefälschten (und teuersten) Bangkok-Rolex ist meist derjenige, der am meisten daransetzt, möglichst schnell die echte Rolex am Handgelenk zu tragen. Diesen Vorgang, dass der Kunde letztlich doch nach dem Original, dem Echten strebt, wollen viele Unternehmen abschaffen, weil sie unbedingt allen ein Produkt verkaufen möchten und in dieser Logik sofort eine »Rolex light« präsentieren würden.[99] Dafür zerstören sie gerne und freiwillig ihre bis zu dem Zeitpunkt oft reibungslos funktionierende Leistungs- und Kostenstruktur (siehe Kapitel 2). Das Endergebnis: Austauschbarkeit aka Vertrauensabbau.

> Kultur ist immer das Unübertragbare. Daher kann die Herkunft als kostenloser Vertrauens- und somit Wertschöpfungsfaktor eingesetzt werden.

Erfolgreiche Organisationen werden konsequent von innen geführt

Sozialkörper können nur aus sich selbst heraus geführt werden. Denn ihr Inhalt, ihre Substanz, der Schlüssel zu ihrem Verständnis, liegt innen. Viele Menschen in großen Unternehmen sprechen und diskutieren viel über die äußere Wahrnehmung ihrer Marke oder Organisation. Das heißt: Es wird über Außenwirkungen gesprochen. Hier liegt ein struktureller Denkfehler vor: Starke Organisationen sind so stark geworden, weil sie eine bestimmte Information über ihre Leistung nach draußen gesendet haben. Unermüdlich und ununterbrochen. Unternehmen sind für ihre Außenwahrnehmung verantwortlich, weil sie »Wahrgeber« sein müssen, das ist ihre Verpflichtung. Das Beispiel Volvo zeigt, wie ein Unternehmen konsequent wahr gibt, indem es seinen Kernwert Sicherheit über alle Kanäle sendet. Es ist absurd, dass Firmen, die nur deswegen groß geworden sind, weil sie die ganze Welt mit ihren Produkten aus voller Überzeugung beglücken wollten, heute Millionen in die Marktforschung stecken, um herauszufinden, wie sie »da draußen« gesehen werden und wie sie Menschen irgendwie noch mit irgendwas beglücken können. Für ein junges agiles Unternehmen ist solch eine Vorgehensweise inakzeptabel. Dieses Vorgehen, diese verquere Sichtweise kann sich überhaupt erst dann intern durchzusetzen, wenn der Pionier- und Unternehmergeist vom »Konzerngeist« abgelöst wurde.

Das Soziale ist immer substanziell

Die Realität funktioniert umgekehrt, aber vor allem anders. Das Soziale ist die Substanz hinter all den Zahlen, Modellen und alltäglichen Geschehnissen. Das Soziale ist der Kern, der erst den Zugang zum Verständnis jedes einzelnen Sozialkörpers ermöglicht. Das, was Ferdinand Tönnies als gemeinschaftliche Verbindung versteht: die stärkste zwischenmenschliche Verbindung, die Menschen möglich ist. Selbstverständlich ist sie in der Realität immer nur in Abstufungen vorhan-

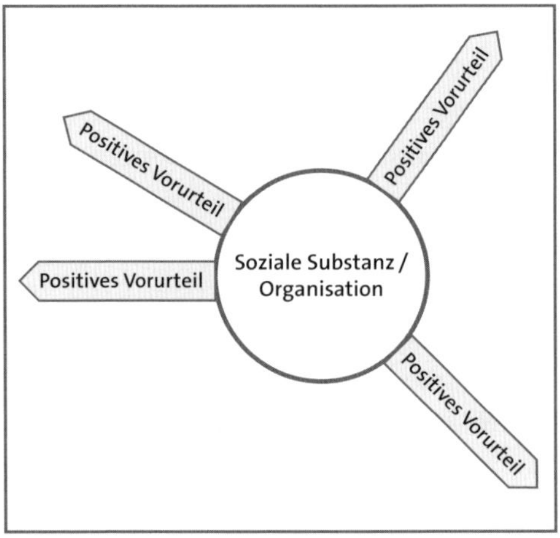

Starke Organisationen sind immer Sender einer Botschaft, nie Empfänger. Es gilt, konsequent aus dem Inneren des Sozialkörpers heraus zu argumentieren, zu interpretieren und zu führen. Maßgebliche Managementaufgabe ist, die Welt aus der individuellen Perspektive dieses einzigartigen Systems zu sehen und zu betrachten. Auch im Falle externer Trends und Innovationen gilt: zuerst prüfen, ob und wie es passen könnte. Falls ja, in etwas Eigenes verwandeln. Falls nein, nicht. Dann gilt: sofort Grenze ziehen. Nur so kann öffentliches Vertrauen in ein System entstehen. Gilt immer und überall, wo kollektive Gesetze zur Beurteilung greifen. Wenn eine Einzelperson jeden Tag anders argumentiert, in sich nicht kongruent ist, vertrauen wir ihr instinktiv auch nicht.

den. Familie und Freunde sollten einem näher stehen als das Auto, die Zahnpasta oder der Fußballverein (bei Letzterem wird es bei manchen schon kritisch). Gemeinschaften müssen zudem im Digitalzeitalter nicht mehr an einem Ort versammelt sein. Im Gegenteil: Die einzelnen Mitglieder können über den ganzen Erdball verteilt sein und dennoch eine Gemeinschaft bilden. Der Mensch war immer schon ein Gemeinschaftswesen; die Digitalisierung eröffnet ihm und seinen Gemeinschaften vollkommen neue Möglichkeiten, sich selbst zu organisieren und zusammenzufinden, virtuell zu kommunizieren, um sich idealerweise analog zu verabreden. Sehr zum Leidwesen diktatorischer Regime, denen die Unterdrückung von Widerständen dadurch erheblich schwieriger gemacht wird, weswegen sie stets versuchen, das Internet unter ihre Kontrolle zu bekommen. Hongkong-Proteste oder Arabischer Frühling wären ohne digitale Medien nicht möglich gewesen. Digitale Medien werden für das analoge Bedürfnis nach Gemeinschaft genutzt – terroristische Bombenleger profitieren davon genauso wie

Freiheitskämpfer im Kampf gegen eine Diktatur. Dieses omnipräsente »Soziale« ist das eigentliche Thema der Soziologie wie der Sozialwissenschaften insgesamt; es ist ihr zentraler Gegenstand. So wie der Mediziner einen menschlichen Organismus untersucht und der Biologe einen Körper in der Natur untersucht, so untersucht der Soziologe den einzelnen Sozialkörper, um ihn und seine individuellen Stärken oder Schwächen zu verstehen.

Soziale Substanz bildet sich über soziales Vertrauen

Warum wird in diesem Buch vehement darauf gedrungen, diese »Gemeinschaftsarbeit« nicht als nettes »Community-Building« zu verstehen, sondern sie ernsthaft, stringent, sprich seriös nach innen wie außen zu betreiben? Weil solch soziale Substanz extrem kräftig und daher äußerst schwer zu zerstören ist. Warum ist sie so kräftig? Weil sie vom Vertrauen der jeweiligen Gemeinschaft gebildet wird. Einem Vertrauen, das in Bezug auf Volksgemeinschaften über Hunderte oder Tausende Jahre gewachsen sein kann. Einem Vertrauen, das für sämtliche Mitglieder – ob Kundschaft, Wählerschaft, Fans usw. – identitätsstiftend wirkt. Daher können sie in ihrem Glauben an die eigene Sache oftmals nur schwer oder gar nicht nachlassen: »Der Wunsch nach Einhelligkeit des Gedankens, [...] ist offenbar stärker als der Wunsch nach Wahrhaftigkeit. Denn nicht aus der Wahrheit schöpfen wir das Gefühl der eigenen Sicherheit, sondern aus der Gemeinschaft.«[100]

Substanz kann nur von innen heraus verstanden werden: über die Geschichte

Goethe, Schiller, Tönnies – Klassiker sind nicht Klassiker, weil sie alt sind. Klassiker sind zu Klassikern »gereift«, weil sie etwas gesagt, gesungen, gemalt oder geschrieben haben, was nie altmodisch oder irrelevant wurde. Klassiker bleiben relevant, bestenfalls brandaktuell. Die Soziologie von Ferdinand Tönnies ist konsequent alltagstauglich, anwendungsorientiert und aktuell, solange der Mensch ein soziales Wesen bleibt. Der berühmte Soziologe aus Nordfriesland – der übrigens nie etwas mit Fleischfabrikation im Sinn hatte – erkannte neben seiner Aufschlüsselung der zwei Bündnisstrukturen Gemeinschaft und Gesellschaft und ihrer sozialen Anziehungskräfte, auf diesem Gedanken aufbauend, wie entscheidend es ist, dass jede Beschäftigung mit einem sozialen Organismus strikt von innen heraus geschehen muss. Und nicht umgekehrt, wie von vielen propagiert und leider vielerorts durchgeführt.

> Um ein System zu verstehen und von einem Fundament aus erfolgreich, d. h. selbstähnlich führen zu können, bedarf es des Blickes von innen nach außen.
>
> Nie umgekehrt.

Es wäre zu einfach, wenn sich die innere Logik und Vertrauensstruktur eines zumeist höchst komplexen Systems nur per Blickdiagnose von außen erklären lassen würde. Genau das macht es für Marketeers und Agenturen so attraktiv, an der Oberfläche eines Sachverhaltes zu arbeiten bzw. externe Dinge aufzupropfen: »Das hat schon bei XY super funktioniert, wir probieren das …« Genau diese externe Logik macht es für Berater so verlockend, im Modell- und Zahlenkosmos zu verbleiben. Man bleibt unangreifbar, weist »nur« mittels umfassender Datensätze darauf hin, wo Missstände liegen – die Ursache wird nicht analytisch angetastet, es werden lediglich Defizite wortgewaltig gebrandmarkt. Wenn ein großes Beratungsunternehmen einen großen Sozialkörper wie die Deutsche Bundeswehr analysiert, dann kommt u. a. heraus, dass Prozesse sehr dringend optimiert werden müssen und sehr viel Geld sehr falsch verwendet wird. Wohingegen die kollektive Verankerung, die Evolution, das Leistungspotenzial, die existenten positiven Vorurteile – d. h. die vorhandene Substanz, mit der nach vorne in allen Änderungsprozessen unabwendbar gearbeitet werden muss – keine

Rolle spielen. Andernfalls wären Bundeswehrautos nie silbern mit einem blauen Logo geworden.

Geschichte ist von gestern – daher ist sie strategisch so wichtig

Der ernsthafte Einstieg in das Innere eines Sozialkörpers kann ausschließlich über seine Geschichte erfolgen: Nur über seine individuelle Historie kann die Unternehmensentwicklung bis heute sowie die aktuelle Aufstellung klar erkannt und nachvollzogen werden. Nur so kann das zu den Menschen aufgebaute Vertrauensverhältnis begriffen und sensibel fortgeführt werden – weil die konstituierende Signalstruktur, die soziale Bindungsenergie, die sich aufgebaut hat, verstanden wurde. Heute gilt zumindest in der Wirtschaft: Wer ins Archiv geht, ist prinzipiell von gestern. Ein Firmenarchiv wird in Firmen meist nur interessant, wenn ein Jubiläum ins Haus steht oder eine Journalistenanfrage nach dem Gestern beantwortet werden soll. Dabei liegt hier das Gedächtnis der Organisation, treffender gesagt: ihre Waffenkammer. Oder pathetisch formuliert, aber richtig: ihre Goldgrube. Hier ist all das zu finden, was die Organisation ausmacht, alles was Spezifik fördert, Kundschaft enger (ver)bindet und somit das Vertrauen in die Organisation erschafft und bestätigt.

Zudem ist die Innenansicht zwingend notwendig, weil jeder Sozialkörper seinen Sinn in sich selbst trägt: Das System wird zumeist von einer Gründungsidee getragen. Am Anfang gab es den Willen einer Person oder einer Gruppe, die irgendein dringendes Problem lösen oder einen kreativen Einfall umsetzen wollte oder musste: Mancher will ein Müsli kreieren, das sich jeder im Internet selbst zusammenstellen kann, ein anderer Wasser und Öl zu einer Hautcreme verbinden, eine dritte Person unser Ökosystem retten. Wieder eine andere Person will ein Café eröffnen und, und, und ... Oft ist der diesem Urgedanken zugrunde liegende Impuls nicht einmal, steinreich damit zu werden. Das System trägt seinen Sinn und Zweck in sich selbst.

Bei nahezu jeder Organisation ist dem Erfolg ein mühevoller, oft über lange Zeiträume andauernder Leistungsprozess vorausgegangen. Denn Vertrauen entsteht nie über Nacht. Manchmal ist der Weg bereits von mehreren Generationen von Menschen durch deren Ehrgeiz, Ängste, viel Schweiß und Gehirnschmalz geprägt worden. Manchmal tatsächlich durch Angst um das eigene Überleben: Was wäre die Historie der SPD ohne den Widerstand von 94 SPD-Abgeordneten gegen Hitlers Ermächtigungsgesetz im Jahre 1933? Ohne den Willy-Brandt-Kniefall von Warschau 1970? Wie viel ärmer wären das Selbstverständnis und die Identität der CSU ohne ihr großes Leitbild Franz Josef Strauß? Was wäre die Geschichte der Grünen ohne Ministervereidigung in Turnschuhen 1985? Was wäre die Legende von Mercedes-Benz ohne die Erfindung des Automobils durch Gottlieb Daimler und Carl Benz im Jahr 1886? Alles, was wir als einzelne Person, als Gemeinschaft, als Organisation sind und darstellen (wollen), sind wir durch unsere Geschichte. Deswegen werden heute, gerade von Großunternehmen, bevorzugt erfolgreich eingeführte Marken aufgekauft. Denn das ist deutlich einfacher und effizienter, als eine neue Marke zu gründen: Das erworbene Unternehmen mit bekanntem Namen ist mit einem bestimmten Vertrauensvorschuss aufgeladen und somit skalierbar. Neugründungen dagegen scheitern in weit über 90 Prozent der Fälle – weil es extrem schwierig ist, in tendenziell übersättigte Märkte einzutreten und dort längerfristig zu überleben. Und nicht jeder Gründer kann gleich die Demokratie, eine ganze Branche oder zumindest das Rad neu erfinden.

Nichts schafft mehr Vertrauen als die eigene (Leistungs-)Geschichte. Aktuelle Ansprüche können nur formuliert werden auf Basis einer authentischen Vor-Geschichte.

Es geht nicht (nur) um Anstand, es geht um Entspannung (für alle)

Ob Stadt, Land oder Marke: Jeder Substanzkörper ist Ergebnis eines Ursache-Wirkungs-Prinzips, das es zu entschlüsseln gilt. Es ist über die Zeit ein Wirkzusammenhang entstanden, der das Beobachtungstalent und den Wunsch zu prüfen bei seiner Anhängerschaft kontinuierlich reduziert – und zu einer Entspannung führt, weil wir lernen, uns auf eine spezifische Leistung verlassen zu können. Vertrauen ist in diesem Zusammenhang nicht als ethischer Selbstzweck zu verstehen, sondern beschreibt eine Bindungsenergie von höchstem ökonomischem Wert. Der Wirtschaftswissenschaftler Carl Christian von Weizsäcker (*1938) bezeichnet Vertrauen in Bezug auf Wirtschaftskörper als »Koordinationsmechanismus« zwischen Käufer und Verkäufer: ein sozial beschleunigender Mechanismus, welcher dafür sorgt, dass die Transaktionskosten für das Unternehmen erheblich sinken. Der Kunde erfährt dafür seinerseits erhebliche Entschleunigung, weil sein Prüfaufwand, sein Antrieb zu vergleichen, deutlich nachlässt. Das Unternehmen darf sich dahingehend entlastet fühlen, weil sein täglicher Erklärungs- und Kommunikationsaufwand minimiert wird. Die Existenz von Kundschaft bzw. sozialer Bindungsenergie ist monetär für die Firma ein Selbstläufer – sofern sensibel im Tagesgeschäft wie gesamtstrategisch beachtet wird, dass diese Energie zuverlässig selbstähnlich fließt.[101]

Den Wert des Vertrauens bringt der Ökonom soziologisch auf den Punkt: »Der Käufer ist an einer bestimmten Leistung, einer bestimmten Ware interessiert. Deren Wert für ihn hängt davon ab, welche Nutzungseigenschaften sie tatsächlich hat. In der Regel wäre es für ihn sehr aufwendig, sich vor dem Kauf der Leistung oder Ware durch eigenen Augenschein davon zu überzeugen, dass sie die von ihm erwünschten Nutzungseigenschaften auch tatsächlich hat. Diesen Aufwand kann er sich sparen, wenn er dem Verkäufer vertraut, ihm eine Leistung oder Ware zu liefern, die die erhofften Eigenschaften auch wirklich hat.«[102]

Nicht nur in der Wirtschaft, sondern überall gilt: Dieser in jedem sozialen Bindungsprozess beständig existente Zusammenhang von einzelnen konkreten Handlungen und Leistungserfüllung der Organisation, dieses simple Ursache-Wirkungs-Prinzip wird oft vergessen. Jeder normal funktionierende Mensch kann anhand seiner Beobachtungen im Alltag und durch seine persönlichen Rückschlüsse immer nur von konkret auf abstrakt schließen. Daher entscheidet sich das öffentliche Wohl und Wehe von Organisationen auch im Digitalzeitalter immer noch in den konkret-analogen Taten und Produkten, Dienstleistungen, dem Auftritt und den Aussagen der Mitglieder, unabhängig davon, auf welcher Position diese dort stehen. Ohne eine in sich stimmige, strukturelle Einheit kann langfristig kein Vertrauen erschaffen werden.

Vor jeder Handlungsentscheidung sind dies die entscheidenden Fragen für jede von Menschen und für Menschen gebildete Organisation:

- Ist meine / unsere Entscheidung (Handlung) geeignet, das extern vorhandene Vertrauen in unsere Organisation langfristig zu stärken?
- Passt meine / unsere Entscheidung (Handlung) zur intern gewachsenen Kultur unserer Organisation?

Beide Fragen gehören naturgemäß untrennbar zueinander, denn interne Kultur und externe Wahrnehmung werden in einer gesunden Organisation nie als zwei unterschiedliche Punkte angesehen, sie bilden eine Einheit im Denken: Alles Externe ist stets natürliche (Außen-)Wirkung einer gewachsenen Kultur über die Zeit. Jedes »da draußen« verankerte Image, jedes positive Vorurteil über die Leistung hat seine konkreten Ursachen »da drinnen« im Unternehmen. Genau dort setzt die Vertrauensarbeit an – in der Theorie. In der Praxis gibt es zahlreiche Irrungen und Wirrungen ... Aber gerade das sollte Ansporn sein, es richtig zu machen. Es gilt die richtige und wichtige Aussage des ehemaligen deutschen Papstes, die meist auf Englisch wiedergegeben wird:

»Truth is not determined by a majority vote.«

(»Die Wahrheit wird nicht durch eine Mehrheitsentscheidung entschieden.«)

Papst emeritus Benedikt XVI.

Oder die ebenso richtige und wichtige Aussage eines französischen Schriftstellers und Philosophen, die in Pandemie-Zeiten besonders aktuell wirkt:

»Die einzige Art, gegen die Pest zu kämpfen, ist die Ehrlichkeit.«

Albert Camus, 1913–1960

»I have a dream«: Vertrauen als weltweites Wunschziel

Jeder wünscht sich Vertrauen in irgendeiner Form. Nahezu jedem Menschen ist es wichtig, privat wie beruflich vertrauen zu können. Daher ist es irrwitzig und entbehrt in Bezug auf öffentliches Vertrauen zumindest nicht einer gewissen Komik, dass Personen in verantwortlichen Positionen regelmäßig an das Vertrauen der von ihnen angesprochenen Menschen appellieren, ja, sogar ausdrücklich um deren Vertrauen bitten, jedoch die Struktur hinter einem soliden Vertrauensaufbau – ein in sich stringentes Zusammenspiel von Ehrlichkeit – oftmals nicht verstehen wollen oder können. Immerhin: Alle haben intuitiv verstanden, Vertrauen gehört »irgendwie« dazu. Es ist wichtig. Deswegen wird folglich in Ansprachen stets darum geworben (bei einigen vom Redenschreiber vorgegeben). Dabei könnte es so einfach sein: Wer sich des Vertrauens würdig erweist, könnte sich lange Reden sparen. Die meisten Menschen wünschen sich doch nichts mehr, als anderen vertrauen zu können. Denn anderen zu vertrauen hat meist nur Vorteile. Neben vielen der genannten positiven sozialen wie psychologischen Effekte – und als maßgebliches Resultat davon – ist speziell die Schaffung einer vertrauten, einander positiv zugewandten Gemeinschaft der Gesundheit ungemein zuträglich. Die Forschungsergebnisse sprechen diesbezüglich eine eindeutige Sprache: Positive verlässliche soziale Kontakte und gemeinschaftliche Aktivitäten wirken gesundheitsfördernd und lebensverlängernd, helfen bei der Bewältigung von Stress, geben dem Leben Sinn und wirken dem kognitiven Abbau entgegen.[103]

Den meisten Menschen gemein ist, wie eingangs des Buches am romantischen dänischen Inseldörfchen Sønderho beschrieben, dass tiefes Vertrauen für sie im privaten Bereich ein absoluter Sehnsuchtsort ist. Wir wünschen uns in der überwiegenden Mehrheit Vertrauen und vertraute Menschen in unserem Leben. Auch wenn die Ehe als Vertrauensgemeinschaft nicht mehr für alle von Staat und Kirche abgesegnet werden muss und die Scheidungsraten hoch sind – die Eheschließungszahlen sind es schließlich auch, wir heiraten dementsprechend einfach öfter –, so ist das Ideal der romantischen Liebes- und Vertrauensbeziehung weiterhin für eine große Zahl von Menschen ausgesprochen attraktiv. Gleiches gilt für andere Formen der Bindung wie enge gute Freunde und eine sozial vertraute Gemeinschaft.

Hygg, hygg, hurra – und so zeigt Dänemark der Welt, was sie im Innersten zusammenhält

Die Statistiker der EU-Kommission und auch der World Happiness Report der UNO finden in ihren Umfragen mit hoher Regelmäßigkeit heraus, dass die etwa 5,8 Millionen Dänen die glücklichsten Menschen Europas sowie der ganzen Welt sind (2020 reichte es allerdings »nur« für den zweiten Platz[104]). Diese dänische Erfolgsgeschichte kann nichts mit dem Wetter zu tun haben, denn trotz fantastischer Sommertage, an denen das Licht bis in den tiefen Abend wundervoll leuchtet, sind die Winter im Norden sehr sehr lang, kalt und dunkel und somit nicht gerade förderlich für die Glückshormonproduktion. Und auch eine Neuwagensteuer von 180 Prozent sorgt nicht dafür, dass ein riesiges Auto der entscheidende Glücksfaktor ist. Die Deutschen würde dies, vor allem in Kombination mit einem – bislang noch nicht vorhandenen – Tempolimit von 130 km/h auf deutschen Autobahnen, augenblicklich zum unglücklichsten Volk der Erde machen. Die Ursache für die dänische Glückseligkeit liegt nachweislich woanders. Als maßgeblich wurde das geheimnisvolle dänische Wohlfühlrezept »Hygge« ausgemacht, das im deutschen Wortschatz am ehesten den Wörtern »Gemütlichkeit« und »Heimeligkeit« entspricht, sich jedoch bei näherer Analyse als kulturell einmalig und unvergleichlich darstellt. Der Däne Meik Wiking, CEO des Kopenhagener Instituts für Glücksforschung (The World Happiness Research Institute) und wissenschaftlicher Mitarbeiter der World Database of Happiness, schreibt: »Wir halten Hygge für ein wichtiges Merkmal unserer kulturellen Identität, einen integralen Bestandteil unserer nationalen DNA. Mit anderen Worten, was für Amerikaner die Freiheit ist und die Gründlichkeit für die Deutschen, was die *stiff upper lip* für die Briten ist, das ist Hygge für die Dänen.«[105]

Zum ganzheitlichen Wohlfühlrezept Hygge gehören zahlreiche Zutaten, die eine heimelige Atmosphäre für Seele und Leib schaffen. Das sind zum einen die berühmten skandinavischen Wohndesigngegenstände, dazu Unmengen von Kerzen, Lagerfeuer (alternativ Kaminfeuer), Grillen, Tee, Glühwein (Gløgg) & Co., dicke Stricksocken und nicht zuletzt umfangreiches jahreszeitlich wechselndes süßes Traditionsgebäck (u. a. Zimtschnecken). Doch das ist nicht alles. Es gehören auch viele nicht derart greifbare Dinge dazu. Die britische Autorin Helen Russell schreibt über ihre Beobachtungen vor Ort: »Traditionen und die originalgetreue Befolgung von Sitten und Gebräuchen scheinen den Dänen Sicherheit, Stabilität und sogar Zugehörigkeit zu vermitteln. [...] Dänen finden es beruhigend, wenn die Dinge geregelt sind. Und die vielen Traditionen stellen sicher, dass die Dinge Jahr für Jahr auf die beruhigend gleiche Weise ablaufen. Sie machen aus dem Ungewissen Gewissheit.«[106]

Hinzu kommt der dänische Sozialstaat mit seinen strikten und konsequent durchgesetzten Regeln, die für alle gelten und weithin als gerecht und unumstößlich akzeptiert sind, und mit starkem Fokus auf

Familie und einer wenig hierarchischen Arbeitswelt, die darauf abgestimmt ist, möglichst viel Familienzeit zu ermöglichen. Der dänische Freitag ist quasi für »Familienhygge« reserviert. Ob CEO oder Busfahrer, das Nichthierarchie-Prinzip ist überall erkennbar, nicht zuletzt in der sehr relaxten Kleiderwahl, die fast schon uniform erscheint, was auch zur Verwirrung führen kann. Ein markantes Beispiel hierfür: Eine Deutsche arbeitete als Ärztin in einem Krankenhaus in Jütland und erzählte, dass sie im ersten Jahr dort nicht erkennen konnte, welche ihrer Kolleginnen die Oberärztin war, bis sie irgendwann einmal fragte, wer eigentlich ihre Chefin sei. Eine solche Situation wäre gerade in deutschen und österreichischen Krankenhäusern schwer vorstellbar, hier geht es noch deutlich hierarchischer zu, speziell in Bereichen wie z. B. der Chirurgie.

In Dänemark existiert ein übergreifend hohes Grundvertrauen in die eigene Volksgemeinschaft, aber auch in deren gesellschaftliche Institutionen wie Politik, Gerichte, Polizei. Das Land scheint wie unter einem Brennglas zu zeigen, wie wichtig das Vertrauen in die eigene soziale Umgebung und deren Funktionieren ist, um zufrieden oder sogar richtig glücklich zu sein. Der dänische Glücks(!)ökonom Christian Bjørnskov erklärt im Gespräch, dass für Dänen vor allem Vertrauen in ihre Mitmenschen wichtig ist; dies inkludiert ausdrücklich auch das Vertrauen zu einem persönlich unbekannten Menschen auf der Straße. Auf die Frage, ob die meisten Menschen vertrauenswürdig sind, antworten 70 Prozent der Dänen mit »Ja«, im Resteuropa erhält man diese Antwort gerade mal von 30 Prozent der Befragten.[107] Die Dänen zeigen, wie viel einfacher, entlastender und glücklicher das Leben jedes Einzelnen ist, wenn Vertrauen vorherrscht.

In Dänemark ist sogar die Nationalflagge bzw. der Nationalstolz fester Bestandteil des Hygge-Konzepts: So wird während der gesamten Sommerzeit wie auch an allen Festtagen tagtäglich vor nahezu jedem hyggelig-hölzernen Einzelhaus die dänische Landesfahne, der »Dannebrog«, gehisst (siehe Foto weiter unten), ohne dass es wahlweise komisch, völlig verschroben oder nationalistisch wirkt (dort wo sie nicht

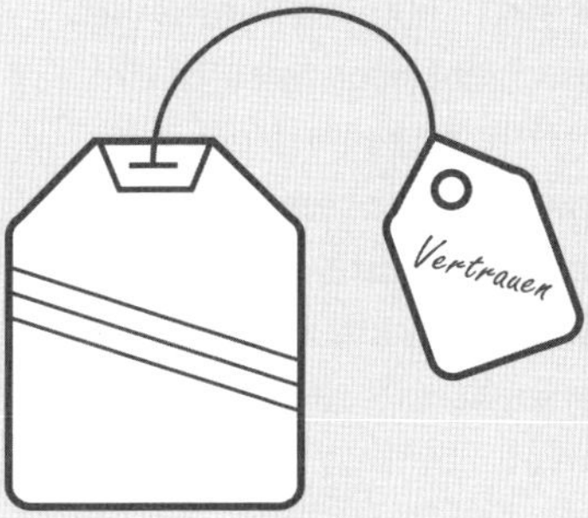

»Vertrauen finden bedeutet Glück finden.«

Soziologische Weisheit

weht, ist das Hygge-Haus evtl. an Deutsche vermietet, die den Sinn des heimischen Fahnehissens in Dänemark nicht verstanden haben). Der Umgang mit der Fahne ist klar geregelt: Spätestens vor Sonnenuntergang muss jede Fahne wieder eingeholt sein. Zur Absicherung für unkundige Touristen findet sich sogar eine genaue Anleitung für den richtigen Umgang mit dem nationalen Hoheitsabzeichen in den dänischen Ferienhäusern. Zudem ist sogar geregelt, dass privat keine andere Fahne als der Dannebrog gehisst werden darf. Wer mehr und Genaueres über das Hissen vom Dannebrog erfahren möchte, siehe hier: https://www.dk-ferien.de/reisefuehrer/tipps-daenemark/nationalstolz.html.

Was das dänische Gesamtkonzept mit diesem Buch verbindet

In Dänemark existieren Gemeinschaft, Rituale, gewisse Verhaltensvorgaben und persönliche Freiheit in einem festgelegten und allgemein akzeptierten Sozialkorridor – und obendrauf eine Prise Stolz auf das eigene Volk inklusive Königshaus mit kettenrauchender Königin, die gewählten Volksvertreter, die Behörden, das eigene Dorf (Sonderhø) und auf das vorbildliche Sozialsystem. All das sind wesentliche Zutaten, die vielen Dänen Geborgenheit im Alltag und somit soziale Entspannung und ein tiefes Vertrauen in die Zukunft ermöglichen. Diese Funktionsweise, dieses Grundkonzept sollte sich jeder Nichtdäne bei allen seinen strategischen wie unstrategischen Überlegungen bezüglich seines beruflichen Verantwortungsbereiches, aber eben auch allgemein des Wirtschafts- und Privatlebens bewusst machen: Vertrauen ist und bleibt die sozial und ökonomisch effizienteste und zugleich die entspannteste und somit produktivste Variante unseres Miteinanders – und zwar für alle daran beteiligten Menschen.

Wer starke Sozialkörper aufbauen will, die langfristig halten, was sie ihrer Kundschaft, ihren Fans oder Wählern konkret versprechen, der kann sich an die Dänen, aber vor allem an dieses Buch halten. Kein Kulturkörper und kein Vertrauensaufbau ist 1:1 kopierbar. Das wäre auch bedauerlich, denn es ist gerade die bunte Vielfalt und die soziale Festigkeit der Milliarden von kulturell einzigartigen Gebilden, die den Erdball bevölkern und uns immer wieder erstaunen lassen und oftmals in ihrer Fremdartigkeit tief berühren. Ob Lego-Pommes im Legoland, stolze Trachten und Rituale in Dänemark oder am Amazonas, Vertrauenskassen in Neuseeland oder Jütland, ein Volvo, die Stadt Hamburg oder München: Die jeweils dahinterstehenden völlig unterschiedlichen Kulturkörper tragen ihren Ursprung und ihre Begründung in sich selbst. Es gibt keinen zwingenden Grund, keine logische Begründung für die Existenz eines iPhones, einer Oper oder eines Oktoberfests. Die Leistungen dahinter beruhen auf menschlicher Willenskraft, sie sind entstanden aus einem inneren Antrieb, und sie stehen für sich. Alle Leistungen, die auf Freiwilligkeit beruhen, ein Zusammenspiel von vielen Menschen erfordern, fußen auf geteilten Überzeugungen und einer Form von Zusammenarbeit, die umso stärker wirkt, je vertrauter die Beteiligten miteinander sind, je stärker ihre geteilte Überzeugung von der Sache sie persönlich antreibt. Vertrauen und Vertrautheit sind der Schlüssel jeder Gemeinschaft, und je stärker diese gemeinschaftliche Kraft nach innen wirkt, umso härter ist die entsprechende soziale Währung. Die soziale Anziehungskraft von Systemen ist Ergebnis ihrer sozialen und inhaltlichen Geschlossenheit, der Klarheit ihrer Aussage. Weil es bei Leistungen, bei Unternehmen, die im Markt miteinander

Quelle: Privat

Das Einholen des Dannebrogs muss jeden Tag pünktlich vor Sonnenuntergang geschehen. Derlei Regeln und Rituale sind für jede starke Gemeinschaft essenziell und existenziell, denn sie schenken allen Beteiligten ein Gefühl von Sicherheit und Geborgenheit. All diese Dinge, auch der Dannebrog selbst, sind Bestandteil des umfassenden Gesamtkonzepts Hygge, das viele Menschen attraktiv finden. Bei genauerem analytischen Hinsehen, wird viel mehr ersichtlich als Kerzenschein und Kaminfeuer und all die kleinen und großen Dinge, die mit Hygge assoziiert werden: Es geht um Vertrauen. Um langfristig Vertrauen zu schaffen und zu halten, hilft keine Hochglanzbroschüre und kein »Code of Conduct«, sondern nur harte, ehrlich gemeinte, sensible Vertrauensarbeit bis ins Detail hinein. Der langfristige »Return on Invest« ist erheblich, viel wirtschaftlicher als Geld und daher jeden Einsatz wert.

konkurrieren, auf freiwillige Gefolgschaft ankommt, kann die Anziehungskraft und das Wachstum einer Leistung ausschließlich über deren Verlässlichkeit und das absolute Vertrauen in die besondere Kompetenz maßgeblich gesteuert werden. Es funktioniert reibungslos nur, solange Menschen freiwillig, aus eigenem Antrieb einer Grundidee folgen. Allein so ist echte Orientierung möglich.

Quellen und Anmerkungen

1 Die 1969 eingeführten Karamellbonbons heißen seit 1998 offiziell »Werther's Original«, weil sie sich international, d. h. in English, besser vermarkten lassen (typisch falsche Marketing-Behauptung). Der Volksmund lutscht davon unbeeindruckt Werther´s Echte ohne »tee-aitch«. Alles eine Frage von Vertraut- und Gewohnheit.

2 Konservative Firmen, die keinesfalls als konservativ wahrgenommen werden wollen, richten sich bevorzugt loftartige Räume ein. Deren Einrichtung greift Strömungen auf, die allgemein als trendy und kreativ gelten. Oft ist das Inventar fabrikartig gestylt, gerne werden Holzeuropaletten gezielt wahllos im Raum verteilt. Manchmal kann man (oder frau) dort sogar schaukeln. Das Ganze wird häufig begleitet durch die Einstellung einiger großflächig tätowierter Hipster, die den Raum bewohnen und etablierte Abteilungen des Unternehmens regelmäßig mit »disruptiven Ideen« ärgern dürfen. Achtung: Meist gibt es dort den qualitativ mit Abstand besten Kaffee im Unternehmen.

3 Nach der Filmfigur wurde eine Gecko-Art benannt: Der *Cyrtodactylus gordongekkoi* lebt auf der indonesischen Insel Lombok. Im Gegensatz zum Banker steht er auf der Roten Liste der gefährdeten Arten.

4 Immerhin unterstützt die Commerzbank die »Eintracht« Frankfurts: Das Stadion des 1899 gegründeten Traditionsvereins heißt folgerichtig offiziell »Commerzbank-Arena«. Mehr soziale Verbindung und Vertrauen existiert allerdings weiterhin zum inoffiziellen Namen (seit 1925): »Waldstadion«.

5 Correctiv: Der Insider - #CumExFiles, Interview, 18.10.2018; https://www.youtube.com/watch?v=J1XA320LiUk (zuletzt abgerufen: 14.01.2021).

6 Vgl. o. V.: Jeder Zweite hat kein Vertrauen in Banken, 06.03.2019; https://www.faz.net/aktuell/finanzen/jeder-zweite-hat-kein-vertrauen-in-banken-16074453.html (zuletzt abgerufen: 15.03.2021).

7 Volksbanken Raiffeisenbanken: Für die Landwirte: Morgen kann kommen. Wir machen den Weg frei, Werbetrailer, 11.03.2020; https://www.youtube.com/watch?v=wEuaEqCGZTk&feature=emb_rel_end (zuletzt abgerufen: 14.01.2021).

8 Vgl. Schlick, Leonie: Kaum Vertrauen in Banken, Umfrage, 06.03.2019; https://www.capital.de/wirtschaft-politik/umfrage-kaum-vertrauen-in-die-banken#:~:text=Die%20Glaubw%C3%BCrdigkeit%20der%20Banken%20und%20Finanzinstitute%20hat%20unter%20der%20Finanzkri-

se%20stark%20gelitten.&text=Die%20Studie%20stellt%20allerdings%20 seit,Prozent%20der%20Bundesb%C3%BCrger%20ihrer%20Bank (zuletzt abgerufen: 14.01.2021).

9 Vgl. Kessler, Sabrina: Weg mit dem Spießer-Schlips: Goldman Sachs lockert die Krawatte, 21.04.2019; https://www.dw.com/de/weg-mit-dem-spie%C3%9Fer-schlips-goldman-sachs-lockert-die-krawatte/a-48288917 (zuletzt abgerufen: 19.12.2020).

10 VW und Lufthansa sind zwei besonders prägnante Beispiele dafür, dass ein Konzern, der massive Probleme hat (VW) oder seine Premiumpositionierung verdeutlichen will (Lufthansa), gerne einen Logo-Wechsel vornimmt, um ein „klares" Signal nach außen zu senden, dass man jetzt eine neue Firma bzw. geläutert, modernisiert oder hochklassiger ist und für neue Werte steht. Leider passiert diese äußere Änderung meist vor jeder inneren Änderung, weil man auf diese Weise schön leicht Aktivität demonstrieren kann. Mehr dazu in: Zschiesche, Arnd: Symbole. Die konkreten Vertrauensträger. Offenbach: GABAL 2021.

11 Vgl. Spiegel Online: HRE-Banker bekamen üppige Millionen-Boni, 18.09.2020; https://www.spiegel.de/wirtschaft/unternehmen/marode-staatsbank-hre-banker-bekamen-ueppige-millionen-boni-a-718235.html/ (zuletzt abgerufen: 07.04.2020).

12 Vgl. Baumann, Uli: Probleme mit Abgas, ESP und Elektrik, 22.07.2020; https://www.auto-motor-und-sport.de/verkehr/mercedes-rueckruf-a-c-klasse-amg-gt-abgas-esp-elektrik/ (zuletzt abgerufen: 14.01.2021).

13 Vgl. Burgdorf, Markus: Über eine Million Mercedes-Benz Fahrzeuge müssen wegen spontan auslösender Airbags in die Werkstatt, 19.10.2017; https://www.rueckrufe.net/2017/10/19/ueber-eine-million-mercedes-benz-fahrzeuge-muessen-wegen-spontan-ausloesender-airbags-in-die-werkstatt/ (zuletzt abgerufen: 10.01.2021).

14 Boos, Chris: Was Künstliche Intelligenz NICHT kann, Vortrag, 24.03.2019; https://www.youtube.com/watch?v=er1J4QMW1c4/abgerufen (zuletzt abgerufen: 14.01.2021).

15 Sloterdijk, Peter: Im Weltinnenraum des Kapitals. Für eine philosophische Theorie der Globalisierung. Frankfurt / M.: Suhrkamp 2005, S. 79.

16 Simmel, Georg: Philosophie des Geldes (Gesamtausgabe Bd. 6). Frankfurt/M.: Suhrkamp, Taschenbuch Wissenschaft 1996, S. 215.

17 Diese Kooperation und seine weiteren weltweiten Lizenzbauten, u. a. Seat 124 in Spanien, Murat 124 in der Türkei, machen den Schiguli nach dem VW Käfer zum am zweithäufigsten produzierten Automobil der Geschichte. In Ägypten wurde der Wagen noch bis August 2014 gebaut. Für die Marke

Fiat ist diese Bilanz verhagelt, der bis heute wirkende Vertrauensverlust nicht in Liram/Euro bezifferbar.

18 In den 1980er-Jahren in Deutschland »Popper« genannt (in Österreich »Snobs«).

19 Simmel, Georg: Philosophie des Geldes (Gesamtausgabe Bd. 6). Frankfurt/M.: Suhrkamp, Taschenbuch Wissenschaft 1996, S. 449.

20 Monetaria annulus; https://de.wikipedia.org/wiki/Kaurischnecken#/media/Datei:Monetaria_annulus_600x600.jpg (zuletzt abgerufen: 16.02.2021).

21 Lau, Mariam: Vertrauen ist die Währung, in der gezahlt wird, 08.10.2008; https://www.morgenpost.de/printarchiv/politik/article102860351/Vertrauen-ist-die-Waehrung-in-der-gezahlt-wird.html (zuletzt abgerufen: 16.06.2020).

22 Vgl. IT Finanzmagazin: Führende Länder auf dem Weg in eine bargeldlose Gesellschaft im Jahr 2022, 14.01.2020; https://www.it-finanzmagazin.de/fuehrende-laender-auf-dem-weg-in-eine-bargeldlose-gesellschaft-99827/ (zuletzt abgerufen: 26.12.2020).

23 Harari, Yuval Noah: Eine kurze Geschichte der Menschheit. München: Pantheon 2015, S. 221–222.

24 Wikipedia: Vertrauen; https://de.wikipedia.org/w/index.php?title=Vertrauen&oldid=207809315 (zuletzt abgerufen: 16.02.2021).

25 Wie individuell und einmalig es wirklich dort zugeht bzw. wir wirklich sind, steht auf einem anderen Blatt. Oder in: Errichiello, Oliver; Zschiesche, Arnd: Wir Einmaligen. Frankfurt/M.: Eichborn 2011.

26 Vgl. dazu: Zschiesche, Arnd: Symbole – die konkreten Vertrauensträger: Wie Unternehmensleistung sichtbar wird und warum Design dabei nicht alles ist. Offenbach: GABAL 2021.

27 Luhmann, Niklas: Vertrauen. Ein Mechanismus zur Reduktion sozialer Komplexität. Darmstadt: Enke 1989, S. 1.

28 Eine anschauliche Beschreibung findet sich hier: Helmut Schmidt und die Sturmflut; https://geschichtsbuch.hamburg.de/epochen/sechziger-jahre/helmut-schmidt-in-den-sechziger-jahren/ (zuletzt abgerufen: 12.02.2021).

29 Horizont: TV-Markt im März: Coronakrise beflügelt ARD, ZDF und Nachrichtensender, 01.04.2020; https://www.horizont.net/medien/tvquoten/tv-markt-im-maerz-coronakrise-befluegelt-ard-zdf-und-nachrichtensender-182038 (zuletzt abgerufen: 30.12.2020).

30 Theobald, Tim: Vertrauen der Deutschen in Politik und Institutionen steigt auf Rekordwert, 19.05.2020; https://www.horizont.net/marketing/nach-

richten/corona-pandemie-vertrauen-der-deutschen-in-politik-und-institutionen-steigt-auf-rekordwert-183118?utm_source=%2Fmeta%2Fnewsflash%2Fvor9&utm_medium=newsletter&utm_campaign=nl39739&utm_term=7f8cab269808cab3a772e1f4f961ed06 (zuletzt abgerufen: 30.12.2020).

31 Redbubble: Dekokissen; https://www.redbubble.com/de/i/dekokissen/In-Fauci-vertrauen-wir-von-stuffbyjlim/46095460.5X2YF (zuletzt abgerufen: 16.02.2021).

32 Textzeile aus dem berühmten Lied »La Paloma«, das der Hamburger Schauspieler und Sänger Hans Albers (1891–1960), genannt »Der blonde Hans«, in seiner deutschen Fassung von 1944 in Deutschland populär machte.

33 https://twitter.com/c_drosten/status/1264934434756755456 (zuletzt abgerufen: 12.02.2021).

34 Willemsen, Roger: »Soap-Opera mit veränderten Mitteln«, 17.05.2010; http://www.sueddeutsche.de/medien/roger-willemsen-mehr-oper-zur-primetime-1.54752-2 [zuletzt abgerufen: 12.01.2021].

35 Im Rahmen von Rhetorik-Kursen wird der gesamte Auftritt des »Schülers« intensiv beleuchtet und anschließend nach Lehrbuch oder Schulrichtlinien perfektioniert. Eine bestimmte Körperhaltung inklusive Fußstellung gehört vielerorts zu den Lehrinhalten, denn die Kunst der überzeugungsstarken Rede beinhaltet den Gesamteindruck des Redners. Da viele leitende Manager denselben Coach besitzen oder ähnliche Schulungen erhalten haben, können ihre individuellen Auftritte inklusive Fußstellung geklont wirken.

36 Vgl. Flens: Das Ohr trinkt mit; https://www.flens.de/buegelverschluss/ (zuletzt abgerufen: 12.02.2021).

37 Schröder (2005), Steinmeier (2009), Steinbrück (2013), Schulz (2017); nur mit S-Nummer 5, Olaf Scholz, will und muss sie nicht mehr kämpfen (voraussichtlich).

38 Vgl. z. B. Presseportal: Forsa-Aktuell: Politiker-Ranking: Merkel auf Platz 1, gefolgt von Söder, Spahn und Scholz – Röttgen größter Gewinner, 05.12.2020; https://www.presseportal.de/pm/72183/4782935 (zuletzt abgerufen: 18.03.2021).

39 Peitgen, Hans-Otto; Jürgens, Hartmut; Saupe, Dietmar: Bausteine des Chaos: Fraktale. Reinbek: Rowohlt 1998, S. 99 f.

40 Binnig, Gerd: Aus dem Nichts. Über die Kreativität von Natur und Mensch. München: Piper 1992, S. 145.

41 Ebd.

42 Zum Thema Erfolgsprinzip Selbstähnlichkeit vgl. vertiefend: Deichsel, Alexander; Errichiello, Oliver; Zschiesche, Arnd: Grundlagen der Markensoziologie. Wiesbaden: Springer Gabler 2017, S. 145–161.

43 Simmel, Georg: Exkurs über Treue und Dankbarkeit. In: Adloff, Frank; Mau, Steffen (Hrsg.): Vom Geben und Nehmen. Zur Soziologie der Reziprozität. Frankfurt / M.: Campus 2005, S. 96.

44 Homann, Timm: Die Marke als Instanz der strategischen Unternehmensführung. Ein Beitrag zur markentechnischen Führungslehre. Dissertationsschrift, Universität Hamburg, 1999, S. 322 – 323.

45 Vgl. Zschiesche, Arnd; Errichiello, Oliver: Marke statt Meinung, Offenbach: GABAL 2018, S. 225 – 237.

46 Vgl. hierzu: Deichsel, Alexander; Errichiello, Oliver; Zschiesche, Arnd: Grundlagen der Markensoziologie. Wiesbaden: Springer Gabler 2017, S. 91 – 106.

47 https://www.aphorismen.de/suche?text=Liebe&f_autor=1461_Johann+Wolfgang+von+Goethe&seite=25 (zuletzt abgerufen: 12.02.2021]; zitiert nach Goethe, Johann Wolfgang von: Autobiographisches. Meine Lebensgeschichte, 1. Band. Im Vaterhause, Einleitung.

48 Vgl. Lange, Daniela: Hornbach x Seinz: Baumarkt und dm bieten gemeinsam Männerpflege-Serie an, 07.05.2020; https://www.kaufda.de/insights/hornbach-x-seinz-baumarkt-und-dm-bieten-gemeinsam-maennerpflege-serie-an/ (zuletzt abgerufen: 04.01.2021).

49 Vgl. Jahberg, Heike: Warum die Zahl der Lebensmittelrückrufe steigt, 05.04.2019; https://www.tagesspiegel.de/wirtschaft/gefaehrlicher-genuss-warum-die-zahl-der-lebensmittelrueckrufe-steigt/24188026.html (zuletzt abgerufen: 12.02.2021).

50 Vgl. Allianz: »Rekordzahlen« bei Produktrückrufen, 05.12.2017; https://www.allianz.com/de/presse/news/geschaeftsfelder/versicherung/171205-rekordzahlen-bei-produktrueckrufen-studie.html (zuletzt abgerufen: 12.02.2021).

51 Siehe dazu: ZDF Magazine Royale: Eier aus Stahl: Max Giesinger und die deutsche Industriemusik; https://www.youtube.com/watch?v=nFfu2xDJyVs (zuletzt abgerufen: 06.01.2021).

52 Natürlich stehen Autos und die Autoindustrie momentan in der Kritik, aber dies aufgrund von großenteils selbst gemachten Problemen (siehe Text). Und das wird durch kompletten Rückzug und Nichtselbstbekenntnis auf keinen Fall besser. Und produktiv oder gar zielführend sind diese Lösungen auch nicht.

53 Fetzer, Bettina: Mercedes-Marketingchefin Bettina Fetzer: »Wir sind Social-Media-Pioniere«, 13.01.2020; https://www.absatzwirtschaft.de/mercedes-marketingchefin-fetzer-wir-sind-social-media-pioniere-169224/ (zuletzt abgerufen: 10.01.2021).

54 Eine Auswahl der »schönsten« Weihnachtsspots bzw. Weihnachtskampag-

nen von 2020 findet sich hier (auch der EDEKA-Spot): https://www.marketinginstitut.biz/blog/weihnachtswerbung/ (zuletzt abgerufen: 07.01.2021).

55 Coco-Cola Deutschland: Coca-Cola wirbt für Offenheit und gegenseitiges Verständnis, 27.02.2020; https://www.coca-cola-deutschland.de/media-newsroom/coca-cola-startet-neue-haltungskampagne (zuletzt abgerufen: 06.01.2021). Hier findet man auch den dazu den passenden »Haltungsspot« aus der »Haltungskampagne 2020«.

56 Willemsen, Roger: Deutschlandreise. Frankfurt / M.: Fischer Taschenbuch 2004, S. 82.

57 Vgl. Wikipedia: Bianca Claßen; https://de.wikipedia.org/w/index.php?title=Bianca_Cla%C3%9Fen&oldid=207846198 (zuletzt abgerufen: 16.02.2021).

58 SHOPPING HAUL, BibisBeautyPalace, 06.11.2014; https://www.youtube.com/watch?v=IFIOGGXt57Y (zuletzt abgerufen: 18.06.2020).

59 Eine Kombination aus den zwei englischen Wörtern für »Bonbon« und »Sturm«, die sich in deutschsprachigen Gebieten durchgesetzt hat, als Antonym zum Shitstorm. Candystorm beschreibt eine Welle positiven sozialen Zuspruchs in den sozialen Medien für z. B. eine verbale Äußerung oder einen bestimmten Menschen.

60 Das englische Marktforschungsunternehmen The Nielsen Company hat u. a. Deutschland und Österreich in Regionen unterteilt, um für seine Kunden passgenaue regionale (Kauf-)Bedürfnisse zu ermitteln. Seit 1954 ermittelt der Weltmarktführer in der Marktforschung deutsche Begehrlichkeiten; der Begriff »Nielsen-Gebiet« hat sich in Firmen durchgesetzt, weil sich viele Unternehmen daran orientieren bzw. mit Nielsen zusammenarbeiten.

61 Theobald, Timm: So glaubwürdig sind Influencer aus Sicht der Deutschen, 23.04.2020; https://www.horizont.net/marketing/nachrichten/bvdw-studie-so-glaubwuerdig-sind-influencer-aus-sicht-der-deutschen-182550 (zuletzt abgerufen: 10.01.2021).

62 Mercedes-Benz: MarkenbotschafterInnen: https://www.mercedes-benz.com/de/lifestyle/markenbotschafter/ (zuletzt abgerufen: 21.08.2020).

63 Vgl. Lewanczik, Niklas: Aldi auf TikTok: Den Zeitgeist knapp verfehlt, 16.06.2020; https://onlinemarketing.de/news/aldi-tiktok-challenge-verfehlt-zeitgeist (zuletzt abgerufen: 10.01.2021).

64 Luhmann, Niklas: Vertrauen. Ein Mechanismus zur Reduktion sozialer Komplexität. Stuttgart: Enke 1989, S. 20.

65 Arendt, Hannah: Walter Benjamin – III. Der Perlentaucher. In: Merkur, Nr. 240, April 1968; https://www.merkur-zeitschrift.de/hannah-arendt-walter-benjamin-iii/ (zuletzt abgerufen: 07.01.2021).

66 Tönnies, Ferdinand: Gemeinschaft und Gesellschaft. Darmstadt: Wissenschaftliche Buchgesellschaft 1963, S. 3.
67 Luhmann, Niklas: Vertrauen. Ein Mechanismus zur Reduktion sozialer Komplexität. Darmstadt: Enke 1989, S. 26.
68 Tönnies, Ferdinand: Gemeinschaft und Gesellschaft. Darmstadt: Wissenschaftliche Buchgesellschaft 1963, S. 12.
69 Herder, Johann Gottfried: Ideen zur Philosophie der Geschichte der Menschheit. Wiesbaden: Fourier 1985, S. 52.
70 Presse- und Informationsamt der Bundesregierung: Fernsehansprache der Bundeskanzlerin vom 18.03.2020: https://www.bundesregierung.de/resource/blob/992798/1732182/d4af29ba76f62f61f1320c32d39a7383/fernsehansprache-von-bundeskanzlerin-angela-merkel-data.pdf?download=1 (zuletzt abgerufen: 12.02.2021).
71 Brandmeyer, Klaus; Deichsel, Alexander: Die magische Gestalt. Die Marke im Zeitalter der Massenware, Hamburg: Marketing Journal 1991, S. 122.
72 Errichiello, Oliver: Einsamkeit und die psychologische Kraft der Marke. Wiesbaden: Springer 2018, S. 48 – 49.
73 Drösser, Christoph: Wiedererkennen ist Wohlbefinden, 26.08.2010; https://www.zeit.de/2010/35/Interview-Udo-Juergens?utm_referrer=https%3A%2F%2Fwww.google.com%2F (zuletzt abgerufen: 12.02.2021).
74 Zschiesche, Arnd; Errichiello, Oliver: Marke ohne Mythos: Das erste ehrliche Markenbuch oder warum so viele Menschen einen Mini brauchen. Offenbach: GABAL 2013, S. 106.
75 Lorenzo, Giovanni di: »Das Glück ist ein flüchtiger Vogel«. Interview mit Udo Jürgens. In: Zeitmagazin, Nr. 36 / 2014, 28.08.2014; https://www.zeit.de/zeit-magazin/2014/36/udo-juergens-geburtstag (zuletzt abgerufen: 12.02.2021).
76 Wikipedia: 24-Stunden-Ameise; https://de.wikipedia.org/w/index.php?title=24-Stunden-Ameise&oldid=208775554#/media/Datei:Paraponera_clavata_MHNT.jpg (zuletzt abgerufen: 12.02.2021).
77 Süddeutsche Zeitung: »Warum der Marine beitreten, wenn man Pirat sein kann?«, 06.10.2011; https://www.sueddeutsche.de/digital/zitate-von-apple-mitbegruender-steve-jobs-warum-der-marine-beitreten-wenn-man-pirat-sein-kann-1.1156198 (zuletzt abgerufen: 07.01.2021).
78 Horkheimer, Max: Über das Vorurteil. Köln / Opladen: Westdeutscher Verlag 1963, S. 8.
79 Neudeutsch »Fun fact«: Als VW noch eine Marke war, bei der man primär über die legendäre Zuverlässigkeit ihrer Produkte sprach – und nicht von

Betrug –, nutzte VW diesen Claim (ab 1969), bevor Henkel ihn für Persil übernahm. Quelle: Schwede, Karla: Da weiß man, was man hat, 03.07.2013; https://autonatives.de/da-weis-man-was-man-hat_6907707.html (zuletzt abgerufen: 08.01.2021).

80 Vgl. Persil: Most Trusted Brand; https://www.persil.de/de/startseite/ueber-persil/most-trusted-brand.html (zuletzt abgerufen: 14.02.2021).

81 Kleinsteuber, Hans J.: Stereotype, Images, Vorurteile – Die Bilder in den Köpfen der Menschen. In: Trautmann, Günther (Hrsg.): Die hässlichen Deutschen. Deutschland im Spiegel der westlichen und östlichen Nachbarn. Darmstadt: Wissenschaftliche Buchgesellschaft, 1991, S. 66 / 67.

82 Allport, Gordon W.: Die Natur des Vorurteils. Köln: Kiepenheuer & Witsch 1971, S. 34.

83 Goethe, Farbenlehre, polem. Theil WW. 38, S.16. In: Tönnies, Ferdinand: Gemeinschaft und Gesellschaft. Neudruck der 8. Auflage von 1935. Darmstadt: Wissenschaftliche Buchgesellschaft 1991, S. XXIV.

84 Vgl. Starbucks: Nährwerttabellen für Starbucks Getränke und Speisen; https://www.starbucks.de/nutrition (zuletzt abgerufen: 12.02.2021).

85 Vgl. Münchenberg, Jörg; Stuflesser, Wolfgang; Markwald, Nicole: Von Macht und Ohnmacht, 27.07.2016; https://www.deutschland-funk.de/eu-kommission-vs-google-von-macht-und-ohnmacht.724.de.html?dram:article_id=361334 (zuletzt abgerufen: 12.02.2021).

86 Pinterest: https://cz.pinterest.com/pin/307722587034889099/ (zuletzt abgerufen: 12.02.2021).

87 Volvo Car Germany: https://www.volvocars.com/de/volvo/innovationen/sicherheit/volvo-faehrt-180 (zuletzt abgerufen: 12.02.2021).

88 Volvo-Instagram-Account, 30. März 2020; https://www.instagram.com/p/B-WcwVLlJkk/ (zuletzt abgerufen: 14.02.2021).

89 Shitesite: Die 50 besten Zitate von Leonard Cohen; http://www.shite-site.de/die-50-besten-zitate-von-leonard-cohen/ (zuletzt abgerufen: 12.01.2021).

90 Domizlaff, Hans: Die Gewinnung des öffentlichen Vertrauens. Ein Lehrbuch der Markentechnik. Hamburg: Marketing Journal 1992, S. 68.

91 Vgl. dazu: Zschiesche, Arnd: Ein Positives Vorurteil Deutschland gegenüber. Mercedes-Benz als Gestaltsystem. Zürich: LIT 2007, S. 71 – 78.

92 Vgl. a. a. O., S. 201–206.

93 Felber, Christian: This is not Economy. Aufruf zur Revolution der Wirtschaftswissenschaft. Wien: Deuticke 2019, S. 177.

94 A. a. O., S. 135.

95 Vgl. Marx, Karl, zitiert nach Karl-Marx-Forum: Lexikon, Vulgärökonomie;

https://marx-forum.de/marx-lexikon/lexikon_v/vulgarokon.html (zuletzt abgerufen: 10.01.2021).

96 Daten aus hamburg.de: Hamburg in Zahlen; https://www.hamburg.de/info/3277402/hamburg-in-zahlen/ (zuletzt abgerufen: 10.01.2021).

97 Daten aus: München in Zahlen – Interessante Fakten über unsere Stadt; https://www.muenchen.de/sehenswuerdigkeiten/muenchen-in-zahlen.html (zuletzt abgerufen: 10.01.2021).

98 Hoidn-Borchers, Andreas; Vornbäumen, Axel: Nach 16 Jahren: Wer kommt nach Merkel?, 11.08.2020; https://www.stern.de/p/plus/politik/16-jahre-kanzlerschaft-und-ein-politisches-vakuum--wer-kommt-nach-merkel--9370768.html (zuletzt abgerufen: 12.02.2021).

99 Rolex macht das nicht. Dafür gibt es Uhren der Marke Tudor, die von Rolex-Gründer Hans Wilsdorf ab 1946 zunehmend getrennt als günstigere Zweitmarke geführt wurde.

100 Szczypiorski, Andrzej: Eine Messe für die Stadt Arras. Zürich: Diogenes 1991, S. 140.

101 Vgl. Weizsäcker, Carl Christian von: Deichsel und das Vertrauen als Koordinationsmechanismus. In: Homann, Timm; Zschiesche, Arnd; Errichiello, Oliver (Hrsg.): Die Soziologie, der Gestaltwille und die Marke. Soziale Systeme verstehen und führen. Wiesbaden: Springer Gabler 2015, S. 148.

102 A. a. O., S. 145.

103 Vgl. Voelpel, Sven: Entscheide selbst, wie alt Du bist. Was die Forschung über das Jungbleiben weiß. Hamburg: Rohwolt 2018, S. 182.

104 Vgl. Statista: Die 10 glücklichsten Länder der Welt im Jahr 2020; https://de.statista.com/statistik/daten/studie/817960/umfrage/top-10-der-gluecklichsten-laender-weltweit/ (zuletzt abgerufen: 14.01.2021).

105 Wiking, Meik: Hygge. Ein Lebensgefühl, das einfach glücklich macht. Köln: Lübbe 2016, S. 32.

106 Russell, Helen: Hygg Hygg Hurra. Glücklich wie die Dänen. Frankfurt / M.: Fischer 2017, S. 147.

107 Vgl. a. a. O., S. 23–24.

Literatur

Allport, Gordon W.: Die Natur des Vorurteils. Köln: Kiepenheuer & Witsch 1971

Binnig, Gerd: Aus dem Nichts. Über die Kreativität von Natur und Mensch. München: Piper 1992

Brandmeyer, Klaus; Deichsel, Alexander: Die magische Gestalt. Die Marke im Zeitalter der Massenware. Hamburg: Marketing Journal 1991

Deichsel, Alexander; Errichiello, Oliver; Zschiesche, Arnd: Grundlagen der Markensoziologie. Wiesbaden: Springer Gabler 2017

Domizlaff, Hans: Die Gewinnung des öffentlichen Vertrauens. Ein Lehrbuch der Markentechnik. Hamburg: Marketing Journal 1992

Errichiello, Oliver: Einsamkeit und die psychologische Kraft der Marke. Wiesbaden: Springer Gabler 2018

Errichiello, Oliver; Zschiesche, Arnd: Wir Einmaligen. Frankfurt / M.: Eichborn 2011

Felber, Christian: This is not Economy. Aufruf zur Revolution der Wirtschaftswissenschaft. Wien: Deuticke 2019

Goethe, Johann Wolfgang von: Farbenlehre, polem. Theil WW. 38, S. 16. In: Tönnies, Ferdinand: Gemeinschaft und Gesellschaft. Neudruck der 8. Auflage von 1935, Darmstadt, Wissenschaftliche Buchgesellschaft 1991, S. XXIV

Goethe, Johann Wolfgang von: Autobiographisches. Meine Lebensgeschichte, 1. Band. Im Vaterhause, Einleitung

Harari, Yuval Noah: Eine kurze Geschichte der Menschheit. München: Pantheon 2015

Herder, Johann Gottfried: Ideen zur Philosophie der Geschichte der Menschheit. Wiesbaden: Fourier 1985

Homann, Timm: Die Marke als Instanz der strategischen Unternehmensführung. Ein Beitrag zur markentechnischen Führungslehre. Dissertationsschrift, Universität Hamburg, 1999

Horkheimer, Max: Über das Vorurteil. Köln / Opladen: Westdeutscher Verlag 1963

Kleinsteuber, Hans J.: Stereotype, Images, Vorurteile – Die Bilder in den Köpfen der Menschen. In: Trautmann, Günther (Hrsg.): Die hässlichen Deutschen. Deutschland im Spiegel der westlichen und östlichen Nachbarn. Darmstadt: Wissenschaftliche Buchgesellschaft 1991, S. 60–75

Luhmann, Niklas: Vertrauen. Ein Mechanismus zur Reduktion sozialer Komplexität. Stuttgart: Enke 1989

Peitgen, Hans-Otto; Jürgens, Hartmut; Saupe, Dietmar: Bausteine des Chaos: Fraktale. Reinbek: Rowohlt 1998

Russell, Helen: Hygg Hygg Hurra. Glücklich wie die Dänen. Frankfurt / M.: Fischer 2017

Simmel, Georg: Exkurs über Treue und Dankbarkeit. In: Adloff, Frank / Mau, Steffen (Hrsg.): Vom Geben und Nehmen. Zur Soziologie der Reziprozität. Frankfurt/ M.: Campus 2005, S. 95–108

Simmel, Georg: Philosophie des Geldes (Gesamtausgabe Bd. 6). Frankfurt /M.: Suhrkamp Taschenbuch Wissenschaft: Berlin 1996

Sloterdijk, Peter: Im Weltinnenraum des Kapitals. Für eine philosophische Theorie der Globalisierung. Frankfurt / M.: Suhrkamp 2005

Szczypiorski, Andrzej: Eine Messe für die Stadt Arras. Zürich: Diogenes 1991

Tönnies, Ferdinand: Gemeinschaft und Gesellschaft. Darmstadt: Wissenschaftliche Buchgesellschaft 1963

Voelpel, Sven: Entscheide selbst, wie alt Du bist. Was die Forschung über das Jungbleiben weiß. Hamburg: Rowohlt 2018

Weizsäcker, Carl Christian von: Deichsel und das Vertrauen als Koordinationsmechanismus. In: Homann, Timm; Zschiesche, Arnd; Errichiello, Oliver (Hrsg.): Die Soziologie, der Gestaltwille und die Marke. Soziale Systeme verstehen und führen. Wiesbaden: Springer Gabler 2015, S. 145 –155

Wiking, Meik: Hygge. Ein Lebensgefühl, das einfach glücklich macht. Köln: Lübbe 2016

Willemsen, Roger: Deutschlandreise. Frankfurt / M.: Fischer Taschenbuch 2004

Zschiesche, Arnd: Symbole – die konkreten Vertrauensträger. Wie Unternehmensleistung sichtbar wird und warum Design dabei nicht alles ist. Offenbach: GABAL 2021

Zschiesche, Arnd: Ein Positives Vorurteil Deutschland gegenüber. Mercedes-Benz als Gestaltsystem. Zürich: LIT 2007

Zschiesche, Arnd; Errichiello, Oliver: Marke statt Meinung. Die Gesetze der Markenführung in 50 Antworten. Offenbach: GABAL 2018

Zschiesche, Arnd; Errichiello, Oliver: Marke ohne Mythos. Das erste ehrliche Markenbuch oder warum so viele Menschen einen MINI brauchen. Offenbach: GABAL 2013

Danksagung

Mein Dank an die Vertrauten:
Dank an Xena, ohne deren Grundvertrauen mir keine Bücher möglich wären. Dank an meine Söhne Leander und Leonas dafür, dass ich von ihnen jeden Tag so viel über Urvertrauen lerne.

Dank an meine Tante Ilse und meinen Onkel Günter dafür, dass ich von ihnen eine Menge über Vertrauen und Wertschätzung erfahren durfte.

Dank an Hanne und Egon für ihre Treue, mentale Unterstützung und unverbrüchliche Freundschaft.

Dank an Arno Wilke für Zugewandheit, Wissen und jederzeit das Angebot für ein bereicherndes Gespräch.

Dank an Oliver Errichiello, Tobias Müller, Timm Homann, Wolf-Peter Bischoff und Cornelius Meyer dafür, dass wir seit vielen Jahren »unsere« Sache freundschaftlich weiterdenken und uns gegenseitig herausfordern. Dank an Deike Krause, die seit Studienzeiten für Unterstützung und kluge Gedanken zu haben ist, und an Barbara Schultz, die immer konsequent anders denkt. Dank an Sascha Kirchner, der mir bei Büchern in unvergleichlich kompetenter Weise hilft. Dank an Sigrid Faath und Hanspeter Mattes für die einmalig-unterstützende Begleitung seit meiner Politikprüfung.

Dank an meine inspirierende Gemeinschaft, ohne die alles nichts wäre: Nicole und He-Man, Susanne und Jan, Elke und Sascha, Birgit und Mark, Britta und Pfaffi, Inge, Petra und Evelyn (1001 tolle Tartes!), Dennis und Marko, Imke, Big Brother Chuck, Antonia und Anna, Nina und Martin, Christoph von nebenan, »Meister« Sezgin Yavuz, Michael, Katie und Florian, Jan und Gerard, Yalda und Christian – und Oliver M., der meinen Rücken freundschaftlich-fachmännisch einrenkt, wenn wir nicht gerade auf dem Klettergerüst spielen.

Dank an Hans-Georg Hostrup, der uns seinen wunderschönen Haubarg seit vielen Jahren als eine zweite Heimat zur Verfügung stellt – einmalige (Gast-)Freundschaft inklusive einmaliger Nordfrieslandkompetenz. Dank für eine Schreibstube unter Reet und väterliche Fürsorge.

Dank an André Briw und Pia Bethge, die mit ihrer Fürsorge und Freundschaft seit über zehn Jahren Luzern zu einer Schweizer Heimat für mich machen – und für die Markensoziologie.

Dank an »meine« GABAL-Programmleiterin Dr. Sandra Krebs für ihre Unterstützung aller Buchideen, jahrelange gute Zusammenarbeit und ihr Vertrauen in den Autor und seine Themen. Dank an Claudia Maas, die nun schon das zweite Buch mit unerbittlich-klugen Kommentaren, vielen Ideen und einmaligem Einsatz bereichert.

Dank an Professor Alexander Deichsel, der mein Gedankengebäude geprägt hat wie kein anderer. Dank an Ferdinand Tönnies, der für all das die Grundlagen erschaffen hat.

Dank an meine Eltern, die meine (Fort-)Bildung voller Vor-Vertrauen unterstützt haben.

Last, but keinesfalls least: Dank an alle meine Studenten der letzten zehn Jahre an der Hochschule Luzern Wirtschaft im CAS Brand Management. Ohne sie hätte ich mein Wissen nie in diesem Maße vertiefen und beständig aktualisieren können.

Stichwortverzeichnis

Der Autor

Dr. Arnd Zschiesche gehört zu den führenden Experten für wissenschaftliche Markenführung im deutschsprachigen Raum. Der Markensoziologe beschäftigt sich mit allen Fragen der strategischen Führung und langfristig orientierten Durchsetzung von Marken. Er ist Autor von 16 Sach- und Fachbüchern (bei GABAL »Marke statt Meinung«, »Marke ohne Mythos«, »30 Minuten Markenführung«) sowie kontinuierlich als Interviewpartner in den Medien vertreten (u. a. »ARD-Markencheck«, »Plusminus«).

Zschiesche ist Mitgründer und seit 15 Jahren Geschäftsführer des Büros für Markenentwicklung in Hamburg. Seit 2006 wurden dort 82 Marken wissenschaftlich analysiert und operative Empfehlungen für ca. 120 Marken ausgesprochen: von Start-ups zu internationalen Konzernen, von der Pinneberger Baumschule über Sozialträger, Städte, staatliche Institutionen zu Global Playern aus dem Mittelstand.

Seit 2011 ist Zschiesche Dozent für Brand Management und Markensoziologie an der Hochschule Luzern Wirtschaft und hält regelmäßig Vorlesungen an der Universität Hamburg. Für eine von ihm mitbegründete europäische Eco-Design-Marke erhielt er mehrere Preise. In seinen begehrten Keynotes bezieht er deutlich und plakativ Stellung zu allem, was in Unternehmen derzeit in Sachen Markenführung missverstanden wird – und erklärt, warum es bei Marke ausschließlich um Vertrauen geht, nicht um Purpose, Storytelling oder sonstige Auswüchse des Zeitgeistes. Auch Digitalisierung und Industrie 4.0 hebeln uralte soziale Gesetzmäßigkeiten und menschliche Verhaltensmuster nicht aus.

www.arndzschiesche.de
www.buero-fuer-markenentwicklung.com

WHITEBOOKS

Whitebooks

Kompetentes Basiswissen für Ihren beruflichen und persönlichen Erfolg

Connie Voigt
Innovativ mit interkulturellen Teams
ISBN 978-3-86936-910-5
€ 22,90 (D)
€ 23,60 (A)

Jürgen Kurz, Marcel Miller
So geht Büro heute!
ISBN 978-3-86936-911-2
€ 24,90 (D)
€ 25,60 (A)

Johannes Stärk
Assessment-Center erfolgreich bestehen
ISBN 978-3-86936-184-0
€ 29,90 (D) / € 30,80 (A)

Monika A. Pohl
Selbstfürsorge 4.0
ISBN 978-3-86936-876-4
€ 19,90 (D) / € 20,50 (A)

Tomas Bohinc
Grundlagen des Projektmanagements
ISBN 978-3-86936-912-9
€ 19,90 (D) / € 20,50 (A)

Barbara Kramer, Frauke Ion
Konflikte klären ist Chefsache
ISBN 978-3-86936-879-5
€ 24,90 (D) / € 25,60 (A)

Christiana Thiede, Ulrich Dietze
Reklamationen lösungsorientiert bearbeiten
ISBN 978-3-86936-877-1
€ 22,90 (D) / € 23,60 (A)

Anke Nienkerke-Springer
Personal Branding durch Fokussierung
ISBN 978-3-86936-878-8
€ 22,90 (D) / € 23,60 (A)

E-Book **Alle Titel auch als E-Book erhältlich**

gabal-verlag.de